핵심 일반생물학 실험서

일반생물학 및 실험 I & II

오병운 · 최수영 · 조성진 · 류호진 · 김경환 · 박종석 · 강규호 · 주용성 지음

(주)바이오사이언스출판

목 차

일반생물학 및 실험 Ⅰ

일반생물학 및 실험 II

실 험 계 획 서

1학기

교과목명 : 일반생물학 및 실험 I(1학기), 생물학 및 실험 I(1학기)
실험개요 : 생명현상의 원리를 강의 및 기초적 실험을 통하여 이해시킨다.
성적평가 : 실험보고서 60%(임시 · 완결 보고서 각 30%), 시험 20%, 출석 20%

제 1 주: 실험계획 소개 및 유의사항 전달
제 2 주: 현미경의 종류, 구조, 기능 및 세포의 길이 측정
제 3 주: 동물세포 및 식물세포의 관찰
제 4 주: 탄수화물의 검출 및 소화효소
제 5 주: 단백질의 검출
제 6 주: 지질의 검정
제 7 주: 세포막을 통한 물질이동
제 8 주: 실험 중간고사
제 9 주: 체세포분열의 관찰
제10주: 생식세포분열의 관찰
제11주: 종이 크로마토그래피에 의한 물질 분리
제12주: DNA 추출 및 PCR
제13주: PCR 결과 확인(전기영동)
제14주: 동물의 기관 및 조직 관찰
제15주: 실험 기말고사

일반생물 제1주

실험계획 소개 및 유의사항 전달

Ⅰ. 담당조교 소개

1. 실험담당 조교의 이름, 연구실 위치, 연락처 등을 공지한다.
2. 〈완결 실험보고서〉를 제출할 이메일 주소(또는 웹하드 ID 및 PW)를 공지한다.
3. 정확한 내용 전달의 필요성에 따라 문건을 통하여 공지할 경우에 대비하여, 〈공지문 게시 위치〉(예: S1-5, 302호 우측 게시판)를 명확하게 **알린다.**

Ⅱ. 실험조 편성 및 비상연락망 구축

1. 실험조 편성

1. 과대표(또는 실험반대표)와 부과대표(또는 부실험반대표)를 결정하고, 이들의 연락처를 알아둔다.
2. 학과(또는 실험반)의 인원수 및 가용 실험대의 상황에 따라 실험조를 탄력적으로 편성한다.
3. 조당 3명 내외(실험대 당 2개조), 16조 이내로 편성하고, 편성 내용대로 **〈자리를 변경하여 순서대로 착석〉**할 것을 지시한다.

2. 비상연락망 구축

1. 조별로 재착석된 상황을 확인하고, 조장을 선출한다.
2. 실험조의 조장에게 조원의 연락처를 확보할 것을 지시한다.
3. 학과 단위의 실험 운용일 경우, 공휴일 휴강 등에 의한 **〈보강일정 공지〉** 등에 대비해, 타 학과 학생의 연락처를 확보할 것을 과대표에게 지시한다.
4. 〈조교 ➜ 과대표(부과대표) ➜ 실험조장 ➜ 실험조원〉으로 연결되는 **〈비상연락망〉**을 구축한다.
5. 원활한 실험 진행을 위하여 과대표(부과대표), 실험조장, 실험조원의 역할을 분명히 이해시킨다.

Ⅲ. 실험계획 소개 및 주의사항 공지

1. 실험계획 소개

1. 실험계획서에 의거, 한 학기 동안의 실험내용, 실험의 목적 및 중요성, 성적평가 방법에 대하여 설명한다.
2. 〈임시 실험보고서〉는 매 실험 종료시, 〈완결 실험보고서〉는 다음 주 실험 전까지 제출해야함을 주지시킨다.
3. 공휴일 휴강 또는 부득이한 휴강이 있더라도, 〈실험 보강〉을 통하여 예정된 실험계획을 완료할 것임을 주지시킨다.

2. 주의사항 공지

1. 실험 시작 전에 정해진 자리에 착석하여야 하며, 정시에 실험이 시작되어야 함을 이해시킨다.
2. 실험복 착용의 중요성을 이해시키고, 미착용 시 퇴실시킬 것임을 고지한다.
3. 실내에서의 정숙 유지, 과격한 행동 금지 등 실험실 내에서 일반적으로 지켜야할 사항이나 주의점 등을 설명한다.
4. 조교의 지시사항을 따르지 않았을 때에 받게 될 불이익에 대하여 명확히 고지한다.
5. 실험실 내에서 발생할 수 있는 〈안전사고〉의 유형 및 대처방법에 대하여 설명하고, **〈실험실 주의사항〉**에 대한 과제를 부여한다. **〈제2주차 실험 주요어〉**에 대한 예습 내용은 1주차 **〈과제보고서〉**의 뒤에 첨부하여 제출토록 한다.

Ⅳ. 실험보고서 작성 지침 설명

1. **〈[부록 1] 일반생물학 실험보고서 작성 지침〉**을 충분히 이해시킨다.
2. 이 지침은 합리적인 〈완결 실험보고서〉의 작성 및 평가를 위하여 제정된 것임을 주지시킨다.
3. 추가 설명의 필요성에 대비하여 이와 관련된 실험서 뒷부분의 여타 **[부록]**들을 숙지하고, 부족할 경우 적절한 예시 및 지난 실험보고서 파일 등 보조자료를 준비한다.

Ⅴ. 실험 운용시간 배분

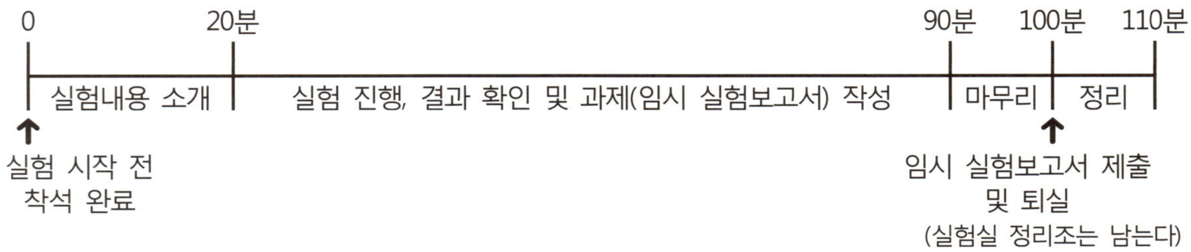

VI. 제2주차 실험 주요어(key words)

1. 현미경의 종류
2. 현미경 사용방법
3. 광학 및 해부현미경
4. 마이크로미터
5. 세포의 길이 측정

일반생물 제2주

현미경의 종류, 구조, 기능 및 세포의 길이 측정

Ⅰ. 실험 목적(Purpose of the study)

현미경에 관한 전반적인 지식 및 사용법을 습득하고, 양파세포를 관찰하고 길이를 측정한다.

Ⅱ. 배경지식(Background of the study)

1. 현미경의 종류, 구조와 기능

생물체는 매우 미세한 구조로 육안만으로 구별하는 것은 매우 곤란하므로 그 자세한 짜임새를 알기 위해서는 확대를 위한 보조기구를 사용해야 한다. 현미경은 광학렌즈를 이용하여 물체의 구조를 확대시켜 그 해상력을 증대시켜 주는 기구로써 미세구조를 밝히는 데 가장 중요한 기구이다.

1-1. 현미경의 종류

가. 광원의 위치에 따른 분류

1. 정립현미경(up-light microscope)

일반적인 모양의 현미경이다.

2. 도립현미경(down-light microscope, inverted microscope)

대물렌즈가 표본의 아래에 위치한다.

나. 기능에 따른 분류

1. 광학현미경(light microscope = optic microscope)

표본에 비추어진 빛이 대물렌즈에 의해 확대된 실상을 맺고, 이것을 대안렌즈에 의해서 재 확대하는 장치로, 일반적으로 현미경이라고 할 때는 이것을 가리킨다.

2. 입체현미경(stereoscopic microscope)

두 대물렌즈의 배율이 서로 다르며, 표본의 평면, 측면, 높이 등 입체적 관찰이 가능하여 고체성 물질의 세부 구조를 대략 관찰할 수 있다.

3. 형광현미경(fluorescent microscope)

파장이 짧은 자외선(400nm 이하)을 시료에 비추면 형광을 발하는 원리를 이용하여, 시료에 형광물질(형광색소)을 처리한 후 관찰하는 방법으로 병원에서 면역검사에 많이 이용되고 있다.

4. 위상차현미경(phase contrast microscope)

배경의 빛은 차단되고 물체가 발하는 빛(발광)만을 뚜렷이 관찰 가능하다.

5. 편광현미경(polarization microscope)

빛의 편광을 이용하여 분자구조가 상이한 분자들을 관찰 시 이용한다. (예) 암석학

6. 해부현미경(dissecting microscope)

상의 실체(실물)를 보여주지만 고배율 관찰에는 한계가 있다.

7. 전자현미경(electron microscope)

전자현미경에서는 광학현미경과는 달리 유리렌즈 대신에 자기렌즈(마그네틱 렌즈)를 이용하고, 광원은 가시광선 대신에 파장이 짧은 전자를 이용한다. 따라서 전자현미경에서는 컬러상을 관찰할 수 없고 흑백상을 관찰하게 된다. 전자의 흐름을 이용하기 때문에 높은 해상력과 배율을 가진다.

1. TEM(transmission electron microscope, 투과형 전자현미경): 내부구조를 관찰 할 수 있다.
2. SEM(scanning electron microscope, 주사형 전자현미경): 표면입체구조를 관찰 할 수 있다.

1-2. 현미경의 구조

가. 광학적 장치(optical part)

1. 대안렌즈(ocular lens; 〈그림 1〉)

대물렌즈에 의하여 만들어진 상을 더욱 확대하는 작용을 한다. 현미경 대안렌즈 경통에는 2개의 렌즈가 들어있다. 눈과 가까운 렌즈는 눈렌즈, 아래 쪽은 집광렌즈로서, 조리개를 통하여 렌즈의 수차를 제거함으로써 시야의 밝기를 결정한다. 보통 10배의 배율이다.

그림 1. 대안렌즈

2. 대물렌즈(objective lens; 〈그림 2〉)

경통의 최 하단에 있는 대물렌즈 교환기(revolver)에 결합되어 있는 렌즈로서, 물체를 1차적으로 확대시킨다. 보통 4, 10, 20, 40, 100배의 배율을 가진다.

3. 집광기(condenser)

23개의 blue lens를 연합시킨 것으로서, 재물대의 중앙의 구멍으로 광선을 모으는 장치이다.

4. 조리개(diaphragm)

들어오는 빛의 양을 조절(해상력, 초점, 심도, contrast 조절)한다.

그림 2. 배율별 대물렌즈의 종류, 길이 비교 및 개구수 표시(오른쪽 0.60)

5. 여광판(light filter)

광원에서 나오는 광선의 조성을 변경시킬 경우에 쓰이는 것으로 가장 간단한 것은 색이 들어 있는 유리판을 사용한다.

6. 광원(light source)

빛을 내는 장치이다.

나. 기계적 장치(mechanical part)

1. 경각(base)

U자 또는 V자형으로 현미경 전체를 지탱하는 가장 밑 부분이다.

2. 손잡이(arm)

경각의 뒷부분에 경각에 대하여 수직으로 서있으며 현미경의 여러 부분을 지탱하는 역할을 한다.

3. 재물대(stage)

관찰할 표본을 올려놓는 수평판이다.

4. 경통(body tube)

금속성 원통으로 위 끝에는 대안렌즈를, 아래 끝에는 대물렌즈를 달 수 있게 되어있다.

5. 조준 장치(focusing adjustment)

대물렌즈와 물체간의 거리를 조절하여 선명한 상을 얻을 수 있게 하는 장치로 조동나사와 미동나사가 있다.

1. 조동나사(course adjustment screw): 대략적인 초점을 맞출 때 사용한다.
2. 미동나사(fine adjustment screw): 정밀한 초점을 맞출 때 사용한다.

6. 대물렌즈 교환기(revolving nose-piece)

배율이 다른 렌즈를 바꿀 필요가 있을 때 대물렌즈를 손쉽게 바꾸는 장치로 경통의 하단에 달린 것으로서, 각기 배율이 다른 대물렌즈를 여러 개 끼워 놓고 필요로 하는 렌즈가 광선과 일치하도록 돌려가며 조정한다.

1-3. 현미경의 기능

1. 해상력(분해능, resolving power)

서로 인접한 두 점을 구별할 수 있는 렌즈의 능력, 즉 관찰하는 표본의 구조를 자세히 볼 수 있는 능력을 해상력(解像力: 분해능)이라 한다. 이것은 현미경의 성능을 좌우하는 조건의 하나이며, 주로 대물렌즈의 성능에 의하여 결정된다. 따라서 대물렌즈와 대안렌즈와의 조합에 의하여 아무리 배율을 증가시키더라도, 대물렌즈의 성능이 나쁘면 단순히 흐릿한 상이 확대될 뿐, 미세한 구조의 식별은 되지 않는다.

2. 구획력(definiting power)

윤곽이 뚜렷한 상을 맺게 하는 능력으로 대물렌즈의 성능에 의해 결정된다.

3. 배율(magnification)

현미경의 확대능력, 즉 총배율(선배율)은 대물렌즈 배율과 대안렌즈 배율의 곱으로 계산된다.

(예) 10(대안렌즈)×10(대물렌즈)=100배, 10×40=400배, 10×100=1,000배

1-4. 대물렌즈의 규격 표시

대물렌즈 표면에는 숫자들이 새겨져 있다. 예를 들어, 5배의 대물렌즈에는 50×, 0.42(또는 0.40) 등의 숫자가 표시되어 있는데<그림 2>, 여기에서 50×는 대안렌즈 10배와 곱한 총배율을 말하며, 대물렌즈의 순 배율, 즉 4×, 10×, 40× 등이 표시되기도 한다.

0.42, 0.40 등은 개구수(numerical aperture, NA)를 나타낸 것이며, 개구수가 클수록 해상력이 높다. 또한 작동거리(working distance)가 표시되기도 하며, 작동거리 7.00은 대물렌즈와 슬라이드 덮게유리(cover glass) 사이의 거리가 7mm란 뜻이다. 작동거리가 크면 더 넓은 부분을 관찰할 수 있지만 해상도는 낮아진다.

1-5. 현미경 취급 시 주의사항

1. 무리한 힘을 가하지 않는다.
2. 운반할 때 한 손으로 경주를 잡고, 다른 손으로 경각을 반드시 받친다.
3. 렌즈에 손을 대지 않는다.
4. 조동나사는 움직이는 범위가 크므로 받침 유리와 대물렌즈가 닿지 않도록 한다. 즉, 시료에 대물렌즈를 가장 가깝게 접근 시킨 후, 대물렌즈를 올리면서 초점을 맞춘다.
5. 처음에는 저배율로 관찰한 후, 점차 배율을 높여 보고자 하는 부위를 고배율로 관찰한다.
6. 대안렌즈와 대물렌즈를 함부로 분리하거나 분해하지 않는다.
7. 사용 후에는 대물렌즈는 최저 배율로 돌려놓고, 재물대는 가장 낮게 위치하게 한다.

2. 세포의 길이 측정

시야의 중앙에 있는 세포의 길이를 측정할 때에는 대안다이크로미터(ocular micrometer)와 대물마이크로미터(objective micrometer)를 사용한다.

1. 대안마이크로미터

대안마이크로미터〈**그림 3**〉는 작은 원형 유리판에 길이 1cm를 100등분하여 눈금을 새겨 넣은 것으로, 현미경의 대안렌즈(보통 10x) 경통 안에 삽입할 수 있다. 현미경에 보이는 상은 대안마이크로미터의 눈금과 겹쳐 보이게 하여, 원하는 사물의 크기(길이×폭)를 눈금의 수를 헤아려 측정할 수 있다.

대안마이크로미터의 한 눈금은 1cm를 100등분하였으므로 0.1mm이나, 대안렌즈에 의해 10배 확대되었으므로 실재로는 1mm에 해당된다. 따라서 현미경의 배율이 정확하다는 전제 하에서, 4× 대물렌즈일 경우는 1,000μm÷총배율 40배=25μm, 10×는 10μm, 40×는 2.5μm, 100×는 1μm가 된다. 그러나 현미경의 배율은 현미경마다 다를 수 있으므로, 현재 사용하고 있는 현미경에서, 측정하고자 하는 배율의 대안마이크로미터 한 눈금 길이를 미리 계산하여 크기를 측정하는 것이 가장 정확하다.

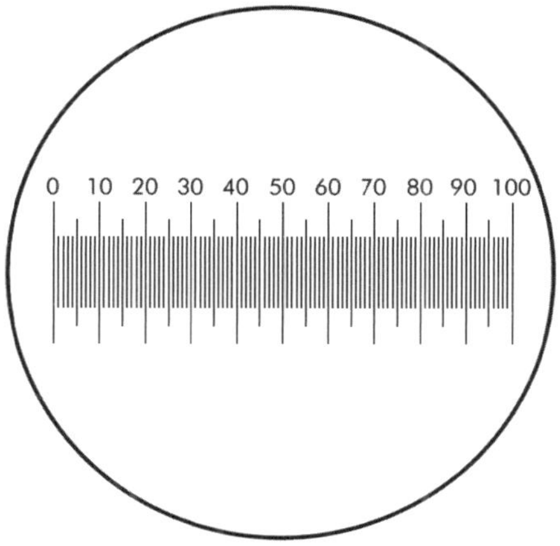

그림 3. 대안마이크로미터

2. 대물마이크로미터

일반적으로 현미경 대물렌즈의 배율은 4×, 10×, 20×, 40×, 100×이며, 100× 렌즈에서는 해상도를 높이기 위하여 이머전오일(Immersion Oil)을 사용한다. 현재 사용하고 있는 현미경의 각 배율에서, 대안마이크로미터 한 눈금의 길이를 미리 계산하기 위해서는 대물마이크로미터를 이용해야 한다.

대물마이크로미터는 슬라이드 위에 일정한 길이와 간격으로 세밀한 눈금을 새겨 넣은 특수 받침유리이다. 전체 눈금의 길이는 보통 1mm, 1cm 또는 5cm이고, 이 길이를 1mm 단위로 정밀하게 구획한 후 재차 1mm를 100개의 눈금으로 분할하였다. 즉, 대물마이크로미터의 최소단위 눈금 하나의 길이는 10μm가 된다. 따라서 대안마이크로미터를 넣지 않은 현미경에서의 대물마이크로미터는 〈**그림 4**〉와 같으며, 두 개의 마이크로미터를 평행하게 배열할 경우 〈**그림 5**〉와 같다.

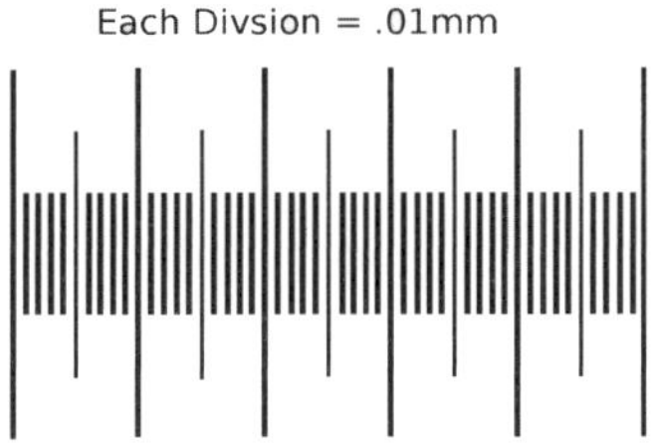

그림 4. 대물마이크로미터

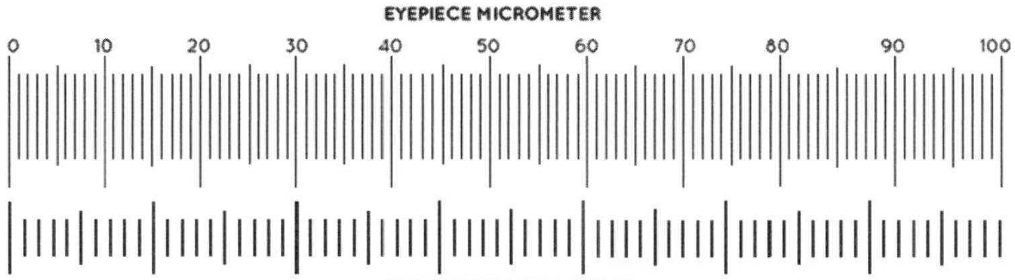

그림 5. 대안·대물마이크로미터를 통한 길이 측정

3. 세포의 크기 측정법

1. 대안렌즈를 돌려서 대안마이크로미터와 대물마이크로미터가 평행이 되도록 맞춘다.
2. 대물마이크로미터를 움직여서 왼쪽을 기준으로 이들 마이크로미터의 한쪽 끝을 정렬시킨다.
3. 오른쪽 방향으로 대안과 대물마이크로미터의 눈금이 정확하게 일치하는 지점을 찾아, 이들의 눈금수를 각각 센다.
4. 대물마이크로미터 1개의 눈금은 10㎛이므로, 일치하는 지점에서의 (대물 눈금의 수×10㎛)÷(대안 눈금의 수)=(대안마이크로미터 1개 눈금의 길이) 이다.
5. 측정하고자 하는 시료의 길이 또는 폭에 해당하는 눈금수를 헤아려 크기를 계산한다.

Ⅲ. 실험 디자인(Experimental design)

Ⅳ. 실험(Experiment)

1. 실험 재료(Materials)

1-1. 현미경의 종류, 구조와 기능

1. 광학현미경 관찰

2. 해부현미경 관찰

- ▸ 광학현미경(2대/조)
- ▸ 해부현미경(1대/조)
- ▸ 받침유리(2box/반)
- ▸ 덮개유리(1box/반)
- ▸ 삼각플라스크(시약용기)
- ▸ 스포이드(1개/조)
- ▸ 핀셋(1개/조)
- ▸ 가위(1개/조)
- ▸ 신문지(1장/조)
- ▸ 물(25ml/조)

1-2. 세포의 길이 측정

- ▸ 광학현미경(2대/조)
- ▸ 양파 표피 슬라이드
- ▸ 대안마이크로미터(7개/반)
- ▸ 대물마이크로미터(노랑 1~7번 현미경 대안렌즈에 들어 있음)

2. 실험 방법(Methods)

2-1. 현미경의 종류, 구조와 기능

1. 광학현미경 관찰

1. 쌍안현미경의 경우, diopter 조절 링을 회전시켜, 두 눈의 시력을 조절한다.
2. 헌 신문지의 글자 하나를 잘라 슬라이드 글라스 위에 놓고 물을 한 방울 떨어뜨린다.

3. 기포가 생기지 않도록 덮개유리를 비스듬히 세워서 천천히 눕혀서 덮는다.
4. 준비된 관찰 시료를 재물대 위에 올려놓고, 시료의 덮개유리와 눈높이를 맞춰, 덮개유리가 대물렌즈에 닿기 직전까지 조동나사로 재물대를 천천히 올린다.
5. 대안렌즈로 들여다보며 재물대를 서서히 내려 상이 나타나도록 한다.
6. 미동나사로 상이 더욱 또렷하게 보이도록 초점을 조절한다.
7. 대물렌즈 회전장치를 돌려서 고배율로 관찰한다. 이때 집광기(condenser)를 상하로 이동시켜 최적의 밝기 상태로 관찰한다.

| 과제 |

1. 현미경 관찰 전에, 육안으로 글자의 모습을 관찰하고 스케치한다.
2. 4×, 10×, 40×에서 글자의 형태를 관찰하고 스케치한다.

| 현미경 사용 후의 처리 |

1. 현미경의 사용이 끝나면 슬라이드 글라스를 제거하고, 재물대를 이동시키면서 묻어있는 물기나 먼지를 제거한 후, 재물대를 정위치 시킨다.
2. 대물렌즈 회전장치를 돌려서 저배율(4×)의 대물렌즈가 경통 직하에 오도록 한다.
3. 저배율 대물렌즈의 하단이 재물대로부터 최대한 멀리 위치하도록 재물대를 아래로 내린다.
4. 광원을 끄고 코드를 뽑은 후, 전선을 잘 감아서 보관 장소로 이동시킨다.

2. 해부현미경 관찰

1. 준비한 재료를 재물대 위에 올려놓는다.
2. 조동나사를 조절해 대물렌즈를 재물대에 최대한 가깝도록 이동시킨다.
3. 대물렌즈를 위로 올리면서 초점을 맞추어 재료를 관찰한다.

| 과제 |

1. 대물렌즈 1×, 3×, 5(또는 6)×에서 글자의 형태를 관찰하고 스케치한다.
2. 배율이 높아짐에 따라 관찰되는 결과가 어떻게 차이 나는지 비교한다.

2-2. 세포의 길이 측정

1. 대안마이크로미터를 광학현미경의 대안렌즈 경통 내에 결합시킨다(미리 준비함).
2. 광학현미경의 재물대 위에 대물마이크로미터를 올려놓고 광원의 중앙에 위치시킨다.
3. 저배율(4×, 10×) 대물렌즈를 이용하여 초점을 맞추고 대안마이크로미터의 눈금과 대물마이크로미터의 눈금이 겹쳐지도록 서서히 광학현미경의 대안렌즈를 회전시킨다.
4. 고배율(40×)에서 대물마이크로미터의 초점을 조정한다.
5. 재물대를 움직여 대물마이크로미터 눈금과 대안마이크로미터 눈금의 어느 기준선이 수직선 상에 오도록 일치시킨다.
6. 기준선의 오른쪽으로 대물·대안마이크로미터의 수직 눈금이 정확히 일치하는 지점을 찾는다.
7. 일치된 두 수직선 사이의 눈금수를 각각 헤아리고, (대물 눈금수×10㎛)÷(대안 눈금수)를 이용

하여 대안마이크로미터 한 눈금의 길이를 계산한다.

| 과제 |

1. 자신의 현미경에서 대물렌즈 4×, 10×, 40×에서의 대안마이크로미터 한 눈금의 크기를 계산한다.
2. 영구프레파라트의 어느 한 세포를 선택하여 40배, 100배 또는 400배에서 세포의 형태를 관찰하고 스케치 한다. 또한 배율이 높아짐에 따라 관찰되는 결과가 어떻게 차이 나는지 비교한다.
3. 대물렌즈 4×, 10×, 40×에서, 선택한 세포가 차지하고 있는 대안마이크로미터의 눈금수를 계산하여 세포의 크기(길이, 폭)를 결정한 후, 이들의 계산치를 비교한다.

주의 사항: 실험 후 대물마이크로미터, 영구프레파라트를 수거한다.

V. 결과(Results)

VI. 3주차 실험 주요어(Key words)

1. 식물세포
2. 양파 표피세포
3. 동물세포
4. 구강세포
5. 동·식물세포의 차이점

[심화 학습]

1. 현미경의 해상력

1-1. 분해능

어느 한계선에 이르기까지 두 개의 작은 물체가 여전히 분리되어 보이는가를 측정하는 능력을 뜻한다. 분해능이 0.5μm이면 0.5μm까지 떨어져 있는 두 개의 물체를 분리하여 볼 수 있다.

1-2. 개구수와 해상력과의 관계

대안렌즈의 선택은 일반적으로 현미경의 총 배율이 대물렌즈 개구수(numerical aperture, NA)의 500~1,000배가 되도록 하는 것이 좋다. 개구수는 대물렌즈로 들어오는 빛의 퍼진 각과 렌즈와 시료간의 매질에 의하여 결정되는 수치로서 NA로 표기하며, 대물렌즈 경통에 그 값이 기록된다.

해상력은 그것으로 식별되는 두 점의 최소거리 d로 표시되며, 조명광의 파장을 λ, 대물렌즈의 개구수를 a라고 하면, d=λ/a로 표현된다. 따라서 파장이 짧은 빛으로 조명할수록, 또한 개구수가 큰 대물렌즈를 사용할수록 해상력은 좋아진다. 건조계 대물렌즈의 개구수는 0.05~0.95의 범위이고, 렌즈와 시료 사이를 액체로 채워 개구수를 높이는 액체계 대물렌즈도 1.4가 최고이므로, 보통 현미경의 해상력은 0.4μm 정도이다.

1-3. 저배율에서 고배율로 바꿀 때 어두워지는 이유

1. 대물렌즈와 물체와의 거리 차이

저배율렌즈는 초점거리(대물렌즈의 광축과 재물대까지의 거리)가 길기 때문에 대물렌즈로 들어오는 광양이 많으나, 고배율렌즈의 경우 샘플과 거의 밀착되기 때문에 대물렌즈로 유입되는 광량이 상대적으로 적어지기 때문이다.

2. 대물렌즈 구경에 따른 통과 광량의 차이

고배율의 대물렌즈는 저배율의 경우 보다 렌즈의 구경이 작아지고, 따라서 시야의 범위가 좁아지므로, 대물렌즈를 통과하는 빛의 양은 줄어들게 된다.

과제 2. 광학현미경과 해부현미경의 관찰 결과를 스케치 하시오.

학 과 : 학 번 : 이 름 :

(절취선)

재료: (배)	**재료:** (배)
재료: (배)	**재료:** (배)
재료: (배)	**재료:** (배)

학 과 : 학 번 : 이 름 :

재료: (배) **재료:** (배)

재료: (배) **재료:** (배)

재료: (배) **재료:** (배)

일반생물 제3주

동물세포 및 식물세포의 관찰

Ⅰ. 실험 목적(Purpose of the study)

동물 구강상피세포, 식물 양파표피세포의 슬라이드를 제작하고 관찰한다.

Ⅱ. 배경지식(Background of the study)

1. 원핵세포와 진핵세포

세포는 생명의 최소 단위이다. 모든 생물의 몸은 세포로 이루어져 있으며, 모든 생명현상은 세포활동의 종합적 결과이다. 박테리아 등의 **원핵생물**부터 단세포성 · 다세포성 진핵세포로 이루어진 원생생물(조류, 균류 포함), 다세포성 **진핵생물**인 동물, 식물에 이르기까지 그 세포의 모양과 구조는 매우 다양하다.

대부분의 세포는 현미경으로만 관찰 할 수 있을 정도로 작다. 대체로 광학현미경의 한계 내에 있으므로 수 μm에서 수십 μm 정도인 경우가 많다. 세포의 모양은 일반적으로 둥글지만 생물의 종류, 조직의 종류에 따라 모양과 크기가 다양하다.

1-1. 원핵세포(prokaryotic cell)

핵막이 없고, 핵양체(nucleoid)를 구성하는 염색체가 1개이며, 유사분열을 하지 않는 세포를 일컫는다. 원형질유동을 일으키지 않으며 아메바 운동도 볼 수 없다. 편모는 단순한 구조를 하고 있다. 광합성 및 산화적 인산화는 원형질막에서 수행하며, 엽록체, 미토콘드리아 등의 세포기관으로 분화하지 않는다. 이와 같은 세포로 이루어진 생물을 원핵생물이라고 하며, 모든 세균과 남조식물이 이에 포함된다.

1-2. 진핵세포(eukaryotic cell)

유사분열을 하며, 핵에서는 DNA가 히스톤 등의 단백질과 함께 염색체의 구조를 만들고, 핵 속에는 인을 볼 수 있다. 세포질 속에는 막계가 발달하여 소포체, 골지체, 미토콘드리아, 엽록체, 리소좀 등의 세포소기관이 존재하며, 각각 특이 기능을 담당한다.

가. 핵(nucleus)

생명활동의 중심이며 유전자(DNA, RNA)를 지닌다.

1. 핵막(nuclear envelope)

이중막으로 되어 있고, 여러 개의 핵공(nuclear pore)이 있어 RNA를 포함한 커다란 과립성 물질이 이들을 통해 핵으로부터 세포질 속으로 이동하게 된다.

2. 인(nucleolus)

핵 속에 1개 또는 여러 개가 존재하며, 가느다란 섬유와 전자밀도가 다소 낮은 과립으로 구성되어 있다. rRNA(ribosomal RNA) 핵산의 합성에 관여한다.

3. 염색질(chromatin)

여러 분자의 DNA와 여러 종류의 히스톤단백질로 이루어진 유전정보의 본체이다.

나. 세포질(cytoplasm)

1. 원형질(protoplasm)

핵을 제외한 세포내의 모든 것을 포함한다. 여러 가지의 뚜렷한 구조와 복잡하고 고도로 체계화된 세포소기관(organelle)으로 이루어져 있다.

(1) 소포체(endoplasmic reticulum)

세포질 속에 있는 망상구조로서 단백질이라는 소포를 나르는 전달체계이다.

① **조면소포체**(rough ER): 부착된 리보솜들이 단백질 합성을 하면, 소포체 막에 단백질이 보관된다.
② **활면소포체**(smooth ER): 리보솜이 없으며, 인지질과 스테로이드 같은 지질을 합성한다.

(2) 미토콘드리아(mitochondria)

이중막으로 싸여있고, 0.2~5㎛의 크기이며 영양 물질을 산화하여 ATP를 생성한다. 간세포처럼 활동적인 세포들은 1,000개 이상 가지고 있다.

(3) 색소체(plastid)

① **엽록체**(chloroplast): 식물세포에서만 관찰되는 구조로서 이중막으로 되어있다. 녹색식물의 광합성에 가장 중요한 역할을 하는 색소이다. 엽록체 내의 엽록소(chlorophyll)는 식물을 녹색으로 보이게 하고, 광합성을 할 때 빛을 받아들인다.
② **백색체**(leucoplast): 전분 저장 구조체로 대부분의 식물세포에 존재한다.
③ **잡색체**(chromoplast): 오렌지색의 카로틴, 노란색의 크산토필, 붉은색의 여러 색소를 포함한다.

(4) 리보솜(ribosome)

아미노산을 조립하여 단백질을 합성한다.

(5) 골지체(Golgi_body)

분비에 활발하게 관여하는 세포에 특히 발달되어 있다. 리소좀을 만들어 내기도 한다.

(6) 리소좀(lysosome)

세포 내 소화기관 및 배설기관. 가수분해 효소를 비롯하여 40여종의 효소가 있다.

(7) 액포(vacuole)

정상적인 동물세포에서는 보기 어려우나 식물세포에서는 흔히 볼 수 있다. 어린 식물세포는 액포가 작지만 늙은 세포일수록 점차 커진다. 액포 속에는 당, 무기염류, 색소 등이 있고, 영양분과 노폐물을 저장하는 기능을 한다.

(8) 중심체(centrosome)

세포분열의 중심적 역할을 수행하는 세포기관이다. 동물, 식물의 세포질 내에 있고, 그 중심부에 중심립(centriole)이 있다. 휴지핵 속에는 1개의 중심체가 있지만 핵분열이 시작되면 2개로 분열하여 각각은 양극으로 이동한다. 중심체의 주위에는 성상체가 발달하고, 두 중심체 사이에 방추체(spindle)가 형성되며 염색체는 방추사(spindle fiber)와 결합하여 양극에 있는 중심체 쪽으로 이동한다.

(9) 세포골격(cytoskeleton)

세포의 모양을 조절. 단순한 골격형성만이 아니고, 분비운동, 정보전달 등 세포의 종류에 따라서 여러 가지 기능이 추정된다. 세포 골격은 미세소관(microtubule), 미세섬유(microfilament), 중간형섬유(intermediate filament)로 구성된다.

2. 후형질(metaplasm = ergastic substances = secondary metabolites)

원형질의 생활 작용의 결과로 생긴 배설물이나 저장물로서, 세포 내에서 원형질체를 제외한 생명이 없는 각종 함유물(예: 전분, 지방, 단백질체, 색소, 탄닌, 결정체, 규소체, 점액체 등)

3. 투명질(hyaloplasm)

세포질의 액상 부분으로 물이 주성분이며, 이온, 염류, 효소 등이 용해되어 있다.

다. 세포막(cell membrane)

1. 원형질막(plasma membrane)

모든 세포의 세포질 바깥쪽에 존재하는 반투성막(선택적 투과성막)으로, 인지질 이중구조로 소수성 분자, 친수성 분자(포도당)와 이온(Na^+, K^+, Cl^-)을 투과한다.

2. 세포벽(cell wall)

섬유소(cellulose)로 구성되어 있는 전투성막으로, 세포를 기계적 손상으로부터 보호하고, 식물체를 구조적으로 지탱해준다.

2. 동물세포와 식물세포

1-1. 동물세포의 구조

가장 전형적인 세포로서, 여러 세포소기관과 리소좀은 관찰되나, 세포벽, 색소체, 액포가 없다.

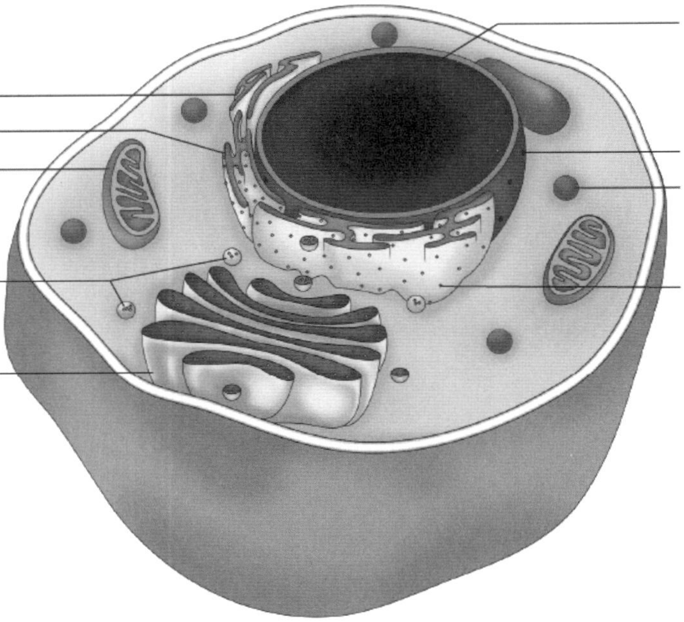

그림 1. 동물세포

1-2. 식물세포의 구조

동물세포와 유사하며, 세포벽, 색소체, 액포를 가지고 있으나 리소좀은 관찰되지 않는다.

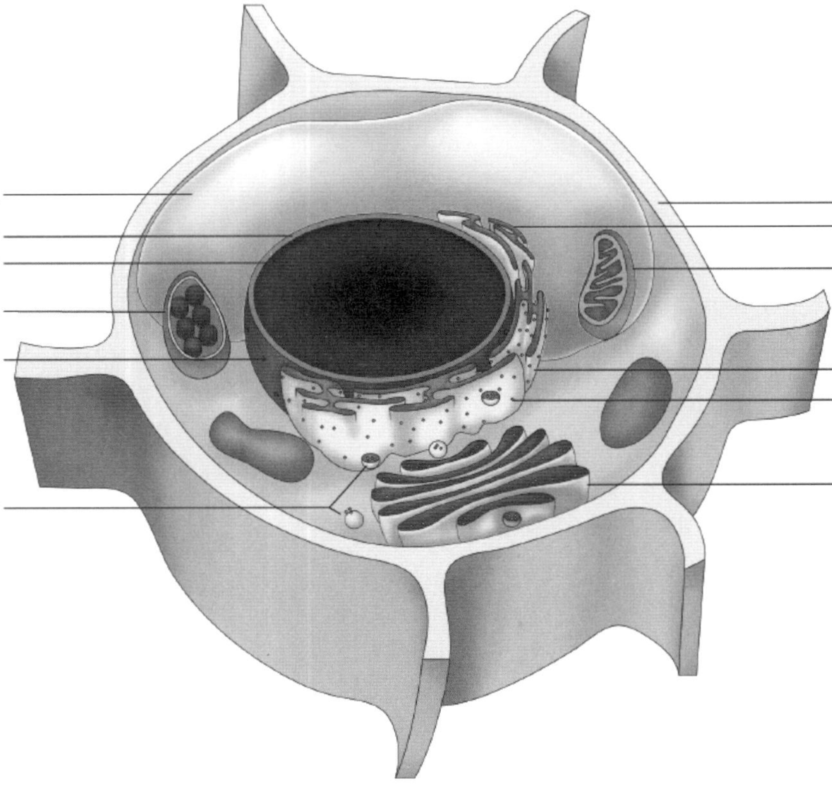

그림 2. 식물세포

Ⅲ. 실험 디자인(Experimental design)

Ⅳ. 실험(Experiment)

1. 실험 재료(Materials)

1-1. 동물세포의 관찰: 구강상피세포 슬라이드제작 및 관찰

- ▸ 0.9% 생리식염수(25ml/조)
- ▸ 0.5% 메틸렌블루(25ml/조)
- ▸ 핀셋(1개/조)
- ▸ 면봉(3개/조)
- ▸ 받침유리(2box/반)
- ▸ 덮개유리(1box/반)
- ▸ 여과지(4장/조)
- ▸ 스포이드
- ▸ 삼각플라스크(시약용기)
- ▸ 광학현미경(2대/조)

1-2. 식물세포의 관찰: 양파표피세포 슬라이드제작 및 관찰

- ▸ 양파(1조각/조)
- ▸ 광학현미경(2대/조)
- ▸ 면도칼(1개/조)
- ▸ 1% 요오드 용액(25ml/두 조)
- ▸ 글리세린수(25ml/두 조)
- ▸ 여과지(4장/조)
- ▸ 페트리접시
- ▸ 받침유리(2box/반)
- ▸ 덮개유리(1box/반)
- ▸ 핀셋(1개/조)

2. 실험 방법(Methods)

2-1. 동물세포의 관찰

1. 구강상피세포 슬라이드제작 및 관찰

1. 자신의 뺨 내부의 점막을 면봉으로 돌려 긁어낸 후, 하나의 받침유리 위에서 두 군데로 나누어 돌리면서 문지르고, 세포가 잘 펴지도록 한 후(시료채취, 도말), 상온에서 1분간 완전히 말린다.
2. 도말된 오른쪽의 구강상피세포 위에 0.5% 메틸렌블루 용액을 떨어뜨려 3분간 염색하고, 시료가 부착된 받침유리 뒷면에 한 방울씩 물을 떨어뜨려 염색액을 씻어낸다(시료가 떨어지지 않게 주의).
3. 도말된 왼쪽의 구강상피세포 위에 0.9% 생리식염수를 떨어뜨린다.
4. 양쪽의 시료에 각각 글리세린수를 한 방울 떨어뜨린 후, 덮개유리를 덮고 여과지로 여분의 물기를 제거한다.
5. 광학현미경을 사용하여, 저배율에서 고배율의 순서로 관찰한다(프레파라트가 대물렌즈에 닿지 않도록 주의).

| 과제 |

1. 염색 전·후의 세포의 특징을 관찰하고 연필로 스케치 한다.
2. 염색 후, 염색 전과 비교하여 어떠한 형태적 차이점이 관찰되는지 고찰한다.

2-2. 식물세포의 관찰

1. 양파 표피 슬라이드제작 및 관찰

(1) 염색 전의 양파 표피 관찰

1. 면도칼을 사용하여 5㎟의 크기로 양파를 적출한 후, 안쪽면과 바깥면에서 표피 1장씩을 채취한다. 이때, 안쪽면(향축면, 반투명 면)과 바깥면(배축면, 투명하고 반짝이는 면)을 반드시 구분한다.
2. 하나의 받침유리 위에 1cm 간격으로 물방울을 떨어뜨리고, 왼쪽 물방울 위에는 향축면, 오른쪽은 배축면의 표피를 각각 놓고 접힌 부분이 없도록 편편하게 펼친다.
3. 여과지로 표피 주변의 물기를 제거한 후, 각각 글리세린수를 한 방울을 떨어뜨린 뒤 덮개유리를 덮는다. 여과지로 덮개유리 주변의 물기를 제거한다.

| 과제 |

1. 동일 조건 하에서 향축면과 배축면 표피의 형태적 차이점을 관찰하고 스케치 한다.
2. 향축면의 표피가 반투명하고, 배축면의 표피가 투명하고 광택이 나는 이유를 고찰한다.

(2) 염색 후의 양파 표피 관찰

1. 위 〈염색 전〉 실험에서 사용하였던 재료의 덮개유리를 제거하고, 재료를 물로 간단하게 세척한다.
2. 재료 주변의 물기를 제거한 후, 양쪽 표피 위에 1% 요오드 용액을 떨어뜨려 2분간 염색한다. 염색 후 여분의 요오드 용액을 여과지로 제거한다.
3. 시료 위에 글리세린수 한 방울씩을 떨어뜨린 후, 덮개유리를 덮고 주변의 물기를 제거한다.
4. 광학현미경을 사용하여 저배율에서 고배율의 순서로 관찰한다(프레파라트가 대물렌즈에 닿지 않도록 주의).

| 과제 |

1. 염색 전과 비교하여, 염색 후의 세포의 특징을 관찰하고 연필로 스케치 한다.
2. 염색 후, 향축면과 배축면의 형태적 차이점이 관찰되는지 고찰한다.

V. 결과(Results)

VI. 4주차 실험 주요어(Key words)

1. 탄수화물의 구조
2. 탄수화물의 기능
3. 베네딕트 반응
4. 바포오드 반응
5. 탄수화물의 소화

[심화 학습]

1. 세포 염색 원리

DNA는 인산기와 당 그리고 염기의 3가지 물질을 기본으로 하여 만들어진 뉴클레오티드의 중합체이다. DNA는 바깥쪽의 인산기에 의해 (−)전하를 띤다. 염색약은 색깔을 가지고 있으며 이온화되어 있는 방향족화합물이므로 다른 화합물과 이온결합으로 반응한다. 세포핵을 염색할 때 주로 사용하는 메틸렌블루나 아세트산카민과 같은 염기성 염색약의 경우 핵 속의 DNA가 (−)전하를 띠므로 서로 끌어당기는 인력에 의해 DNA와 결합함으로써 염색된다.

2. 세포 염색 시약의 종류

1−1. 요오드 용액(iodine solution)

녹말의 주성분은 아밀로오스와 아밀로펙틴인데, 아밀로오스는 요오드 용액과 순수한 청색 반응을 일으키고, 아밀로펙틴은 적자색 반응을 나타낸다. 용액의 농도가 높을 경우에는 검은색에 가까운 진한 보라색으로 관찰될 수 있다.

1−2. 메틸렌블루와 아세토카민(methylene blue and acetocarmine)

아세토카민과 메틸렌블루는 세포핵을 염색하는데 사용한다. 아세토카민은 식물세포에만, 메틸렌블루는 동물세포에만 사용해야 하는 것은 아니며, 바꿔 사용하여도 무방하다. 다만, 정확한 관찰을 위해 녹색의 엽록체를 가지고 있는 식물세포는 붉은색의 아세토카민으로 염색하며, 적색의 헤모글로빈을 가지고 있는 일부 동물세포는 푸른색의 메틸렌블루로 염색한다.

1. 메틸렌블루(methylene blue)

1. 염기성으로, 주로 동물세포의 핵을 염색하는 용액이다.
2. 신경세포나 생체 염색, 혈액의 염색에도 쓰인다.
3. 산성과립, RNA, DNA를 푸르게 염색한다.

2. 아세토카민(acetocarmine)

염기성으로, 주로 식물세포의 핵과 염색체를 염색하는 데에 사용한다.

3. 사프라닌(safranine)

약염기성을 띠며, 핵, 식물의 2기 목부에 침적된 리그닌(lignin), 단백질 등을 염색하거나, 세균의 그람염색 시 사용한다.

4. 헤마톡실린(hematoxylin)

핵, 염색체, 세포벽, 점액질, 중심체, 세포막 중엽, 미토콘드리아, 근원섬유, 신경조직, 결합조직, 세균 등의 염색에 사용한다.

5. 오르세인(orcein)

세포질, 핵, 결합조직, 상피조직 염색에 사용한다. 특히 식물 염색체의 염색에 탁월한 효과를 보인다.

과제 3. 구강상피세포와 양파표피세포의 관찰 결과를 스케치 하시오.

학 과 : 학 번 : 이 름 :

재 료: (배)	재 료: (배)
재 료: (배)	재 료: (배)
재 료: (배)	재 료: (배)

(절취선)

학 과 : 학 번 : 이 름 :

재료: (배)	**재료:** (배)
재료: (배)	**재료:** (배)
재료: (배)	**재료:** (배)

일반생물 제4주

탄수화물의 검출 및 소화효소

Ⅰ. 실험 목적(Purpose of the study)

화학적 반응실험을 통해서 탄수화물을 검정하고, 전분 가수분해 효소인 아밀라아제(amylase)를 이용하여, pH 및 온도에 따른 효소 활성의 변화를 조사한다.

Ⅱ. 배경지식(Background of the study)

1. 탄수화물

1-1. 탄수화물(carbohydrate)

탄수화물은 탄소, 수소 및 산소가 결합된 유기화합물이다.

구 성 원 소	C : H : O = 1 : 2 : 1
구 조 식	$C_m(H_2O)_n$

1-2. 탄수화물의 생체 내 기능

1. 구조다당류

생물체의 구성성분으로 구조를 유지하는 다당류를 구조다당류라고 한다. 식물의 세포벽을 만드는 섬유소(cellulose), 곤충의 외피를 만드는 키틴(chitin), 동물의 연골이나 힘줄의 성분인 황산콘드로이틴(chondroitin sulfate) 종류 등이 포함된다.

2. 영양다당류

활동의 에너지원으로 생물체 내에 저장된 다당류를 영양다당류라고 한다. 식물은 탄소동화작용을 함으로써 이산화탄소와 물로 포도당(glucose)을 합성한 후 녹말 형태로 저장하고, 동물은 다른 생물에서 탄수화물을 섭취하여 글리코겐(glycogen) 형태로 간에 저장한다.

1-3. 탄수화물의 종류

탄수화물을 구성하는 단위당의 수에 따라 단당류, 이당류, 다당류로 구분한다.

1. 단당류(monosaccharide)

1. 5탄당: 리보오스(ribose), 디옥시리보오스(deoxyribose)
2. 6탄당: 포도당(glucose), 과당(fructose), 갈락토오스(galactose)

2. 이당류(disaccharide)

두 개의 단당류로 만들어진 탄수화물로, 탈수반응을 통해 글리코시드 결합(glycoside bond)을 이룬다. 이당류 중에서도 알데히드기가 결합에 사용되지 않고 유리 상태로 있는 것은 환원성을 가진다. 단당류나 이당류는 모두 물에 잘 녹고 에테르에는 녹지 않으며, 단맛을 지닌다.

1. 맥아당(maltose): 포도당(glucose) + 포도당
2. 설탕(sucrose): 포도당+과당(fructose)
3. 젖당(lactose): 포도당+갈락토오스(galactose)

3. 다당류(polysaccharide)

많은 단당류 (일반적으로 n=12 이상)가 글리코시드 결합을 통해 하나의 분자를 이룬 당류를 말하며, 가수분해에 의해서 이당류 또는 단당류를 생성한다. 한 종류의 단당류로 구성된 것을 단순다당류라 하고, 여러 종류의 단당류로 구성된 것을 복합다당류라고 한다.

1. 녹말(starch): 식물성 저장성분
2. 글리코겐(glycogen): 동물성 저장성분
3. 섬유소(cellulose): 세포벽 구성성분
4. 덱스트린(dextrine)

1-4. 글리코시드 결합(glycoside bond)

글리코시드결합은 탄수화물 반응 중에서 가장 중요한 반응으로서, 두개의 단당류가 한쪽 단당류의 히드록시기와 다른 한쪽 단당류의 히드록시기에서 물 분자가 빠져나가는 탈수축합반응을 말하며, 이때 산소를 매개로 단당류들 사이에 결합이 이루어진다.

2. 소화효소

2-1. 효소(enzyme)

화학반응은 반응 물질 외에 미량의 촉매가 존재함으로써 반응 속도에 영향을 받게 된다. 생물체 내에도 이러한 촉매가 존재한다. 생물체내의 촉매는 대부분 구형단백질로 구성되며 이를 효소(enzyme)라고 부른다. 효소의 기능은 온도, pH (수소이온농도) 등 환경 조건에 따라 영향을 받는다. 효소는 화학적 촉매와 같이 반응 물질의 활성화 에너지(activation energy)를 낮추어 반응 속도를 촉진시킬 뿐, 자신은 화학반응에 직접 참여하지 않는다.

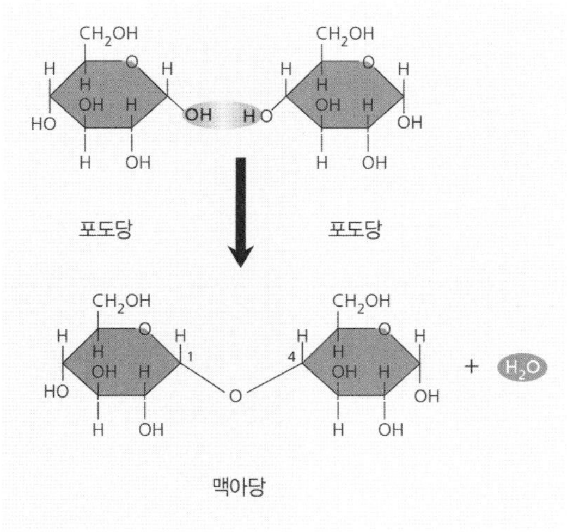

그림 1. 글리코시드 결합

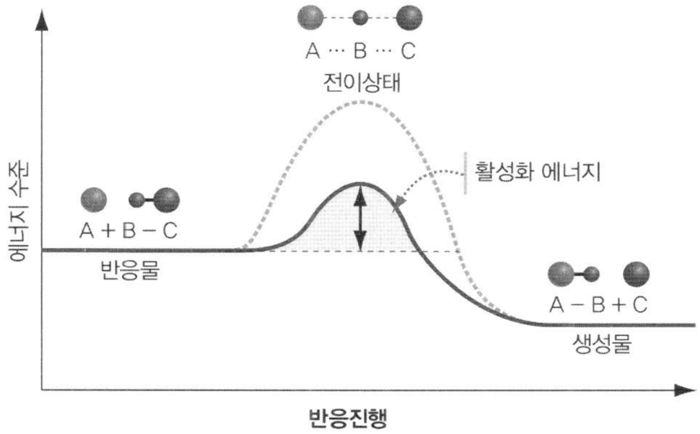

그림 2. 효소와 활성화 에너지

2-2. 효소의 구조

효소는 대부분 효소 작용을 받는 기질과의 결합부위인 촉매부위(catalytic site)를 갖는 고분자의 구형단백질이다.

2-3. 효소의 특성

1. 기질특이성(substrate specificity)

효소는 대부분 그 작용을 받는 특정 기질에 대해서만 강한 촉매반응을 나타내며, 다음의 두 유형으로 구분된다.

1. 절대특이성: 단 한 가지 특정 기질에 대해서만 효소작용이 나타나는 경우
2. 상대특이성: 공통적인 특이구조를 갖는 몇 가지 기질에 모두 효소작용이 나타나는 경우

2. 온도 변화에 따른 효소의 활성도 변화

효소는 특정 온도 범위 내에서 활성이 가장 크게 나타나며, 대개 35~45℃에서 활성이 가장 크다. 이는 온도가 올라가면 일반적으로 효소의 화학반응 속도와 촉매작용이 모두 증가하지만, 온도가 일정 범위(섭씨 약 60도)를 넘으면 화학반응 속도는 커져도 단백질의 분자구조가 변형을 일으켜 촉매기능이 떨어지기 때문이다.

3. pH 변화에 따른 효소의 활성도 변화

효소의 활성은 단백질을 구성하고 있는 아미노산의 곁사슬(해리기)인 아미노기($-NH^{3+}$)와 카르복실기($-COO^{-}$)에 따라 결정된다. pH 는 효소의 해리기 상태를 변화시켜 특정 pH 에서 최대 활성을 보이게 하며, 또한 기질에 해리기가 있으면 이것도 같은 방식으로 효소작용에 영향을 미친다. 대부분의 세포 내 효소는 pH 5~9 범위에서 최대 활성을 나타내지만, 예외적으로 단백질 소화효소인 펩신의 경우는 pH 1~2에서 최대 활성을 나타낸다.

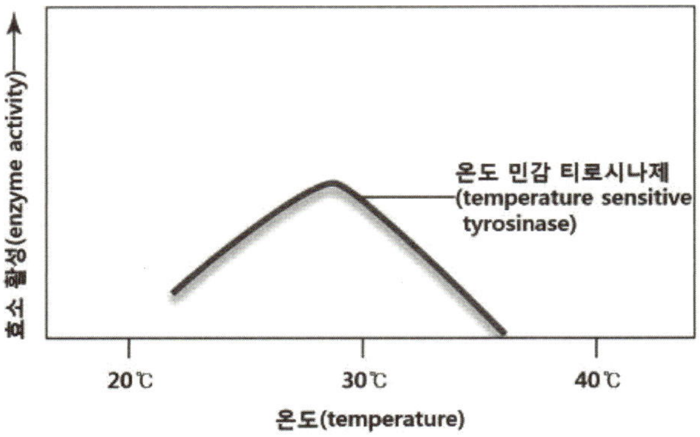

그림 3. 온도 변화에 따른 효소의 활성도

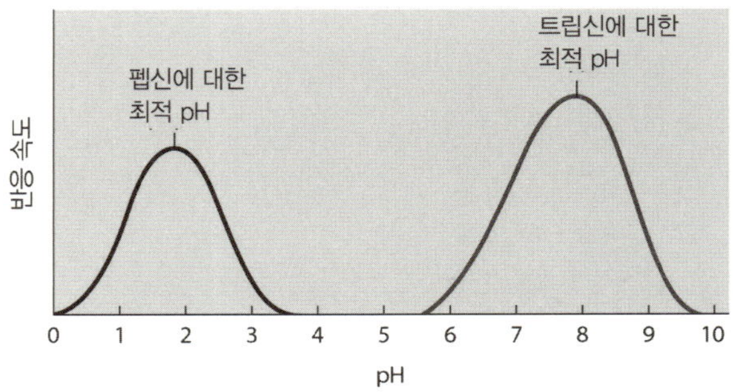

그림 4. pH 변화에 따른 효소의 활성도

2-4. 효소의 작용 기작

효소(E)와 기질(S)이 결합하여 효소-기질 복합체(ES complex)를 형성하며, 이 복합체는 불안정할 뿐만 아니라 활성화 에너지도 작다. 그러므로 내부 분자구조가 쉽게 변형되어 반응생성물(product : ; P)과 효소(E)로 다시 분리된다. 즉, 〈E + S ⇄ ES ⇄ E + P〉로 표현되며, 다음의 두 모델로 설명된다.

1. 자물쇠 열쇠 모델(lock-and-key model)

효소와 이의 작용을 받는 기질은 자물쇠와 열쇠의 관계처럼 서로 상보적인 구조를 보인다. 즉, 효소의 3차원적 촉매부위에 입체적으로 꼭 들어맞는 기질만이 결합하여 효소-기질복합체를 형성한다.

2. 유도 적합 모델(induced-fit model)

기질은 효소의 활성부위를 구성하는 아미노산 반응기들과 결합함으로써 효소 분자의 입체구조를 변화시키게 된다. 그 결과 촉매 기능에 필수적인 특정 화학작용군이 기질에 근접할 경우, 기질 분자와 결합하여 효소-기질복합체를 형성한다.

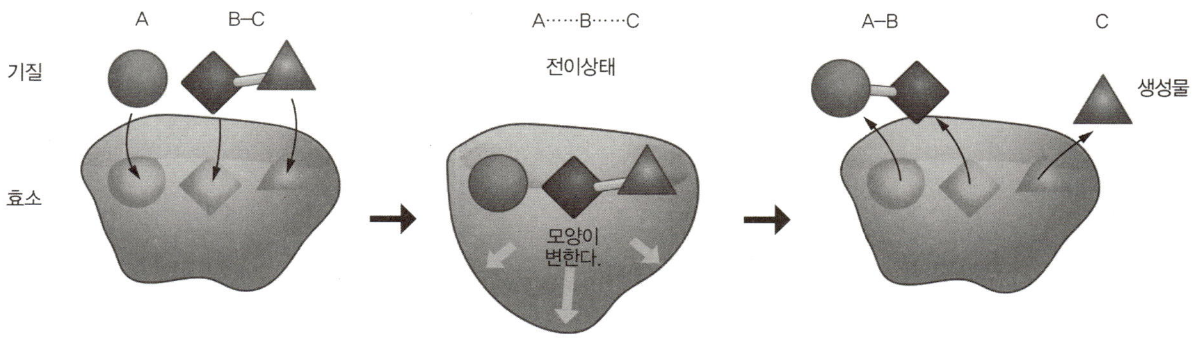

그림 5. 효소의 작용 기작

Ⅲ. 실험 디자인(Experimental design)

IV. 실험(Experiment)

1. 실험 재료(Materials)

1-1. 탄수화물의 검출

1. 베네딕트검사(Benedict's test) / 2. 바포오드검사(Barfoed's test)

- 1% glucose
- 1% sucrose
- 1% maltose
- 1% starch
- 1% fructose
- 베네딕트용액
- 바포오드용액
- 시험관대
- 시험관
- 중탕기
- 눈금스포이드

1-2. 소화효소

1. 아밀라아제의 활성과 온도의 효과 / 2. 아밀라아제의 활성과 pH 의 효과]

- 1% starch
- 완충용액(pH 4, 7, 10)
- 요오드용액
- 눈금스포이드
- 시험관
- 시험관대
- 중탕기
- 얼음
- 온도계
- 종이컵
- 피펫
- 1% 아밀라아제

2. 실험 방법(Methods)

| 실험 전 주의사항 |

1. 두 조가 한 팀이 되어 실험한다. 홀수 조(**실험 2-1-1, 2-2-1**)와 짝수 조(**실험 2-1-2, 2-2-2**)는 실험 후 결과를 공유한다.
2. 실험 전 시험관이 깨끗한지 확인 후 실험을 시작한다.
3. 색을 관찰, 비교해야 하므로 결과정리 전에 실험반응물을 버리는 일이 없도록 주의한다. 결과 정리 후 반응물은 폐액 비이커에 모은 후 노란색 폐액통에 버린다.
4. 아밀라아제가 활성화되면 요오드 본래의 색깔이 나타나지만, 활성화되지 않으면 전분과 요오드가 반응하여 보라색을 나타낸다.
5. 실험에 사용한 시험관은 솔과 세제를 사용하여 깨끗이 세척한다.

2-1. 탄수화물의 검출

1. 베네딕트 검사(Benedict's test)

1. 베네딕트액 2ml를 5개의 시험관에 넣고, 각각 시료 0.5ml(10방울 정도)를 가한다.
2. 이것을 3분간 끓는 물에 중탕시킨다.
3. **과제**: 실온에서 서서히 식히면서 나타난 침전물의 색을 관찰한다.

2. 바포오드 검사(Barfoed's test)

1. 바포오드액 5ml를 5개의 시험관에 넣고, 각각 시료 0.5ml을 가한다.
2. 이것을 2분간 끓는 물에 중탕시킨다.
3. **과제**: 서서히 식히면서 나타난 반응결과(침전물의 색)를 관찰한다.

2-2. 소화효소

1. 아밀라아제의 활성과 온도의 효과

1. 1% starch를 6ml씩을 각각 3개의 시험관에 넣고, 1% 아밀라아제를 1ml씩 첨가한다. 잘 흔들어 준 뒤 각각 다른 2개의 시험관에 2.3ml씩 옮겨 담는다(1% starch를 넣을 때 항상 흔들어서 넣는다).
2. 전부 9개의 실험관 액을 만들고, 0℃(ice), 37℃, 90℃의 중탕기에 3개씩 놓는다(working solution tube 9개).

| 과제 |

1. 5분 후 요오드용액 1방울을 떨어뜨리고 잘 흔들어 그 색깔을 관찰 비교한다.
2. 10분 후 요오드용액 1방울을 떨어뜨리고 잘 흔들어 그 색깔을 관찰 비교한다.
3. 15분 후 요오드용액 1방울을 떨어뜨리고 잘 흔들어 그 색깔을 관찰 비교한다.

2. 아밀라아제의 활성과 pH의 효과

1. 3개의 시험관에 각각 pH 4, pH 7, pH 10의 완충용액을 2ml씩 넣고, 1% starch 4ml를 첨가한다(1% starch를 넣을 때 항상 흔들어서 넣는다).
2. 완충용액과 1% starch가 들어있는 시험관에 1% 아밀라아제를 1ml씩 넣고 잘 흔들어 준 뒤, 각각 다른 2개의 시험관에 2.3ml씩 옮겨 담아, 전부 9개의 실험관 액을 만든다.

| 과제 |

1. 5분 후 요오드용액 1방울을 떨어뜨리고 잘 흔들어 그 색깔을 관찰 비교한다.
2. 10분 후 요오드용액 1방울을 떨어뜨리고 잘 흔들어 그 색깔을 관찰 비교한다.
3. 15분 후 요오드용액 1방울을 떨어뜨리고 잘 흔들어 그 색깔을 관찰 비교한다.

V. 결과(Results)

VI. 5주차 실험 주요어(Key words)

1. 단백질의 구조
2. 단백질의 기능
3. 닌히드린 반응
4. 뷰렛 반응
5. 단백질의 소화

[심화 학습]

1. 탄수화물 검출 결과

1-1. 베네딕드(Benedict)

환원성이 있는 당에만 선택적으로 반응한다. 이 원리는 포도당이 황산구리를 환원시켜 산화구리가 되는 것이다. 여기서 반응된 당은 추가적으로 바포오드 검사(Barfoed Test)를 하여 단당류 여부를 판단할 수 있다.

1-2. 바포오드(Barfoed)

이당류가 Barfoed 용액에 의해 구리이온을 Cu_2O로 환원시키지 못하는 원리를 이용하여 단당류와 이당류를 구별한다. 주로 단당류에 의해서만 환원이 되며, Benedict 검사의 Cu_2O보다 반응 속도가 느려 약 10분 후 반응 침전물이 생긴다.

표 1. 탄수화물 검출 결과

Test	단 당 류		이 당 류		다 당 류
	1% glucose	1% fructose	1% maltose	1% sucrose	1% starch
Benedict	녹황	적색	주황	·	·
Barfoed	짙은 빨강색 (적색 계열)	짙은 빨강색 (적색 계열)	·	·	·

2. 탄수화물 정색 반응

2-1. 베네딕트 검사(Benetict's test)

환원당이 알칼리성으로 황산구리를 환원시켜 산화구리의 적색, 자주색, 녹색 등 당량에 따른 빛깔의 침전이 생기는 원리를 이용하여 탄수화물을 검정하는 것이다. 알칼리성이 약하며 환원성을 가진 탄수화물에 선택적으로 작용을 한다. 뇨의 glucose 함량을 검사할 때도 쓰인다.

이 실험의 원리는 베네딕트 시약에 함유된 황산구리($CuSO_4$)가 알칼리와 반응하여 수산화구리($Cu(OH)_2$)로 되고, 이것이 환원당에 의해 적갈색의 산화구리(Cu_2O)로 변한다는 것이다. 구리는 이온화되었을 때에는 푸른색을 띠고, 금속으로 환원되면서 붉은색으로 변한다.

$$CuSO_4 \xrightarrow{OH^-} Cu(OH)_2 + \text{환원당} \longrightarrow Cu_2O\downarrow + H_2O + \text{산화된 환원당}$$

2-2. 바포오드 검사(Barfoed's test)

바포오드가 약한 산성을 가지고 있기 때문에 단당류에서만 반응을 한다. 따라서 이 검사는 단당류와 이당류를 구별할 때 사용하는 것으로 바포오드용액에 의해 이당류가 구리이온을 Cu_2O로 환원시키지 못하는 원리를 이용하여 단당류와 이당류를 구별한다.

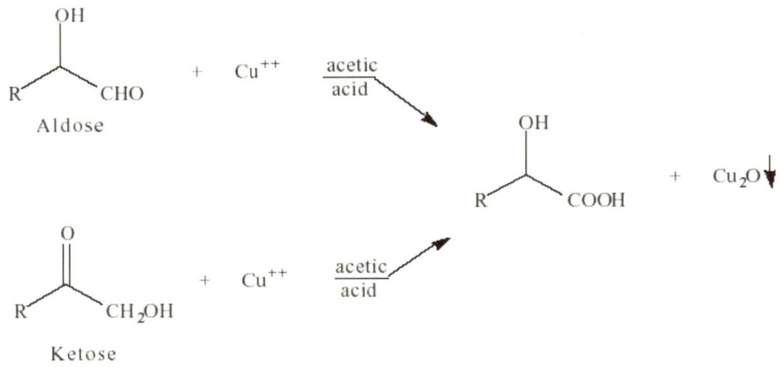

그림 1. 바포오드 검사 원리

3. 소화효소 실험 결과

3-1. 아밀라아제(amylase)의 활성과 온도 효과

1. 37℃에서 최대의 활성을 보인다.
2. 90℃에서는 아밀라아제가 변성을 일으켜 활성이 매우 낮은 것으로 보인다.

표 2. 아밀라아제(amylase)의 활성과 온도

온도(℃) \ 시간(분)	5	10	15	20
0	진한 보라색	진한 보라색	진한 보라색	진한 보라색
37	노란색	노란색	노란색	노란색
90	진한 보라색	진한 보라색	진한 보라색	진한 보라색

3-2. 아밀라아제(amylase)의 활성과 pH 효과

1. pH 7에서 최대 활성을 보임
2. 시간이 경과함에 따라 노란색이 옅어짐

표 3. 아밀라아제(amylase)의 활성과 pH

pH 변화 \ 시간(분)	5	10	15	20
pH 4	진한 황색	진한 황색	진한 황색	진한 황색
pH 7	노란색	노란색	노란색	노란색
pH 10	진한 황색	진한 황색	진한 황색	진한 황색

과제 4. 실험 결과 값을 기입하시오.

학 과 : 학 번 : 이 름 :

표 1. 탄수화물 검출 결과

Test	단 당 류		이 당 류		다 당 류
	1% glucose	1% fructose	1% maltose	1% sucrose	1% starch
Benedict					
Barfoed					

표 2. 아밀라아제(amylase)의 활성과 온도

시간(분) / 온도(℃)	5	10	15	20
0				
37				
90				

표 3. 아밀라아제(amylase)의 활성과 pH

시간(분) / pH 변화	5	10	15	20
pH 4				
pH 7				
pH 10				

(절취선)

일반생물 제5주

단백질의 검출

Ⅰ. 실험 목적(Purpose of the study)

생명현상에 중요한 역할을 하는 단백질(protein)을 화학적 반응실험을 통하여 검정한다.

Ⅱ. 배경지식(Background of the study)

1. 단백질(protein)

1-1. 단백질

1. **구성물질:** 탄소(C), 수소(H), 산소(O), 질소(N), 황(S), 인(P)

2. **구성단위:** 아미노산(amino acid)

아미노기(amino group, $-NH_2$), 카르복실기(carboxyl group, $-COOH$), 곁사슬 R(side chain)의 종류에 의해 아미노산의 종류가 결정된다.

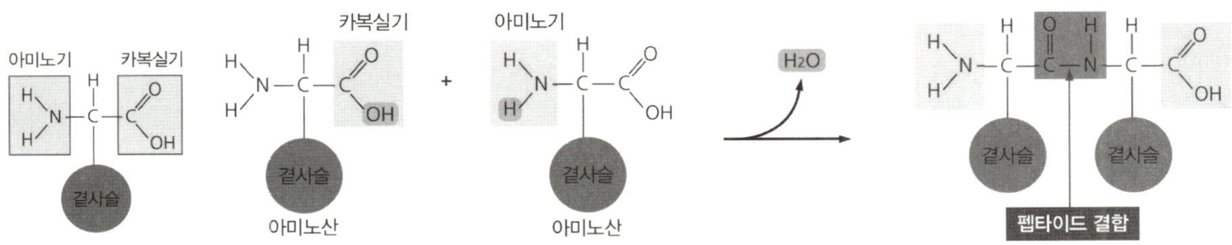

그림 1. 아미노산 골격구조, 펩티드결합 및 단백질의 기본 구조

1-2. 단백질의 구조

1. 1차 구조(primary structure)

아미노산들은 한 아미노산의 아미노기와 그 다음 아미노산의 카르복실기 사이에서 형성되는 펩티드 결합(peptide bond)에 의해 결합된다. 단백질은 수많은 아미노산들이 펩티드결합에 의해 연결된 폴리

펩티드(polypeptide)이며, 폴리펩티드를 이루는 아미노산의 배열순서(sequence)를 1차 구조라 한다.
(예) 인슐린

2. 2차 구조(secondary structure)

단백질을 이루는 폴리펩티드가 규칙적으로 감기거나 꺾인 특이한 형태의 입체구조이다.
(예) α –나선구조(α –helix), β –병풍구조(β –pleated sheet)

3. 3차 구조(tertiary structure)

폴리펩티드가 불규칙적으로 감기거나 꼬여서 이루어지는 구형의 입체구조를 3차 구조라 한다.
(예) 미오글로빈(myoglobin)

4. 4차 구조(quaternary structure)

3차 구조를 갖는 구형단백질 분자가 여러 개 모여 입체구조를 이루는 것을 4차 구조라 한다.
(예) 헤모글로빈(hemoglobin)

1-3. 단백질의 생체 내 기능

1. 효소의 주성분을 이루어 생체 내 대사를 촉매한다. (예) 아밀라아제(amylase)
2. 물질의 운송이나 저장산물의 역할을 한다. (예) 헤모글로빈(haemoglobin), 카제인(casein)
3. 세포의 운동성을 결정한다. (예) 미오신(myosin), 액틴(actin)
4. 세포의 지지 역할을 한다. (예) 콜라겐(collagen)
5. 면역 반응에 참여한다. (예) 항체(antibody)
6. 세포 밖의 자극을 감지한다. (예) 수용체(receptor)
7. 세포의 생장과 분화를 조절한다. (예) 호르몬(hormone), 생장인자(growth factor)
8. 독극물로 작용한다. (예) 독사의 독

2. 단백질의 정색반응

단백질은 단백질 분자에 포함된 아미노산 잔기(–R) 등이 특수한 시약과 결합하여 반응을 나타낸다. 동일한 기가 모든 단백질에 포함되어 있는 것은 아니기 때문에 발색반응은 단백질의 종류에 따라 여러 가지로 달리 나타나게 된다.

2-1. 뷰렛 반응(Biuret reaction)

두 개 이상의 펩티드 결합을 가지고 있는 단백질 화합물들은 알칼리성 용액에서 묽은 황산구리로 처리하면 자주색을 띠는 물질을 생성한다. 색깔은 구리원자와 두 개의 펩티드 사슬에서 나오는 네 개의 질소원자들 사이에서 배위 화합물이 형성됨으로써 생기는 것이다. 뷰렛반응은 모든 단백질에 대해서 재현성은 좋으나 비교적 많은 양(1~20mg)의 단백질을 정량하는데 쓰이는 방법이다.

2-2. 닌히드린 반응(ninhydrin reaction)

아미노산은 100℃ 근처에서 닌히드린 용액과 반응하여 자주색 또는 청자색의 착색물질을 만든다. 착색물질의 색깔은 아미노산의 종류에 따라 다르다. 닌히드린시험은 매우 민감하기 때문에 아미노산 확인에 보편적으로 쓰일 뿐 아니라 아미노산의 정량에도 이용된다.

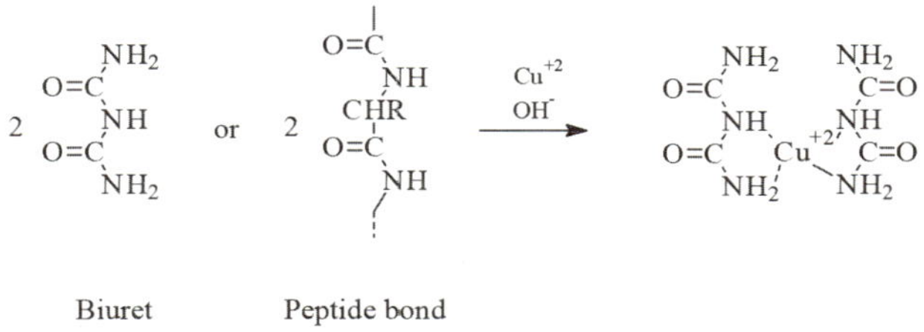

그림 2. 뷰렛 반응식

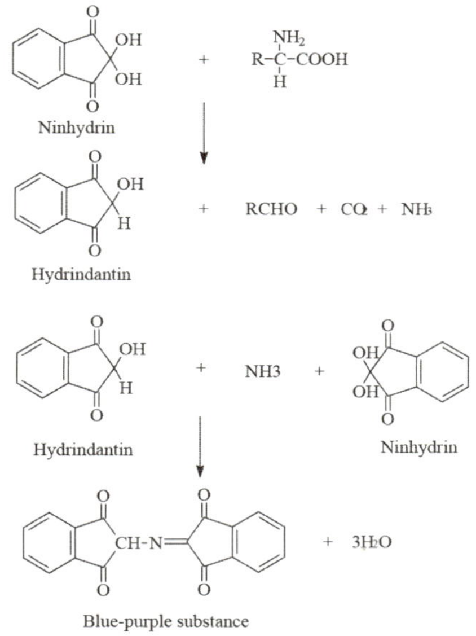

그림 3. 닌히드린 반응식

Ⅲ. 실험 디자인(Experimental design)

Ⅳ. 실험(Experiment)

1. 실험 재료(Materials)

1-1. 단백질의 검출[1. 뷰렛 반응(Biuret reaction), 2. 닌히드린 반응(ninhydrin reaction)]

- 1% albumin
- 우유
- 0.1% 닌히드린용액
- 시험관대
- 1% starch
- 10% NaOH
- water bath
- 눈금스포이드
- 1% histidine
- 0.5% $CuSO_4$
- 시험관

2. 실험 방법(Methods)

| 실험 전 주의사항 |

1. 스포이드는 지정된 시약에만 사용한다.
2. 시험관 벽에 스포이드의 끝이 닿지 않도록 주의한다.
3. 시험관은 조별 사용 후, 깨끗하게 세척하여 조별 시험관대에 거치한다.
4. 중탕기(water bath) 작동 시 안전에 주의를 요한다.

2-1. 뷰렛 반응(Biuret reaction)

1. 4개의 시험관에 1% albumin, 1% starch, 1% histidine, 우유를 각각 3ml씩 넣고, 같은 양의 10% NaOH 3ml씩을 첨가하여 충분히 섞는다.
2. 여기에 0.5% $CuSO_4$를 한 방울씩 떨어뜨리면서 잘 흔들어 섞는다. 황산구리를 너무 많이 첨가하면 수산화동의 황색 침전이 생겨 정확한 실험을 할 수 없다.
3. 이때 나타난 색을 관찰한다.

2-2. 닌히드린 반응(ninhydrin reaction)

1. 4개의 시험관에 1% albumin, 1% starch, 1% histidine, 우유를 각각 3ml씩 넣고, 0.1% 닌히드린용액을 1ml씩 첨가한다.
2. 100℃에서 5분간 중탕·가열한 후, 서서히 냉각시킨다.
3. **과제**: 이때 나타난 색을 관찰한다.

V. 결과(Results)

VI. 6주차 실험 주요어(Key words)

1. 지질의 구조
2. 지질의 기능
3. 지질의 소화
4. 지질의 검정
5. 지질의 분포

[심화 학습]

1. 단백질 검출

1-1. 뷰렛(Biuret) 반응

히스티딘의 색은 변하지 않는다. 왜냐하면 뷰렛시약은 단백질의 펩티드 결합 부위를 인식하기 때문에 하나의 아미노산과는 반응할 수 없기 때문이다. 뷰렛반응은 우유, 알부민의 펩티드 결합과 반응하여 양성을 띤다.

1-2. 닌히드린(ninhydrin) 반응

이 실험은 아미노산과 단백질을 정성 분석할 때 적용한다. 닌히드린은 아미노산, 단백질의 알파 아미노산(N 말단의 아미노산)과 반응하기 때문에 아미노산, 단백질을 구분하지 않고 반응한다. 따라서 히스티딘(아미노산), 우유(단백질), 알부민(단백질), 전분(녹말) 중 전분만이 닌히드린에 의한 반응이 없어야 한다.

표 1. 단백질 검출 결과

	1% 알부민 (단백질)	1% starch (탄수화물)	1% 히스티딘 (아미노산)	우유 (당 + 지질 + 단백질)
뷰렛 반응	양성	음성	음성	양성
닌히드린 반응	양성	음성	양성	양성

과제 5. 실험 결과 값을 기입하시오.

학 과 : 학 번 : 이 름 :

(절취선)

표 1. 단백질 검출 결과

Test	1% 알부민 (단백질)	1% starch (탄수화물)	1% 히스티딘 (아미노산)	우유 (당 + 지질 + 단백질)
뷰렛 반응				
닌히드린 반응				

일반생물 제6주

지질의 검정

Ⅰ. 실험 목적(Purpose of the study)

생체 주요 구성성분인 지질의 특성과 기능을 이해하고 지질과 반응하여 발색하는 수단III 용액을 이용하여 지질의 분포를 살펴본다.

Ⅱ. 배경지식(Background of the study)

1. 지질(lipid)

지질(lipid)은 물에는 거의 녹지 않고 비극성 용매에 잘 녹는 유기화합물이다. 이것을 유지라고도 하는데 상온에서의 상태에 따라 다시 기름(oil)과 지방(fat)으로 나눌 수 있다. 기름은 상온에서 액체 상태로, 지방은 상온에서 고체 상태로 존재한다.

지질은 생체 내에서 에너지원과 저장원으로 작용하며, 세포막의 주요 구성성분이다. 지질을 크게 단순지질(중성지방, 납), 복합지질(인지질, 당지질, 리포단백질), 유도지질(글리세롤, 지방산, 스테로이드)로 분류할 수 있다.

1-1. 단순지질

1. 중성지방(neutral fat)

글리세롤(glycerol)의 알코올성 수산기(−OH) 3개와 지방산(fatty acid)의 카르복실기(−COOH) 사이의 에스테르(ester) 결합으로 형성된 분자이다.

(1) 포화지방산(saturated fatty acid)

지방산 중 분자를 구성하는 탄소원자가 단일결합으로만 연결된 것을 말한다.

(2) 불포화지방산(unsaturated fatty acid)

지방산 중 분자를 구성하는 탄소원자가 하나 또는 그 이상의 이중결합을 이루고 있는 것을 말한다.

2. 왁스(wax)

1가 알코올(또는 2가 알코올)의 지방산 에스테르로 액체 왁스, 동물성 고체 왁스, 식물성 왁스로 구분된다.

(1) 액체 왁스

수가 적고 산패하지 않으며 온도 변화에 의한 점성도의 변화가 적으므로 정밀 기계의 윤활유로 사용된다.

(2) 동물성 고체 왁스

경랍, 밀랍, 백랍, 양모지 등이 있다.

(3) 식물성 고체 왁스

식물의 줄기, 잎, 종자 껍질 등의 표면에 분포되어 있지만 그 양은 적다.

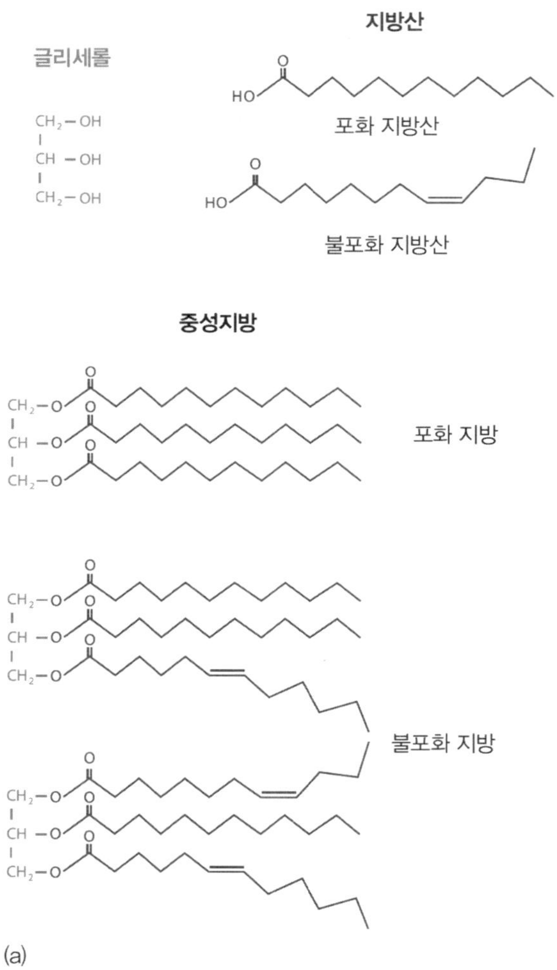

그림 1. 포화지방산과 불포화지방산

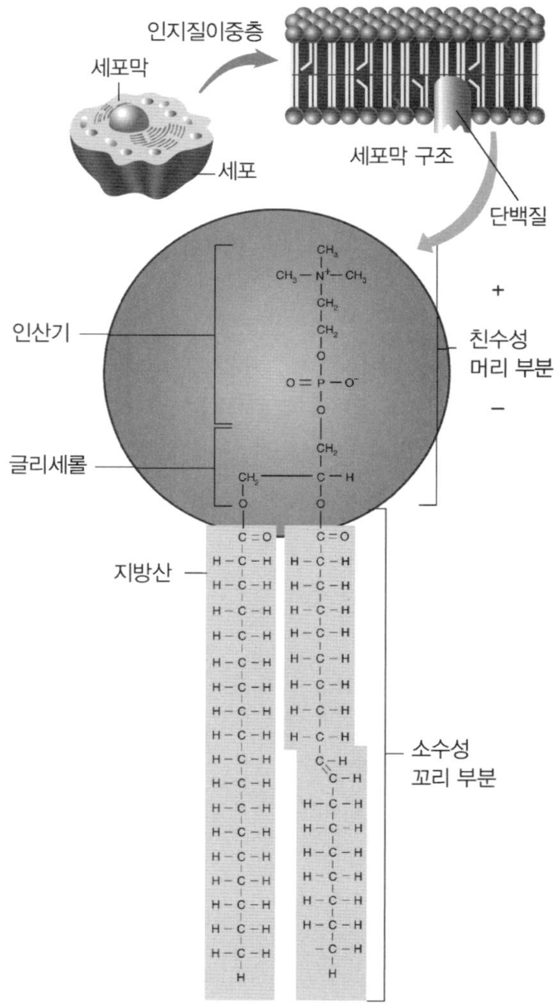

그림 2. 인지질과 세포막 구조

1-2. 복합지질

1. 인지질(pH ospH olipid)

글리세롤의 알코올성 수산기(-OH) 중 하나가 인산과 에스테르 결합한 분자이다. 생체막의 구조성분으로서 매우 중요한 물질이다.

2. 당지질(glycolipid)

글리세롤의 알코올성 수산기(-OH) 중 하나가 지방산이 아닌 당과 에스테르 결합한 분자이다. 세포표면에서 일어나는 다양한 인식 작용과 관련되어 있다.

3. 리포단백질(lipoprotein)

지질과 단백질의 복합체이다. 세포막, 엽록체, 신경세포의 미엘린초(myelin sheath), 망막 수용체에 존재한다.

1-3. 유도지질

1. 글리세롤(glycerol)

지방산과 결합하여 트리아실글리세롤과 막지질을 형성한다.

2. 지방산(fatty acid)

세포막의 인지질을 포함하여 많은 지질의 구성성분이 되고, 세포호흡을 위한 연료분자로 이용된다.

3. 스테로이드(steroid)

지방산이 없는 4개의 탄소 고리로 이루어진 단단한 골격으로 된 지질이다. 모든 진핵 세포막은 스테로이드를 포함한다. 콜레스테롤, 성호르몬(에스트로겐, 테스토스테론), 부신피질호르몬 등이 스테로이드 화합물이다.

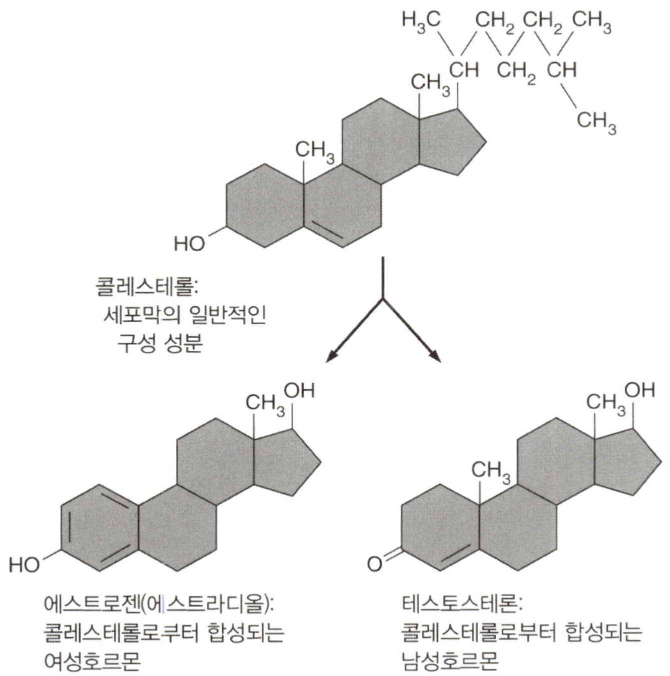

그림 3. 에스트로겐과 테스토스테론

Ⅲ. 실험 디자인(Experimental design)

IV. 실험(Experiment)

1. 실험 재료(Materials)

1-1. 지질의 검출

- 해바라기 종자
- 0.1% 수단Ⅲ 용액
- 중탕기
- 시험관
- 깨
- 물
- 막자사발
- 시험관대
- 식용유
- 스포이드
- 막자

1-2. 지질의 분포 관찰

- 회양목 잎
- 물
- 주목 잎
- 스포이드
- 0.1% 수단Ⅲ 용액
- 광학현미경

2. 실험 방법(Methods)

2-1. 지질의 검출

1. 해바라기 종자 1개 또는 깨 0.1g을 막자사발에 넣고 막자를 이용하여 분쇄한다. 막자에 무리한 힘을 가하면 잘 부러지므로 조심스럽게 분쇄한다.
2. 분쇄한 해바라기 종자, 깨는 유산지를 이용하여 각각 다른 시험관에 넣고, 세 번째 시험관에는 스포이드를 이용하여 식용유 1ml를 넣는다(총 3개의 시험관).
3. 준비한 시험관에 물 2ml를 가하여 중탕기에서 5분간 끓인다.
4. 0.1% 수단Ⅲ 용액 3방울을 첨가하여 혼합한다.
5. **과제**: 시험관을 바로 세우고 염색되는 층을 관찰·기록한 후 촬영한다.

2-2. 식물조직 내 지질의 분포 관찰

1. 회양목 또는 주목의 잎을 면도날을 이용하여 장축에 직각으로 여러 개 횡단한다.
2. 물이 담긴 페트리접시에 조직 절편을 띄워 가장 얇은 것을 선별한다.
3. 슬라이드 글라스에 조직 절편을 올려놓고 0.1% 수단Ⅲ 용액 1방울을 떨어뜨려 5분간 염색한다.
4. 덮개유리를 덮고 여과지로 여분의 물기를 제거한 후 광학현미경으로 관찰한다.

| 과제 |

1. 잎 횡단면의 표피층 표면에 침적되어 있는 큐티클층(지질층)을 관찰·스케치한 후 촬영한다.
2. 표피 조직 이외의 다른 조직 부위에서도 지질의 존재 여부를 세밀하게 관찰한 후, 그 결과에 대하여 논의한다.
3. 어떤 식물재료를 사용해야 조직에서의 지질 관찰이 용이할 것인지 논의한다.

Ⅴ. 결과(Results)

Ⅵ. 7주차 실험 주요어(Key words)

1. 세포막의 구조
2. 세포막의 기능
3. 확산
4. 삼투
5. 능동 수송

[심화 학습]

1. 지질의 검출

수단Ⅲ 용액은 지질 검출 시 이용한다. 종자마다 지질 함유량이 다르므로, 수단Ⅲ 용액에 염색 되는 층의 높이가 다르게 나타난다. 실험 결과, 해바라기 종자와 깨는 지질을 함유하고 있다는 것을 알 수 있다.

표 1. 지질 검출 결과

	해바라기 종자(실험군)	깨(실험군)	식용유(대조군)
수단Ⅲ 용액 염색 시	붉게 염색	붉게 염색	붉게 염색

2. 식물조직 내 지질의 분포 관찰

2-1 보호 및 방수기능을 하는 식물조직 내의 지질 복합체

1. 큐틴(cutin; = 각피질, 각피소): 지질 복합체

큐틴은 불포화도가 높은 여러 종류의 **불포화지방산의 중합체(polymer)**이다. 식물의 표피조직 중 대기와의 접촉면에는 큐틴(cutin)이 분비되어 큐티클 층(cuticular layer=각피, cuticle, 角皮)이 형성되며, 강한 태양광선의 난반사를 통하여 내부를 보호하고, 수분 증발을 차단하는 기능을 나타낸다. 큐티클층에는 큐틴뿐만 아니라 왁스와 섬유소(cellulose)도 함께 침적되어 있다.

동물의 상피조직 표면에도 큐틴이 분비되는데, 표면에 큐티클층이 존재하는 절지동물의 체벽이나 기관, 전장, 후장 등의 상피를 큐티클상피(cuticular epithelium)라고 한다. 큐티클상피가 체표에 존재하여 피부로서의 기능을 담당할 경우에는 표피(epidermis)라고 부르기도 한다.

2. 수베린(suberin; = 콜크질, 목전소): 지질 복합체

하이드록시 지방산(hydroxy fatty acid)과 페놀산의 **왁스성 폴리에스테르 복합물**이다. 수베린은 뿌리의 내피(endodermis) 뿐만 아니라, 오래 묵은 뿌리와 줄기의 수피 겉껍질인 콜크조직, 리그닌이 침적된 1기 및 2기목부 조직의 세포벽에도 존재한다. 코르크화한 세포벽이 물이나 공기를 잘 통과시키지 않는 것은 수베린의 방수성에 기인한다.

2. 보호 및 방수기능을 하는 생물조직 내의 여러 복합체

1. 리그닌(lignin; 목질소): 지용성 페놀 고분자 화합물

페닐프로판을 골격으로 하는 구성 단위체가 축합하여 생긴 그물 모양 **고분자 화합물**로서 'lignum(목재 또는 나무)'이라는 용어에서 유래하였다. 화학구조는 명확하지 않으나 C18H24O11과 C40H45O18 사이라고 추정하고 있다. 리그닌은 기본적으로 4가지 구조식을 가지고 있는 것으로 알려지고 있으며 〈그림 1〉, 이들 구조식 중 R은 H 또는 **탄수화물** 또는 **다른 구성 단위체**이며, 분자량은 대략 800~10,000이다〈출처: 화학대사전, 2001〉.

육상 고등식물에서만 발견되는 성분으로서, 식물세포의 세포벽을 구성하는 주요 성분 셀룰로오스, 헤미셀룰로오스에 이어 식물계에서 세 번째로 생물량(biomass)이 많다. 목재 구성성분의 20~30%에 달한다.

1기조직(1기사부와 1기목부)의 도관이나 섬유뿐만 아니라, 2기조직(2기사부와 2기목부)의 가도관, 도관, 목부섬유, 사부섬유 등에 다량 침적되어 있다. 2차세포벽을 단단하게 유지시키는 지지의 기능을 발휘할 뿐만 아니라, 동시에 세포벽을 서로 견고하게 결합시켜 주는 역할도 한다.

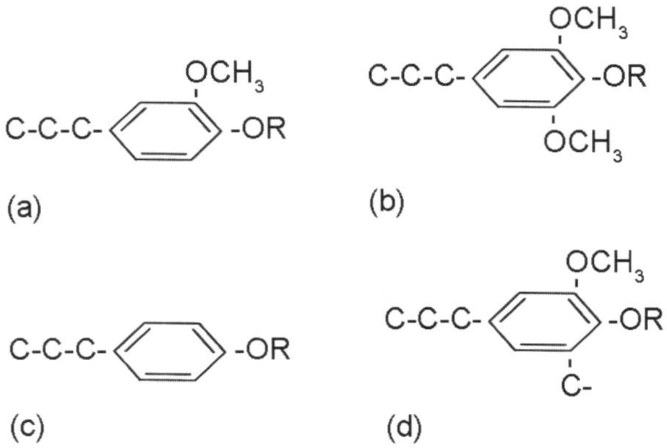

그림 1. 리그닌의 골격구조

2. 키틴(chitin): 다당류 복합체

아미노당(당의 아미노 유도체)으로 이루어진 **다당류의 복합체**로서, N-아세틸글루코사민이 β-1, 4결합으로 중합된 것이며, 단백질이 함께 결합되어 있다. 미생물과 곰팡이의 세포벽에서는 물론 환형동물, 연체동물, 원형동물, 강장동물 등과, 절지동물인 갑각류 및 곤충의 외피에는 키틴이 분비·침적되어 막상 구조물을 형성한다. 이들 구조물은 조직의 물리적인 보호기능은 물론 내부로부터의 수분상실을 차단하는 역할을 한다.

3. 회양목과 주목 잎에서의 지질 관찰

회양목과 주목은 각각 상록활엽수 및 상록침엽수로서, 잎의 두께는 매우 두껍고 광택이 난다. 잎의 표피층 표면에는 두꺼운 큐티클층이 발달되어 있어서, 수단Ⅲ 용액에 의해 큐티클층이 뚜렷하게 붉게 염색된다〈**그림 2; 그림 3**〉.

그림 2. 회양목 잎의 큐티클층

그림 3. 주목 잎의 큐티클층

인용문헌

화학대사전, 2001. Retrieved 2015, from http://terms.naver.com/entry.nhn?docId=2285230&cid=42419&categoryId=42419

과제 6. 회양목과 주목의 잎 횡단면 조직에 분포되어 있는 지질층의 관찰 결과를 스케치 하시오.

학 과 : 학 번 : 이 름 :

(절취선)

재 료 : (배)	**재 료 :** (배)
재 료 : (배)	**재 료 :** (배)
재 료 : (배)	**재 료 :** (배)

일반생물 제7주

세포막을 통한 물질이동

Ⅰ. 실험 목적(Purpose of the study)

세포막을 통한 물질의 이동(확산, 삼투, 수동수송, 능동수송 등) 현상을 이해하고, 세포의 생리적인 변화를 관찰한다.

Ⅱ. 배경지식(Background of the study)

1. 세포(cell)

생명의 기본 단위인 세포(cell)는 생존에 필요한 구조와 분자 구성물을 포함하고 있으며 이 안에서 세포는 양분을 취하고 에너지를 얻으며, 그 자체의 분자를 합성하고, 유기적 형태로 생장하고, 환경으로부터의 자극에 반응하며, 스스로 증식하게 된다. 이러한 정교한 생명 과정이 일어나기 위해서 세포는 생명에 필수적인 물질을 지속적으로 흡수하고 대사 노폐물은 방출하는 작용이 필요하다. 이때에 세포에서 방출되거나 흡수되는 물질은 원형질막(plasma membrane)을 통과해야만 한다.

2. 세포막(cell membrane)

2-1. 세포막의 구조

세포막은 세포질을 둘러싸서 외부환경과 경계를 짓는 얇은 막이며, 선택적 투과성을 갖는다. 세포막의 구조에 대해서는 현재 유동 모자이크 모델이 인정받고 있다. 즉, 인지질 이중층에 단백질이 모자이크 모양으로 분포하여 고정되지 않은 채 유동 상태로 있다.

세포막의 주된 구성성분은 지질과 단백질이며 그 밖의 탄수화물을 미량으로 함유하고 있다. 세포막에 있는 지질들은 주로 인지질과 콜레스테롤이며, 인지질 분자들은 꼬리와 꼬리를 마주하며 쌍으로 배열한다. 단백질은 인지질 층의 표면에 붙어 있는 외재성 단백질과 인지질 층에 끼여 들어가 있는 내재성 단백질이 있는데, 이것들은 인지질의 유동성 때문에 위치가 수시로 변한다. 외재성 단백질은 효소, 항원 등으로 활동하고 내재성 단백질은 주로 물질 수송을 담당한다.

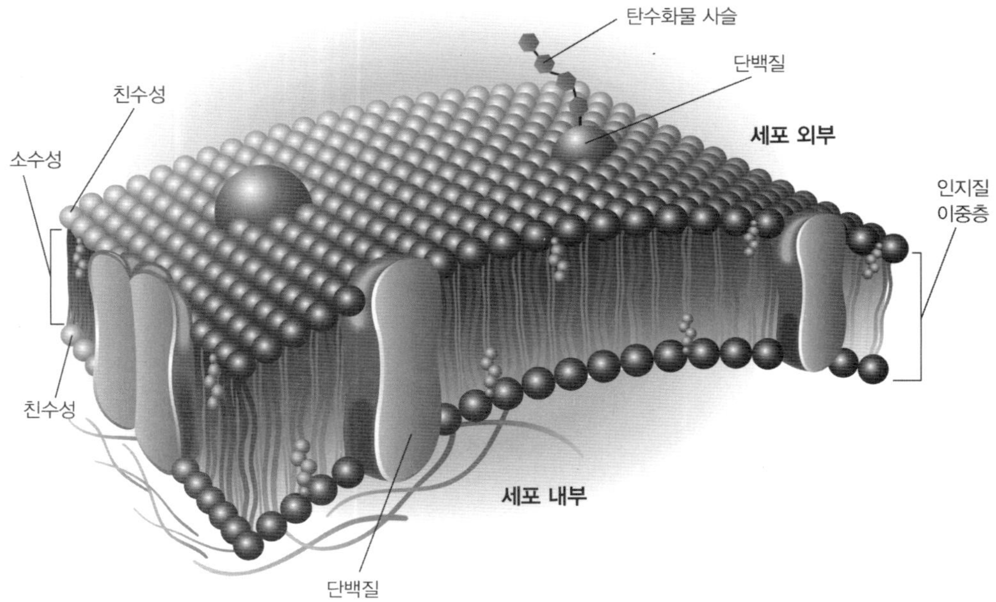

그림 1. 세포막의 구조

2-2. 막 투과성

세포가 생명활동을 수행함에 있어서 세포 내외 환경 간에 끊임없는 물질이동이 일어난다. 따라서 물질투과의 경계를 이루는 세포막이 갖는 물질운반(membrane transport) 기능은 매우 중요한 것이다. 물질이 막을 통과할 수 있는 정도를 막의 투과성(permeability)이라고 정의할 때 원형질막은 어떤 물질에 대해서는 더 투과성이 높기 때문에 선택적 투과성(selective permeability)을 갖는다고 한다. 원형질막에 의한 물질의 출입은 많은 요인에 의해 영향을 받지만 가장 중요한 것은 그 물질의 크기, 극성, 그리고 전하이다. 실제로 세포막은 수용성 물질보다 지용성 물질을, 분자량이 작을수록, 원자가가 낮은 이온일수록 투과성이 높다.

3. 세포막을 통한 물질의 이동

3-1. 확산(diffusion)

어떤 물질이 농도가 높은 쪽에서 낮은 쪽으로 이동하여 전체적으로 농도가 균일하게 되는 현상(확산평형)이다.

1. 단순확산

용질의 농도가 높은 쪽에서 낮은 쪽으로 이동하는 현상으로 농도 차에 의해 자연스럽게 이동하는 방법이기 때문에 에너지를 필요로 하지 않고 분자가 작을수록, 온도가 높을수록 빨라진다.

• 브라운 운동

액체에 부유된 작은 입자들이 액체 속에 들어있는 분자와 충돌함으로써 나타나는 불규칙한 움직임을 현미경으로 관찰할 수 있다. 이러한 진동성 운동은 분자 운동의 간접적인 증거가 되었고, 이러한 현상을 브라운 운동이라고 한다.

2. 촉진확산

농도가 높은 곳에서 낮은 곳으로의 확산이라는 점은 단순확산과 동일하며 따라서 역시 에너지가 필요 없는 확산이다. 그러나 물질의 이동이 세포막에 있는 단백질 터널의 도움을 받아 일어난다. 촉진확산은 전기를 띠고 있는 이온이나 비교적 분자량이 큰 물질들이 이동하는 방법으로 대표적인 예로는 포도당, K+, Na+ 등이 있다. 단순 확산에 비하여 훨씬 빠른 속도로 일어나며, 세포막을 통과할 수 없는 물질을 선택적으로 받아들이는 역할을 한다.

3-2. 삼투현상(osmosis)

반투과성 막을 통한 용매의 확산 현상이다. 삼투를 일으키는 힘을 그 용액의 삼투압이라고 하며, 삼투압은 농도와 온도에 따라 변한다.

1. 용액 중 용매는 통과시키고 용질은 통과시키지 못하는 막을 반투과성막이라 하며, 대부분의 세포막은 반투과성막(셀로판 막, 달걀의 속껍질, 세포막 등)이다. 삼투는 이러한 반투과성 막을 통하여 용매가 이동하는 확산현상이다.
2. 용매의 이동은 두 용액의 농도가 같아질 때까지 계속된다. 이때, 농도가 낮은 쪽의 용매 분자가 농도가 높은 용액 쪽으로 투과하려는 힘을 삼투압이라고 한다.
3. 용질의 농도에 따라 용액은 등장액(isotonic solution), 고장액(hypertonic solution), 저장액(hypotonic solution)으로 분류한다.

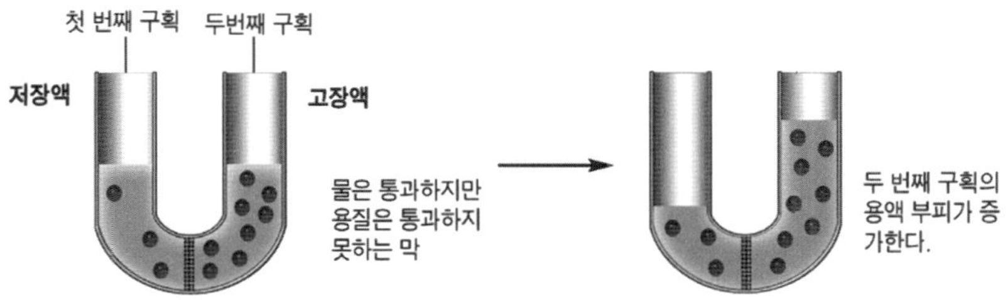

그림 2. 삼투현상

3-3. 능동수송

세포막의 수송 단백질이 물질 대사에서 얻은 에너지(ATP)를 소비하면서 농도 경사를 거슬러서 물질을 흡수하거나 배출하는 현상이다. Na^+–K^+펌프, 세뇨관 세포에서의 포도당의 재흡수 등이 이에 해당한다.

3-4. 대량수송

에너지를 필요로 하는 운반으로서 막주머니를 이용하는 방법이다. 대량수송에는 물질을 안으로 받아들이는 세포내 유입(endocytosis)과 밖으로 배출하는 세포외 배출(exocytosis)가 있다.

1. **세포내 유입(endocytosis)**

세포막을 통과하기에 큰 물질을 세포막으로 둘러싸서 세포 안으로 받아들이는 현상으로, 이때 식포 속의 내용물이 고형물이면 식세포 작용, 물이나 용액이면 음세포작용이라고 한다. 음세포작용의 예로는 AIDS virus가 세포에 감염되는 것을 들 수 있으며, 단세포생물이 음식물을 섭취하거나 백혈구가 세균을 퇴치하는 것은 식세포작용의 좋은 예이다.

2. **세포외 배출(exocytosis)**

소화된 먹이의 찌꺼기나 노폐물을 세포 밖으로 내보내는 현상이다. 호르몬(hormone), 신경전달물질(neurotransmitter), 소화효소, 노폐물 배출 등이 있다.

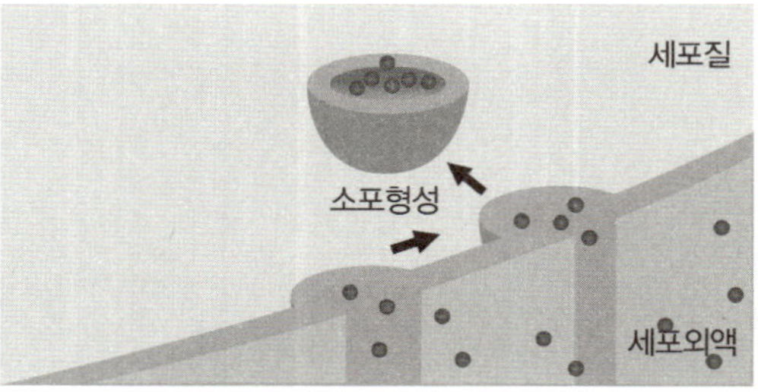

그림 3. 세포내 유입

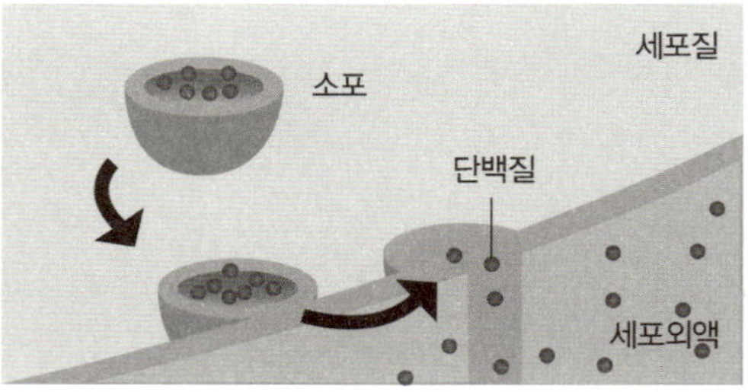

그림 4. 세포외 배출

Ⅲ. 실험 디자인(Experimental design)

Ⅳ. 실험(Experiment)

1. 실험 재료(Materials)

1-1. 확산(브라운 운동)

- 광학현미경
- 받침유리
- 덮개유리
- 이쑤시개
- 세정액
- 스포이드
- 카민미네랄

1-2. 삼투현상

1. 적혈구의 용혈작용 관찰 / 2. 양파표피의 원형질분리 관찰

- 광학현미경
- 받침유리
- 덮개유리
- 면도칼
- 여과지
- 스포이드
- 이쑤시개
- 비커
- 양파
- 란셋
- 사혈기
- 소독솜
- 5% NaCl 용액
- 0.9% NaCl 용액
- 증류수
- 요오드용액

2. 실험 방법(Methods)

2-1. 확산(브라운 운동)

1. 세정액 한 방울을 받침유리 위에 떨어뜨린다.
2. 이쑤시개의 끝에 카민미네랄 아주 적은 양을 묻힌 후, 세정액 방울 한쪽에 이쑤시개 끝을 대고 손가락으로 살살 쳐서 카민미네랄 입자가 세정액에 떨어지도록 한다.
3. 덮개유리를 덮고 여과지를 이용하여 주변 물기를 제거한 후, 광학현미경의 저배율부터 시작하여 400배까지 관찰한다.

| 과제 |

1. 한 입자의 이동경로를 추적하여 브라운 운동을 확인하며, 결과를 스케치한다.
2. 50분 후 카민미네랄 입자의 확산된 정도를 관찰하여 보고서에 반영한다.

2-2. 삼투현상

1. 적혈구의 용혈작용 관찰

1. 0.9% NaCl 용액과 5% NaCl 용액 및 증류수를 각 받침유리에 한 방울씩 떨어뜨린다.
2. 손가락 끝을 소독솜으로 소독한 후 란셋으로 찔러 나온 피를 받침유리의 각 용액에 한 방울씩 떨어뜨린다.
3. 이쑤시개를 이용하여 잘 섞어준 후 덮개유리를 덮는다(용액마다 다른 이쑤시개를 사용한다).
4. 여과지로 여분의 물기를 제거 후 광학현미경을 이용하여 저배율에서 고배율의 순서로 형태를 관찰한다.
5. **과제**: 용액마다 세포의 모양에 각각 어떠한 변화가 생겼는지 관찰하고, 스케치한다.

2. 양파표피의 원형질분리 관찰

1. 양파의 비늘줄기를 벗겨 3장의 표피조각(5×5mm)을 만든다.
2. 한 장의 표피조각을 받침유리 위에 올려놓고, 증류수 한 방울을 떨어뜨린 후 5분 후에 요오드용액으로 염색한다.
3. **과제**: 덮개유리를 덮은 후 여과지로 여분의 물기를 제거하고 광학현미경으로 관찰·스케치한다.
4. 다른 한 장의 표피조각을 2번째 받침유리 위에 올려놓고, 5% NaCl 용액 한 방울을 떨어뜨린다.
5. **과제**: 5분 후에 요오드용액으로 염색한 후 덮개유리를 덮고 여과지로 여분의 물기를 제거하고 광학현미경으로 관찰한·스케치한다.
6. 또 다른 한 장의 표피조각을 3번째 받침유리 위에 올려놓고, 0.9% NaCl 용액 한 방울을 떨어뜨린다.
7. **과제**: 5분 후에 요오드용액으로 염색한 후 덮개유리를 덮고 여과지로 여분의 물기를 제거하고 광학현미경으로 관찰·스케치한다.
8. **과제**: 용액마다 세포의 모양에 각각 어떠한 변화가 생겼는지 차이점을 구분하고, 그 원인을 고찰한다.

V. 결과(Results)

VI. 9주차 실험 주요어(Key words)

1. 염색체
2. 세포주기
3. 체세포분열
4. 세포질분열

[심화 학습]

1. 확산(브라운 운동)

1. 카민미네랄 입자가 세정액의 액체 분자들과 충돌하면서 끊임없이 움직이는 것을 관찰할 수 있다.
2. 〈그림 1〉은 콜로이드 입자의 움직임을 30초마다 빨간 점으로 나타낸 것이다(브라운 운동 경로).

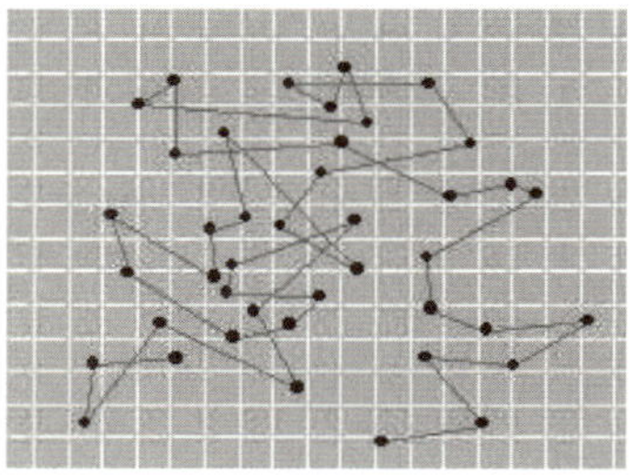

그림 1. 브라운 운동 경로.

2. 삼투현상

2-1. 식물 세포의 삼투현상〈그림 2〉

식물세포는 세포벽이 있어 저장액이나 고장액에 담가 두어도 전체 모양은 크게 변하지 않는다.

1. 저장액(증류수)에 넣을 경우

물을 흡수하여 세포가 커진다(세포막과 세포벽이 팽창하고 세포막이 세포벽을 밖으로 밀게 된다. 이때 세포막이 세포벽에 가하는 압력을 팽압이라고 한다).

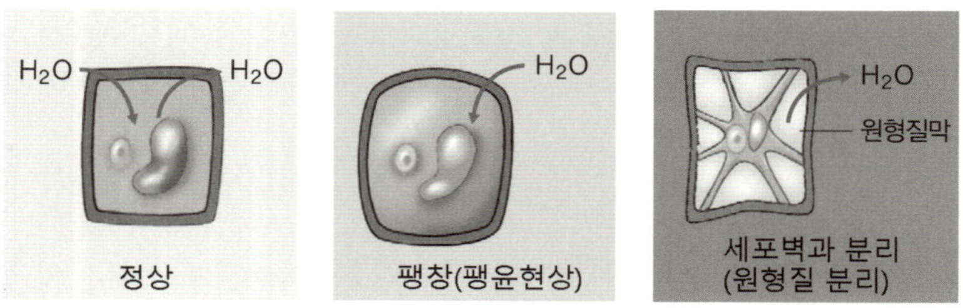

그림 2. 식물세포의 삼투현상

2. 등장액(0.9% 생리 식염수)에 넣을 경우

변화 없이 정상을 유지한다.

3. 고장액(5% 생리 식염수)에 넣을 경우

물이 세포 밖으로 빠져 나와 원형질은 부피가 줄고 세포막이 세포벽으로부터 떨어진다(원형질분리). 이를 다시 저장액에 담그면 세포는 물을 흡수하여 원상으로 회복된다(원형질 복귀).

2-2. 동물 세포의 삼투현상〈그림 3〉

1. 저장액(증류수)에 넣을 경우

물이 삼투에 의해 적혈구 속 적혈구가 부풀고, 세포막이 파열되어 내용물이 밖으로 흘러나온다(용혈 현상).

2. 등장액(0.9% 생리 식염수)에 넣을 경우

변화 없이 정상을 유지한다.

3. 고장액(5% 생리 식염수)에 넣을 경우

적혈구 속에서 물이 밖으로 빠져 나오므로 적혈구가 수축된다.

그림 3. 동물세포의 삼투현상

과제 7. 확산현상과 삼투현상의 관찰 결과를 스케치 하시오.

학 과 :　　　　　　　　학 번 :　　　　　　　　이 름 :

(절취선)

재료: (　　　　배)	재료: (　　　　배)
재료: (　　　　배)	재료: (　　　　배)
재료: (　　　　배)	재료: (　　　　배)

학 과 : 학 번 : 이 름 :

재료: (배)	**재료:** (배)
재료: (배)	**재료:** (배)
재료: (배)	**재료:** (배)

일반생물 제8주

실험 중간고사

체세포분열의 관찰

Ⅰ. 실험 목적(Purpose of the study)

양파 근단을 이용하여 체세포분열을 관찰하고, 세포분열의 중요성을 이해한다.

Ⅱ. 배경지식(Background of the study)

1. 염색체(chromosome)

1–1. 원핵세포의 염색체

막으로 둘러싸인 세포소기관이 없고, 히스톤 단백질이 결합되지 않은 하나의 핵양체(nucleoid) 만을 가진다. 리보솜은 있으나 진핵세포의 것과는 모양과 크기 등 구조가 다르다.

1–2. 진핵세포의 염색체

1. 염색체(chromosome)

진핵세포에서 유전정보의 전달자로서 세포의 핵 속에 들어있다. 핵질(nucleaoplasm)은 60%의 단백질, 35%의 DNA, 5%의 RNA로 구성된 복합물질이며, 인(nucleolus)과 염색질(chromatin)로 구성된다.

2. 염색질

1. 세포가 분열하지 않을 때: 염색체가 응축되지 않은 형태인 염색질로 존재한다.
2. 세포분열 시기: DNA와 히스톤단백질이 결합하여 염색사를 형성하며, 염색사는 더욱 응축하여 염색체가 된다(뚜렷한 구조 보임). 즉, 음전하를 띤 염색질의 DNA분자와 양전기를 띤 히스톤단백질 4종류(H2A, H2B, H3, H4)가 모여 뉴클레오솜을 형성하며, 뉴클레오솜이 꼬이고 엉켜서 원래 길이의 만분의 일까지 수축되어 고도로 응축된 염색체를 만든다**〈그림 1〉**.

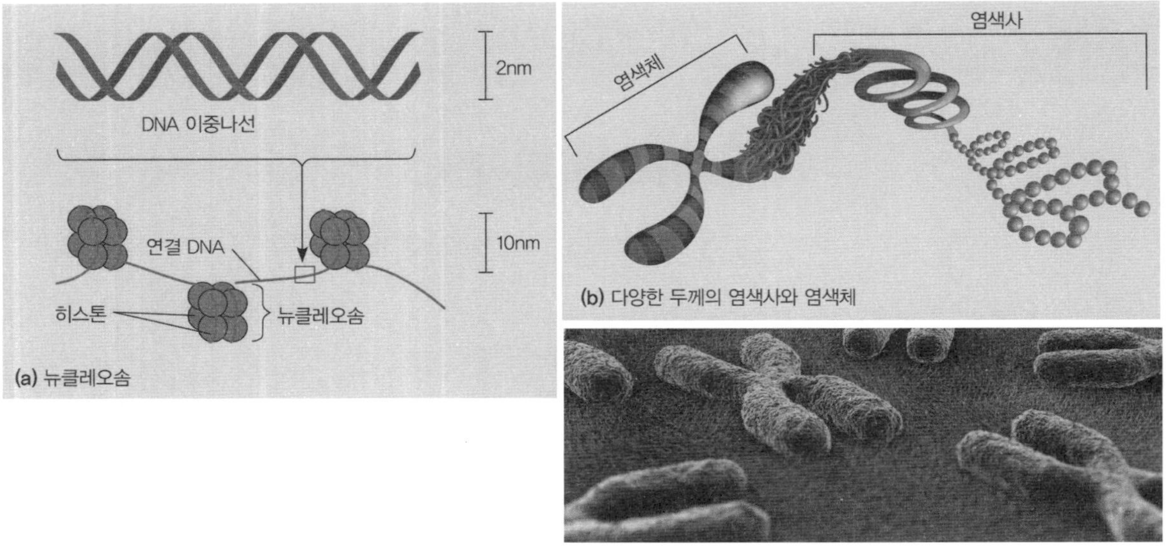

(c) 여러 염색체들

그림 1. DNA의 응축 및 염색체 구조

2. 세포주기(cell cycle)

세포의 성장과 분열을 하는 주기로서, 간기와 분열기로 구분된다**〈그림 2〉**.

- 세포주기
  - 간기
    - G1기: 응축된 염색체 풀어짐, DNA합성 준비 기간, RNA, 단백질 및 여러 세포 구성물질 합성, 세포분열의 계속 여부 결정, 중심립 2개 관찰
    - S기: DNA 복제, RNA 및 단백질 합성, 중심립 복제
    - G2기: 단백질 합성 증가, 중심립 복제 완성하여 2쌍이 핵막 근처에서 관찰됨
  - 분열기: 핵분열, 세포질분열

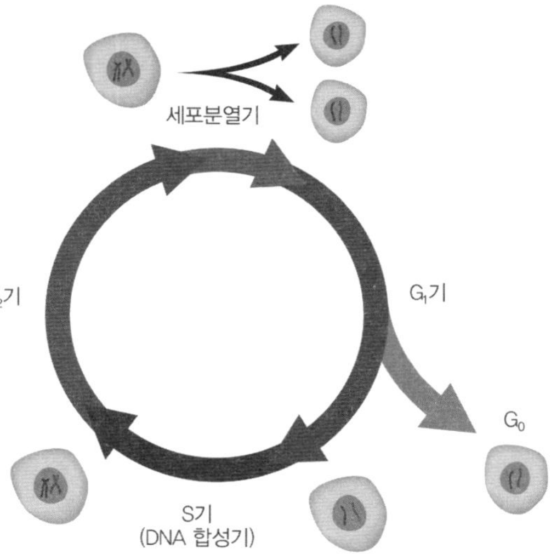

그림 2. 세포주기

3. 세포분열(cell division)

하나의 세포가 둘 이상으로 나누어지는 일. 이 과정에서 분열되는 세포를 모세포, 분열결과 새로 생겨난 세포를 딸세포라 한다. 세포분열은 핵분열 과정 중의 방추사 출현 여부에 따라 **무사분열**과 **유사분열**로 구분된다.

- **세포분열** (cell division)
  - **핵분열** (karyokinesis)
    - **무사분열** (amitosis)
    - **유사분열** (mitosis)
      - **체세포분열**(somatic cell division, mitosis)
      - **생식세포분열**(gametic cell division, meiosis)
  - **세포질분열** (cytokinesis)

3-1. 무사분열(amitosis)

원핵세포의 분열방식으로, 분열과정 중 방추사가 나타나지 않고, 원형의 DNA가 복제 후 둘로 나누어진다. 진핵세포 중 노화 또는 병적인 세포에서도 방추사가 나타나지 않는다.

3-2. 유사분열(mitosis)

일반적인 세포분열로 분열과정 중 방추사가 나타나며, 체세포분열(**보통** mitosis)과 생식세포분열(**보통** meiosis)로 구분된다.

가. 체세포분열

1. **핵분열**(karyokinesis)

(1) 전기(Prophase)

① 주형 DNA와 복제된 DNA는 각각 1개의 동원체(centromere)를 가지며, 동원체를 중심으로 서로 긴밀한 거리를 유지하면서 염색사(chromonema)로 변한다.

② 염색사는 나선구조가 계속 꼬임으로써 길이가 짧고 굵어지고, 점차 막대모양을 띄면서 염색체로 변형되며, 하나의 염색체는 2개의 염색분체(sister chromatid)로 구성된다.

③ 2쌍의 중심립이 핵의 주변부를 따라 반대 방향으로 이동하기 시작하고, 중심립이 양극으로 이동하면서 성상체를 형성한다.

④ 성상체에서 방추사 형성, 인 소멸, 핵막 사라진다.

(2) 중기(Metaphase)

① 염색체가 적도면에 모이고, 방추사가 동원체에 연결된다.

② 중기는 전기보다 훨씬 짧으나, 평균적으로는 후기보다 길다.

(3) 후기(Anaphase)

① 유사분열 중 가장 짧은 시기로서 활발하고 빠른 움직임을 보인다.

② 방추사가 신장되어 양극 사이가 멀어지고, 자매염색분체가 분리되어 각각의 딸염색체(daughter chromosome)가 양극으로 이동한다.

③ 중심립쌍은 양극에서 더욱 세포막 쪽으로 이동함으로써 염색체의 이동을 돕는다.

(4) 말기(Telophase)

양극에 도달한 염색체가 염색질로 변형되고, 핵막과 두 개의 핵이 새로 형성됨과 동시에 인이 다시 나타난다.

2. 세포질분열(cytokinesis)

핵분열 후 세포질 분열이 일어난다.

(1) 동물세포

세포의 양옆이 액틴섬유에 의해 함입되면서 두 딸세포로 분리된다.

(2) 식물세포

식물세포는 단단한 세포벽으로 둘러싸여 있으므로 단순한 함입에 의해 세포질 분열이 일어나지 않는다. 대신, 적도판에 막으로 둘러싸인 세포판이 형성된다.

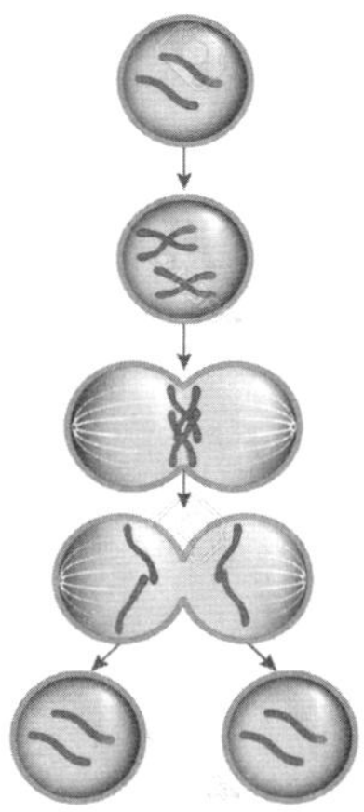

그림 3. 동물세포의 세포질분열

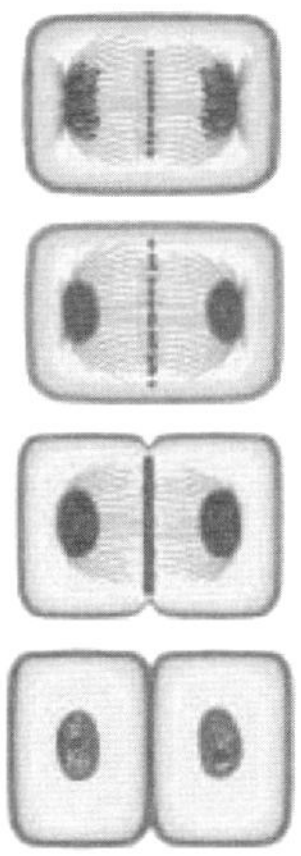

그림 4. 식물세포의 세포질분열

3. 체세포분열의 의의

분열 후 모세포와 유전적 조성이 똑같은 두 개의 새로운 딸세포를 만들어 낸다(염색체 수, 염색체에 있는 DNA량 같음).

나. 생식세포분열(=감수분열; meiosis)

염색체 수와 DNA량이 반으로 줄어드는 분열로서, 염색체의 수가 반으로 줄어드는 감수제1분열(이형핵분열: 2n→n)과, 체세포분열과 같이 염색체 수가 변하지 않는 감수제2분열(동형핵분열: n→n)로 구분된다.

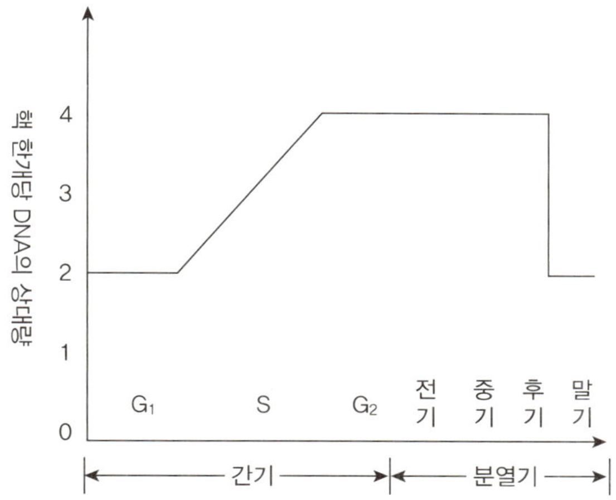

체세포분열에서의 DNA량의 변화

그림 5. DNA량의 변화.

1. 핵분열

(1) 감수제1분열(이형핵분열)

1개의 2배체 핵이 2개의 반수체 핵으로 전환하며, 다음의 과정을 거친다.

① 전기 I: 상동염색체가 응축하면서 쌍을 이루고, 교차가 일어난다. 성상체에서 방추사 형성, 인 소멸, 핵막이 사라진다.

② 중기 I: 염색체가 적도면에 모이고, 방추사가 동원체에 연결된다.

③ 후기 I: 방추사가 신장되어 양극 사이가 멀어지고, 상동염색체 쌍이 분리되어 양극으로 이동한다.

④ 말기 I: 핵막이 생기고 세포질 분열이 일어나 반수체 핵을 지닌 2개의 딸세포가 형성된다.

(2) 감수제2분열(동형핵분열)

2개의 반수체 핵이 4개의 반수체 핵이 되는 과정이다.

감수제1분열 후기에서 감수제2분열 전기로 바로 진행되거나, 간기가 매우 짧다. 그러므로 DNA 복제 없이(S기가 없으므로) 감수제2분열로 진행된다(감수제1분열 과정과 동일함).

2. 세포질분열

핵분열 후 세포질분열이 일어난다(체세포분열에서의 세포질분열 과정과 동일함).

3. 생식세포분열의 의의

(1) 유성생식을 하는 생물이 세대를 거듭해도 염색체 수를 일정하게 유지한다.

(2) 교차과정을 통해 자손에게 유전적 다양성을 제공한다.

Ⅲ. 실험 디자인(Experimental design)

IV. 실험(Experiment)

1. 실험 재료(Materials)

1-1. 체세포분열 관찰

1. 양파 근단의 체세포분열 관찰 / 2. 영구프레파라트 관찰

- ▶ 광학현미경
- ▶ 슬라이드 글라스
- ▶ 덮개유리
- ▶ 비이커
- ▶ 스포이드
- ▶ 페트리접시
- ▶ 여과지
- ▶ 온도계
- ▶ 핀셋
- ▶ 해부침
- ▶ 아이스박스
- ▶ 면도칼
- ▶ 양파뿌리
- ▶ 증류수
- ▶ 해리액
- ▶ 고정액
- ▶ 압착액
- ▶ 염색액(1% aceto-orcein)
- ▶ 영구프레파라트

2. 실험 방법(Methods)

2-1. 양파 근단의 체세포분열 관찰

| 실험 전 주지사항〈표 1〉 |

1. 아래의 1번과 2번 과정을 수행한다(양파 근단 채취와 전 처리(저온처리).
2. 저온처리된 근단은 다음 날의 실험반에 제공한다(다음날의 부족분은 조교가 별도로 준비한다).
3. 전날 실험반에서 저온처리하여 제공한 근단으로 3번부터 5번 과정까지 실험한다.
4. 염색된 근단은 다음 날의 실험반에 제공한다(부족분은 조교가 별도로 준비한다).
5. 전 날 실험반에서 염색하여 제공한 근단으로 6번 과정부터 실험한다.

표 1. 요일별 실험재료 준비 상황을 정리한 예

준비할 근단	일요일	월요일(4반)	화요일(5반)	수요일(2반)	목요일(5반)	금요일(3반)
전처리 근단 (0℃ 보관)	168개 (조교가 별도로 준비)	168개 (+37개)	205개	82개	202개	111개
염색 근단	168개 (조교가 별도로 준비)	168개 (+37개)	205개	82개	202개	111개

1. 뿌리의 채취

발근시킨 양파 근단을 끝에서 1cm 이하로 자른다. (반당 40개)

2. 전처리

1. 증류수가 들어있는 유리병에 담아 저온 처리한다(over night).
2. 실험 하루 전 일요일에 168개 전처리하며, 월요일 실험반은 총 168개(37개 부족 - 별도로 준비한다), 화요일 실험반은 총 205개, 수요일 실험반은 총 82개, 목요일 실험반은 총 202개, 금요일 실험반은 총 111개의 양파 근단을 전처리한다.

3. 고정

1. 전날 저온처리 된 양파 근단을 받아서 실험한다.
2. 고정액(Acetic acid : Abs. Alc. = 1 : 3)이 들어있는 페트리접시에 넣어 10분간 세포를 고정한다(10min~overnight).
3. 처리 후 페트리접시에 증류수를 담아 세척한다.

4. 해리

1. 40초간 해리액(1N HCl)이 들어있는 페트리접시에 담근다.
2. 해리가 되면 분열조직은 불투명하고 나머지 조직은 맑아진다.
3. 처리 후 페트리접시에 증류수를 담아 세척한다.

5. 염색

1. 페트리접시에 있는 양파 근단을 1% aceto-orcein에 염색한다(over night).
2. 전날 실험반에서 염색한 양파 근단을 사용하여 실험한다. 실험 하루 전 일요일에 168개 염색하며, 월요일 실험반은 총 168개(37개 부족 – 별도로 준비한다), 화요일 실험반은 총 205개, 수요일 실험반은 총 82개, 목요일 실험반은 총 202개, 금요일 실험반은 총 111개의 양파 근단을 염색한다.

6. 압착

1. 전날 염색 된 양파 근단을 받아서 실험한다.
2. 양파 근단(검붉게 염색된 부분)을 슬라이드 글라스에 올려놓고 면도날을 이용하여 1mm 정도 자른다(이때 뿌리의 중간 부위를 핀셋으로 집도록 한다).
3. 압착액(45% acetic acid : glycerin = 1 : 1)을 한 방울 떨어뜨린다(세포 분산에 효과적).
4. 해부침을 이용하여 근단조직을 최대한 잘게 찢는다.
5. 덮개유리를 덮고 조직을 펴준다(프레파라트 위에 여과지를 덮고 해부침 뒷부분으로 톡톡 쳐서 펴준다).
6. 여과지를 덮고 덮개유리가 깨지지 않게 주의하면서 엄지손가락으로 눌러준다.

7. 관찰

과제: 현미경으로 세포분열의 각 주기를 찾아 관찰 후 스케치한다.

2-1. 영구프레파라트 관찰

1. 영구프레파라트를 광학현미경에 고정하고 조별로 이동하면서 저배율(x100)에서 고배율(x400)로 관찰한다(영구프레파라트와 광학현미경은 이동시키지 않는다).
2. **과제:** 관찰한 결과를 스케치한다.

| 참고: 슬라이드 박스 내 관찰용 영구프레파라트 내용 |

A 박스: 3번(근단 세포분열)

B박스: 76번(체세포분열), 99번(남자 염색체), 100번(여자 염색체)

Ⅴ. 결과(Results)

Ⅵ. 10주차 실험 주요어(Key words)

1. 생식세포분열
2. 생식세포분열 과정
3. 생식세포분열의 생물학적 중요성

[심화 학습]

1. 체세포분열(mitosis)

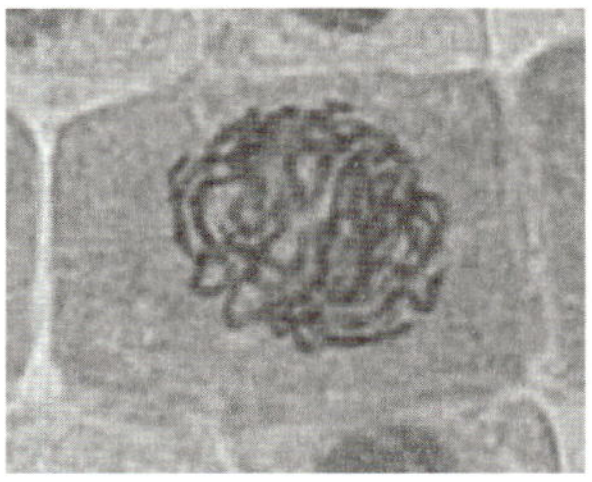

그림 1. 전기

그림 2. 중기

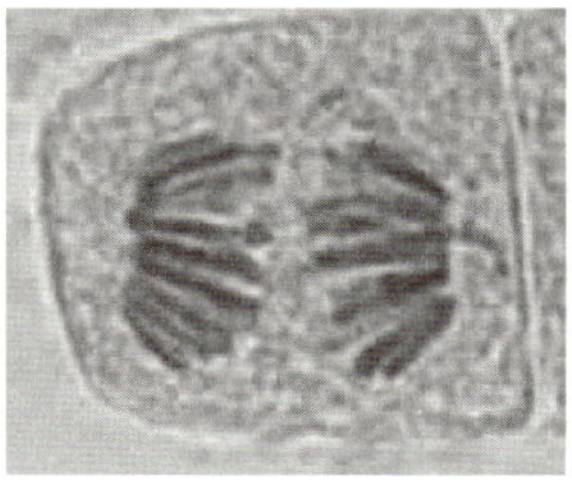

그림 3. 후기

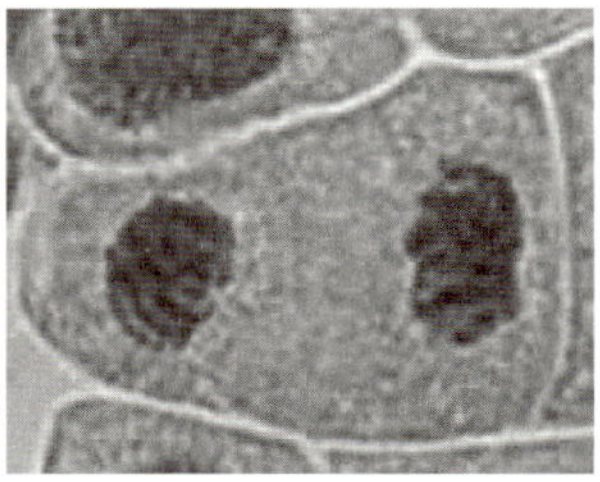

그림 4. 말기

2. 영구프레파라트 사진

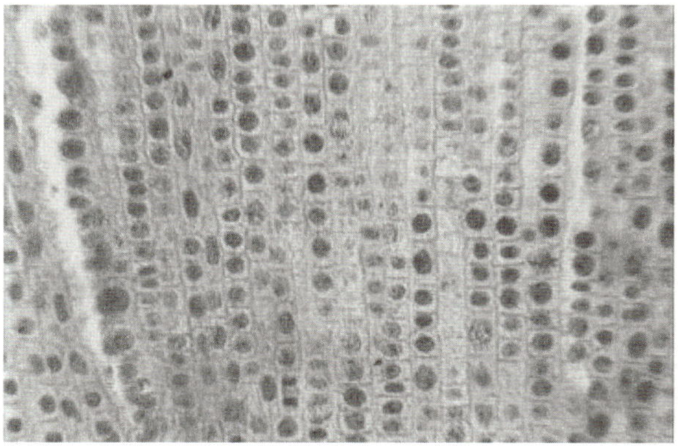

그림 5. 근단세포분열

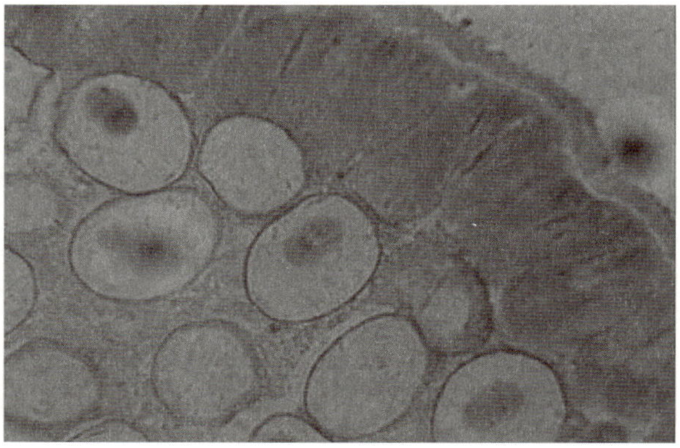

그림 6. 체세포분열

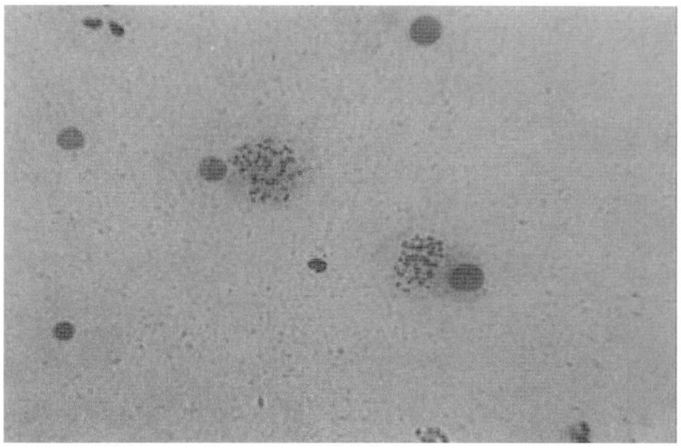

그림 7. 남자 염색체

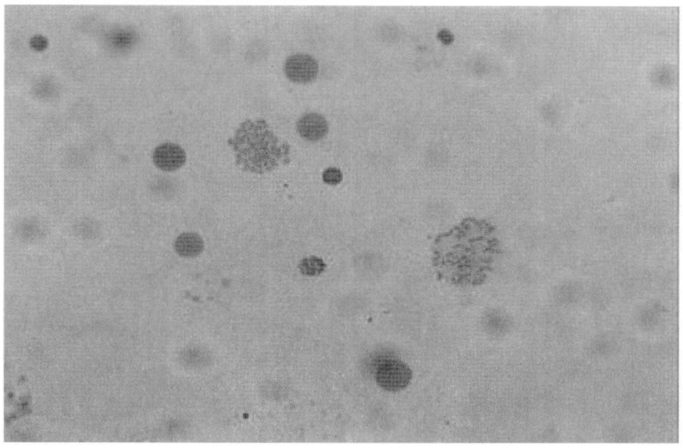

그림 8. 여자 염색체

과제 9-1. 체세포분열 관찰 결과를 스케치 하시오.

✂ (절취선)

학 과 : 　　　　　 학 번 : 　　　　　 이 름 :

재료: 　　　(　　배)	**재료:** 　　　(　　배)
재료: 　　　(　　배)	**재료:** 　　　(　　배)

과제 9-2. 영구프레파라트 관찰 결과를 스케치 하시오.

학 과 : 학 번 : 이 름 :

재료: (배)	재료: (배)
재료: (배)	재료: (배)

일반생물 제10주

생식세포분열의 관찰

Ⅰ. 실험 목적(Purpose of the study)

양파 근단을 이용하여 생식세포분열을 관찰하고, 세포분열의 중요성을 이해한다.

Ⅱ. 배경지식(Background of the study)

1. 생식세포분열의 의의

1-1. 생식세포분열

1. 대부분의 다세포성 동식물의 생식세포에서 발견되는 특이한 세포분열 양식이다.
2. 분열 직전의 생식세포(meiocyte, 2n)는 2회의 연속적인 핵분열 및 세포질 분열을 거쳐 핵상이 n인 배우자(gamete)를 만들며, 암·수배우자는 수정에 의해 핵상이 2n인 새로운 접합자(zygote)를 형성한 후, 접합자의 연속적인 분열에 의해 포자체(sporophyte)를 만든다.
3. 유성생식은 세대교번 과정에 생식세포분열 과정이 내재되어 있는 생식 전략이다.

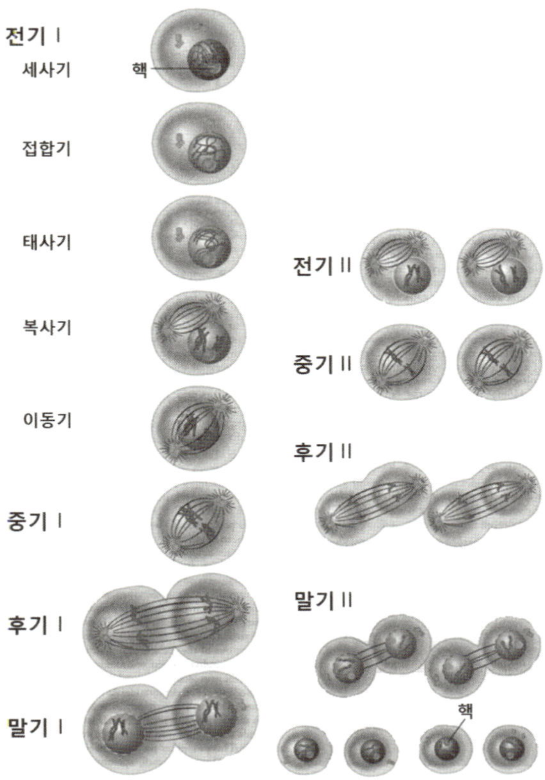

그림 1. 생식세포분열.

1-2. 생식세포분열의 생물학적 중요성

1. 생식세포가 생식세포분열에 의해 핵상이 n인 배우자를 만들지 못한다면, 접합자는 매번의 수정마다 핵상이 4n, 8n, 16n, 등으로 배가되는 포자체를 만들어 사멸케 되며, 결국 종족보존에 실패한다.

2. 제1 생식세포분열 전기에 각 염색체 당 평균 2-3회의 교차에 의한 유전자재조합(genetic recombination)을 통하여 유전적 다양성이 극대화된 배우자를 만들게 된다.
3. 제1분열 중기의 적도판 배열 조합은 2n, 따라서 인간은 1회 감수분열시 부계와 모계에서 각각 223=8,388,608가지의 배우자 조합이 가능하다.
4. 각기 다른 유전자조합을 갖는 암 · 수배우자는 또한 무작위적으로 만나 부모와는 유전적으로 상이한 접합자가 된다.
5. 접합자의 발생과정에서, 동일한 유전자를 보유한 자손이라 하더라도, 재조합의 결과 또는 환경의 영향으로 인한 유전자 발현 과정 및 그 결과는 자손마다 차이가 나며, 각 자손은 환경에 적응된 이질적인 표현형을 갖는 성체로 발달하게 된다.
6. 결국 생식세포분열은 유성생식을 통하여 종족의 보존을 가능케 하고, 유전적으로 다양한 자손을 생산토록 하여, 생물종 전체의 유전자풀(gene pool)이 다양한 환경 선택압(selection pressure)에 탄력적으로 대처할 수 있도록 유도한다.

2. 생식세포분열 과정

<table>
<tr><td rowspan="5">전기 I</td><td>세사기
leptonema</td><td>(1) 염색분체가 가늘게 1줄로 보임
(2) 염주알 같은 염색소립이 불규칙한 간격으로 배열; 크기, 수, 위치에 따라 염색체를 특정화하기 때문에 특이 염색체 동정의 기준</td></tr>
<tr><td>접합기
zygonema</td><td>(1) 염색체가 1열로 늘어서서 접합(pairing, synapsis)
(2) 상동염색체 간 간격은 0.15-0.2μm</td></tr>
<tr><td>태사기
pachynema</td><td>(1) 염색체는 완전히 쌍을 이룸
(2) 세로로 수축하여 짧고 두꺼워짐
(3) 염색체는 4분염색체(tetrad chromosome)로서 수가 반감되나 핵상은 2n
(4) 세사기, 접합기는 단 몇시간이 소요되나, 태사기는 며칠, 몇주, 몇 년이 지속되기도 한다.</td></tr>
<tr><td>복사기
diplonema</td><td>(1) 이중기, 겹섬유기
(2) 밀접하게 쌍을 이룬 염색체가 서로 밀어내기(asynapsis)
(3) 인접한 염색분체는 염색체 당 1곳 이상 chiasma 형성
(4) 교차(crossing over)가 일어나서 분절 교환</td></tr>
<tr><td>이동기
diakinesis</td><td>(1) 염색체 수축이 더욱 뚜렷해지고, 핵 안에서 고르게 분산
(2) 핵막과 인이 사라짐
(3) chiasma가 말단부로 이동(말단화, terminalization); 상동염색체 말단이 서로 붙음</td></tr>
<tr><td>전중기 I</td><td colspan="2">(1) 염색체의 응축이 최고
(2) 방추체 미세소관은 동원체에 부착
(3) Chr. congression(집합), c. orientation(정위치), ch. distribution(분포)</td></tr>
<tr><td>중기 I</td><td colspan="2">(1) 염색체의 적도판 배열
(2) 염색체의 분리</td></tr>
<tr><td>후기 I</td><td colspan="2">상동염색체는 2개의 염색분체 단위로 양극으로 이동</td></tr>
<tr><td>말기 I</td><td colspan="2">(1) 양극 도달
(2) 응축된 상태를 유지</td></tr>
</table>

중간기	(1) 유사분열 간기와 유사한 짧은 기간 (2) 염색체의 복제는 없음 (3) 첫 번의 분열 결과로 동물의 웅성은 정모세포 II로, 자성은 난모세포 II(Oőcyte II)와 제1 극체 (polar body)를 만듦
전기 II	(1) 전기 I과 달리 매우 짧은 기간 (2) 방추사 형성
중기 II	(1) 염색체의 적도판 배열 (2) 각 자매염색분체(sister chromatid)는 분열
후기 II	2개의 염색분체는 각각 반대극으로 이동
말기 II	각 염색분체는 핵상이 n인 생식세포로 분화

Ⅲ. 실험 디자인(Experimental design)

IV. 실험(Experiment)

1. 실험 재료(Materials)

1-1. 생식세포분열 관찰

1. 꽃봉오리의 생식세포분열 관찰 / 2. 영구프레파라트 관찰

- ▶ 광학현미경
- ▶ 받침유리
- ▶ 덮개유리
- ▶ 증류수
- ▶ 해부현미경
- ▶ 스포이드
- ▶ 핀셋
- ▶ 에탄올
- ▶ 페트리접시
- ▶ 여과지
- ▶ 비이커
- ▶ Newcomer's fixative
- ▶ 해부침
- ▶ 아이스박스
- ▶ 면도칼
- ▶ Aceto-carmine
- ▶ 영구프레파라트

2. 실험 방법(Methods)

2-1. 꽃봉오리의 생식세포분열 관찰

생식세포분열(meiosis) 과정의 염색체 관찰에서는 꽃봉오리의 고정 시기가 매우 중요하다. 왜냐하면 식물에서 꽃봉오리가 성숙하여 개화에 이르는 시기가 매우 짧기 때문에 고정 시기가 이르면 생식세포분열 전 단계의 세포만 관찰되며, 시기가 늦으면 화분세포(pollen)만 관찰되기 때문이다.

1. 재료 절취

오전 10-12시에 개화 전의 꽃봉오리에서 꽃밥(anther) 일부 또는 전체를 절취하여 Newcomer's fixative에 담가 냉장고에 보관하면서 재료로 사용한다.

2. 처리

꽃봉오리를 페트리접시의 70% 에탄올에 담가 해부현미경 하에서 화분낭을 꺼낸다.

3. 염색

화분낭을 받침유리에 놓고, 전기 I 상태의 화분모세포(pollen mother cell)를 꺼낸 후 Aceto-carmine을 두 방울 떨어뜨려 1분간 염색한다.

4. 압착

1. 압착액(45% acetic acid : glycerin = 1 : 1)을 한 방울 떨어뜨린다(세포 분산에 효과적).
2. 해부침을 이용하여 조직 및 세포를 최대한 잘게 찢은 후 덮개유리를 덮는다.
3. 덮개유리 위를 해부침 뒷부분으로 톡톡 두두려 조직을 분산시킨다.
4. 여과지를 덮고 덮개유리가 깨지지 않게 주의하면서 엄지손가락으로 강하게 눌러준다.

5. 과제

현미경으로 세포분열의 각 주기(간기~말기)를 찾아 관찰 및 촬영한다.

2-2. 영구프레파라트 관찰

1. 영구프레파라트를 광학현미경에 고정하고 조별로 이동하면서 저배율(×100)에서 고배율(×400)로 관찰한다(영구프레파라트와 광학현미경은 이동시키지 않는다).
2. **과제:** 관찰한 결과를 스케치 한다.

| 참고: 슬라이드 박스 내 관찰용 영구프레파라트 내용 |

A 박스: 4번(감수분열), 5번(민들레 수술 세포분열)

V. 결과(Results)

VI. 11주차 실험 주요어(Key words)

1. 크로마토그래피의 원리
2. 크로마토그래피의 종류
3. 크로마토그래피의 이용
4. 종이 크로마토그래피
5. R_f값

[심화 학습]

1. 생식세포분열(meiosis)

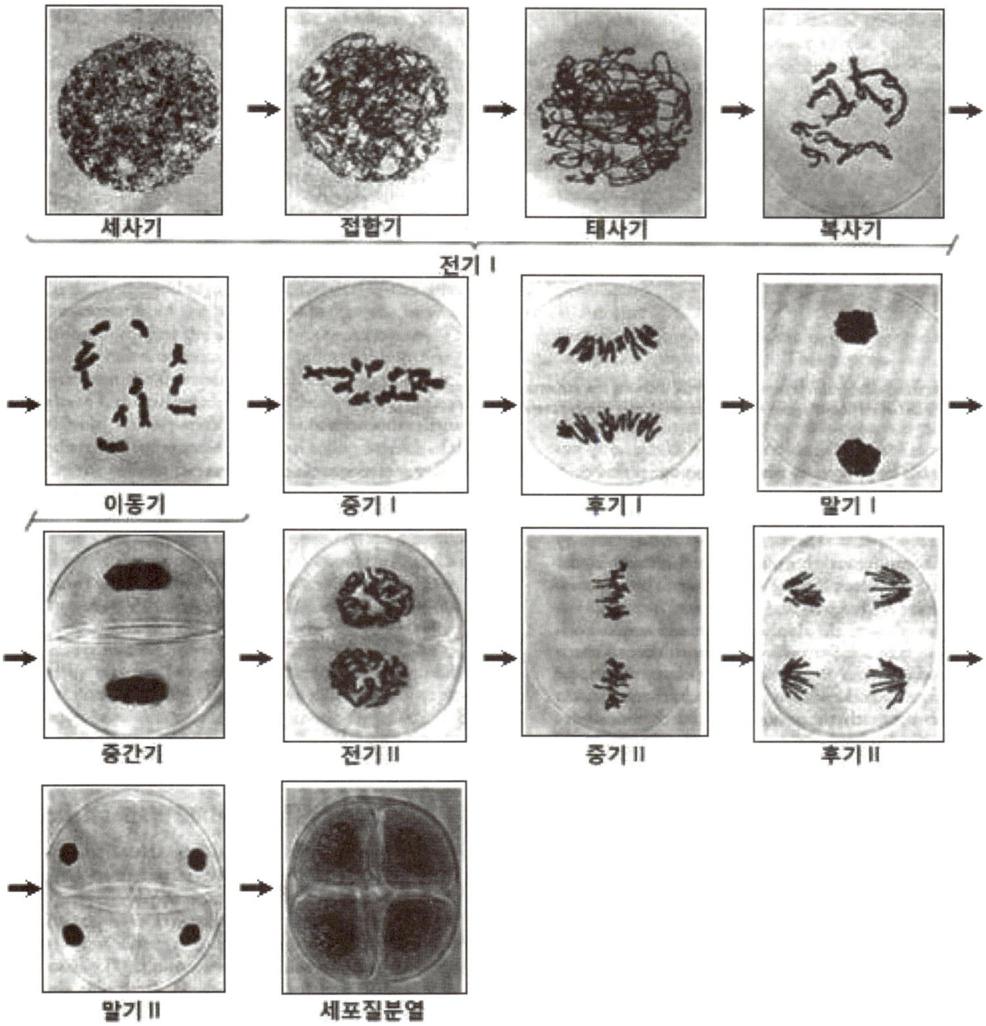

그림 1. 생식세포분열

2. Newcomer's fixative 제조 방법

Newcomer's fixative

Isopropyl alcohol 60 ml	Propionic acid 30 ml	Petroleum ether 10 ml
Acetone 10 ml	Dioxane 10 ml	

3. 영구프레파라트 사진

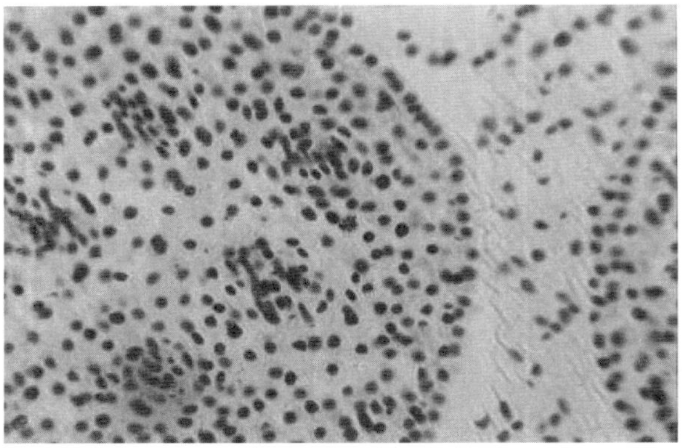

그림 2. 감수분열

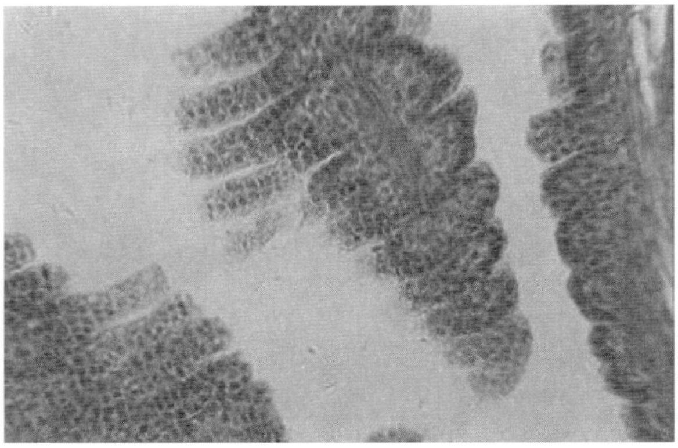

그림 3. 민들레 수술 세포분열

(절취선)

과제 10-1. 생식세포분열 관찰 결과를 스케치 하시오.

학 과 : 학 번 : 이 름 :

재료: (배)	재료: (배)
재료: (배)	재료: (배)
재료: (배)	재료: (배)

과제 10-2. 영구프레파라트 관찰 결과를 스케치 하시오.

학 과 : 학 번 : 이 름 :

재료: (배)	재료: (배)
재료: (배)	재료: (배)

일반생물 제11주

종이 크로마토그래피에 의한 물질 분리

주의: 시료의 전개시간이 50~60분 소요되므로, 이론은 시료가 전개되는 동안 설명한다.

Ⅰ. 실험 목적(Purpose of the study)

종이 크로마토그래피(paper chromatograpH y)를 이용하여 광합성 색소와 아미노산을 분리한다.

Ⅱ. 배경지식(Background of the study)

1. 크로마토그래피(chromatography)

크로마토그래피는 혼합물을 흡착제(absorbent)에 대한 친화도의 차 즉, 분별흡착 현상을 이용하여 분리, 정제, 정성 및 정량분석을 할 수 있는 방법으로 성질이 비슷한 물질이 섞여있거나 그 섞여있는 양이 적을 때에 효과적으로 분리할 수 있으며 조작이 간단하고 소요 시간이 짧은 실험 방법이다.

1-1. 크로마토그래피의 원리

크로마토그래피는 용매에 물질들이 녹아 고정상(stationary phase)을 통과할 때 물질에 따라 고정상에 흡착되는 속도가 다른 성질을 이용한다. 고정상에 의한 흡착력이 큰 성분은 움직임이 크지 않아 이동 속도가 느리고, 반대로 흡착력이 약한 성분의 이동 속도는 빠르다. 고정상을 통과할 때 다른 물질의 이동 속도에 따라 혼합물은 분리된다.

1-2. 크로마토그래피의 이용

크로마토그래피의 적용 방법이 다양하게 개발되어 연구실이나 산업 현장에서 널리 활용되고 있다. 아미노산, 지방, 금속이온, 혈액, 소화효소, 비타민, 당분 등 많은 종류의 물질을 분리하거나 확인할 때 이용된다.

1-3. 크로마토그래피의 종류

1. 이동상에 따른 분류

크로마토그래피는 이동상의 상태에 따라 기체 크로마토그래피(gas chromatography; GC)와 액체 크로마토그래피(liquid chromatography; LC)로 나눈다.

2. 고정상에 따른 분류

고정상의 상태(고체 또는 액체)에 따라 분류되며 크로마토그래피를 컬럼에 넣고 분리시키는 컬럼법과 얇은 판이나 여과지를 사용하는 판법으로 세분된다. 이동상과 고정상은 액체이며 여과지를 사용하는 경우가 종이 크로마토그래피이다.

2. 종이 크로마토그래피(paper chromatography; PC)

종이 크로마토그래피에서는 여과지 표면에 흡착되어 있는 물이 고정상이고 전개액으로 사용되는 유기용매가 이동상이 된다. 혼합물은 모세관 현상에 의해 전개액을 따라 여과지를 이동할 때 물(고정상)과 전개액(이동상)에 녹는 비에 따라 이동 속도에 차이가 난다. 즉, 물은 여과지의 하이드록시기(-OH)와 수소결합을 하면서 혼합물 간에 이동 속도의 차이를 만들고, 이에 따라 혼합물은 분리된다. 따라서 유기용매에 잘 녹는 물질이 덜 녹는 물질보다 멀리까지 이동한다. 여과지는 정지상을 지지해 주는 지지체(supporting medium) 역할을 한다.

3. R_f값(R_f value)

용매(전개용액)가 이동한 거리에 대한 용질(혼합물)의 이동거리를 R_f값이라고 한다. R_f값은 문헌에 수록된 표준 R_f값과 비교하여 혼합물의 성분을 확인할 수 있다(**표 1, 표 2**).

R_f값 = 용질의 이동거리 / 용매의 이동거리

Ⅲ. 실험 디자인(Experimental design)

Ⅳ. 실험(Experiment)

1. 실험 재료(Materials)

1-1. 광합성 색소의 분리

- 시금치 잎 0.1g
- 균질기
- 석유에테르, 아세톤 혼합액(전개용액)
- 2ml 튜브
- 여과지
- 아세톤

- ▶ 자
- ▶ 원심분리기
- ▶ 스포이드
- ▶ 클립
- ▶ 이쑤시개
- ▶ 건조기(hair drier)

1–2. 아미노산의 분리

- ▶ 포름산, 이소프로필알코올, 물 혼합액(전개용액)
- ▶ 0.1% 닌히드린용액
- ▶ 아미노산 혼합액
- ▶ 대조용 표준 아미노산용액
- ▶ 여과지
- ▶ 클립
- ▶ 자
- ▶ 건조기(hair drier)
- ▶ 이쑤시개
- ▶ 일회용 비닐장갑
- ▶ 연필

2. 실험 방법(Methods)

2–1. 광합성 색소의 분리

1. 시금치 잎 0.1g과 아세톤 0.5ml를 균질기에 넣고 파쇄한다.
2. 균질기의 뚜껑을 닫고 탁상용 원심분리기를 이용하여 원심분리하여(10,000rpm에서 1분간) 상등액을 취한 후 2ml 튜브에 옮긴다.
3. 균질기에 남은 침전물에 아세톤 0.5ml를 넣고 다시 파쇄하고, 원심분리한 후 상등액을 기존 상등액과 합친다(**균질기 사용 후 깨끗이 세척하여 제자리에 놓을 것**).
4. 여과지(2cm x 15cm)의 하단 약 1.5cm 되는 부분에 연필로 가로선을 그어서 출발지점을 표시한다(여과지에서 용액이 전개될 부분을 손으로 만지지 않도록 주의할 것).
5. 이쑤시개를 사용하여 광합성 색소 추출액을 지름 3mm 이하의 크기로 출발선 위에 15~20회 반복하여 찍는다(점적 중간에 건조기로 말려줄 것). 점적된 원의 크기가 작을수록 해상력이 높다.
6. 건조된 여과지를 클립으로 걸어서 끝이 1cm 정도 잠기도록 전개용액에 담근다(광합성 색소 추출액이 전개용액에 닿지 않도록 주의 할 것).
7. 60분 후 여과지를 꺼내 올라간 전개용액의 위치를 연필로 표시해두고 건조기로 말린다.

| 과제 |

1. 분리된 각 광합성 색소의 반점 중앙까지의 거리를 측정하여 R_f값을 구한다**〈표 1〉**.
2. 여과지에 나타난 반점의 색과 R_f값으로 광합성 색소의 종류를 알아본다.

표 1. 광합성 색소의 표준 R_f값

광합성 색소	R_f값 석유에테르:물(9:1)	밴드의 색
엽록소b(chlorophyll b)	0.21	황록색
엽록소a(chlorophyll a)	0.36	청록색
크산토필(xanthophyll)	0.85	황적색
카로틴(carotene)	0.95	황색

2-2. 아미노산의 분리

1. 여과지(3.5cm×15cm)의 하단 약 1.5cm 되는 부분에 연필로 가로선을 그어서 출발지점을 표시한다(여과지에서 용액이 전개될 부분을 손으로 만지지 않도록 주의할 것).
2. 아미노산 표준 대조액과 혼합액을 각각 다른 이쑤시개를 사용하여 지름 3mm 이하의 크기로 출발선 위에 10회 반복하여 찍는다(점적 중간에 건조기로 말려줄 것). 점적된 원의 크기가 작을수록 해상력이 높다(이때 두 용액의 간격은 2cm를 유지할 것).
3. 여과지를 잘 말린 다음 반점의 중앙을 연필로 표시하고, 반점의 하단에 용액 이름을 적는다.
4. 건조된 여과지를 클립으로 걸어서 끝이 1cm 정도 잠기도록 전개용액에 담근다(대조액과 혼합액이 전개용액에 닿지 않도록 주의 할 것).
5. 50분 후 여과지를 꺼내 연필로 올라간 전개용액의 위치를 표시해두고 건조기로 말린다.
6. 건조된 여과지 전체에 0.1% 닌히드린용액을 분무하고 10분간 건조기로 말린다(닌히드린용액은 독성물질이므로 일회용 장갑을 착용하고, 직접적으로 가스를 들여 마시지 않도록 주의하며 분무할 것).

| 과제 |

1. 분리된 각 아미노산의 반점 중앙까지의 거리를 측정하여 R_f값을 구한다(표. 2).
2. 여과지에 나타난 반점의 색과 R_f값으로 혼합액에 들어있는 아미노산의 종류를 알아본다.

표 2. 아미노산의 표준 R_f값

아미노산	R_f값 포름산:이소프로필알코올:물 (10:70:20)	닌히드린에 의한 발색	아미노산	Rf값 포름산:이소프로필알코올:물 (10:70:20)	닌히드린에 의한 발색
아스파라긴(asparagine)	0.12	푸른 자색	글루타민(glutamine)	0.62	자색
시스테인(cysteine)	0.13	자색	티로신(tyrosine)	0.66	자색
글루탐산(glutamic acid)	0.20	자색	히스티딘(histidine)	0.70	자갈색
세린(serine)	0.35	자색	발린(valine)	0.74	자색
글리신(glycine)	0.42	붉은 자색	메티오닌(methionine)	0.83	자색
아스파르트산(aspartic acid)	0.42	자갈색	류신(leucine)	0.86	붉은 자색
리신(lysine)	0.59	자갈색	프롤린(proline)	0.89	황색
알라닌(alanine)	0.60	자색	페닐알라닌(phenylalanine)	0.90	푸른 자색

V. 결과(Results)

VI. 12주차 실험 주요어(Key words)

1. DNA 기능
2. DNA 구조
3. DNA 복제
4. 유전형질 발현
5. PCR

[심화 학습]

1. 광합성 색소의 분리

점적한 부분에서 가장 가까운 곳에 황록색 밴드가 엽록소 b이고, 그 위에 청록색 밴드가 엽록소 a이며 그 위쪽으로 몇 개의 크산토필 밴드가 나타난다. 전개용액이 전개된 가장 위쪽의 황색 밴드가 카로틴이다.

2. 아미노산의 분리

2-1. 대조용 표준 아미노산용액

Methionine, Glycine 혼합액(농도: 1%)

2-2. 아미노산 혼합액

Methionine, Glycine, alanine 혼합액(농도: 1%)

2-3. 3. 모세관현상(capillary phenomenon)

대부분의 고체는 물의 수소분자와 결합하려는 성질을 갖고 있다. 이를 부착력이라고 하고, 물은 물끼리, 고체는 고체끼리 붙으려는 성질을 응집력이라고 한다. 부착력의 크기는 온도, 고체면의 종류에 따라 다르며, 부착력이 응집력 보다 크면 물은 관을 타고 올라가지만, 응집력이 더 크면 관 아래로 내려간다.

물에 가는 관을 세우게 되면 부착력이 모세관 내의 물의 응집력보다 클 경우 그 만큼 모세관 내의 수위를 상승시키게 된다. 이러한 현상을 모세관 현상이라고 한다.

과제 11. 광합성 색소 및 아미노산의 분리 결과를 스케치 하시오.

학 과 : 학 번 : 이 름 :

광합성 색소	아미노산

(절취선)

일반생물 제12주

DNA 추출 및 PCR

Ⅰ. 실험 목적(Purpose of the study)

쥐의 근육세포에서 DNA를 추출하여 중합효소 연쇄 반응(polymerase chain reaction; PCR) 실험에 이용할 시료를 만든다.

Ⅱ. 배경지식(Background of the study)

1. DNA(deoxyribonucleic acid)

1-1. DNA의 기능

DNA가 유전물질, 즉 유전자라는 것은 바이러스나 대장균을 이용한 여러 가지 실험 결과로 20세기에 들어서야 밝혀졌다. DNA는 자신과 똑같은 새 DNA를 복제하고, 생물 특유의 유전형질을 발현시킨다**〈그림 1〉**.

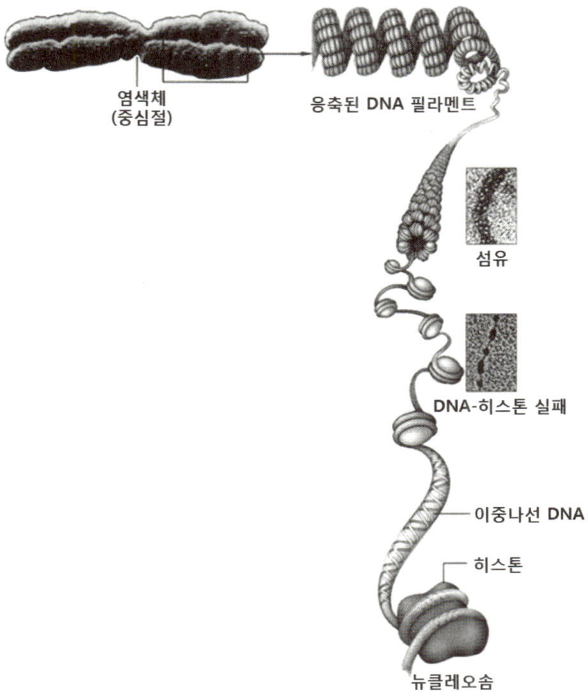

그림 1. 염색체와 DNA

1-2. DNA의 구조

1953년 왓슨(James Watson)과 크릭(Francis Crick)은 DNA 이중나선(double helix) 구조를 발견하게 되었다**〈그림 2〉**.

1. DNA의 구성요소

DNA가닥을 형성하고 있는 뉴클레오티드(nucleotide)는 염기, 5탄당 및 3개의 인산기로 구성되며, 염기는 질소를 함유하고 있는 아데닌(adenine; A), 구아닌(guanine; G), 시토

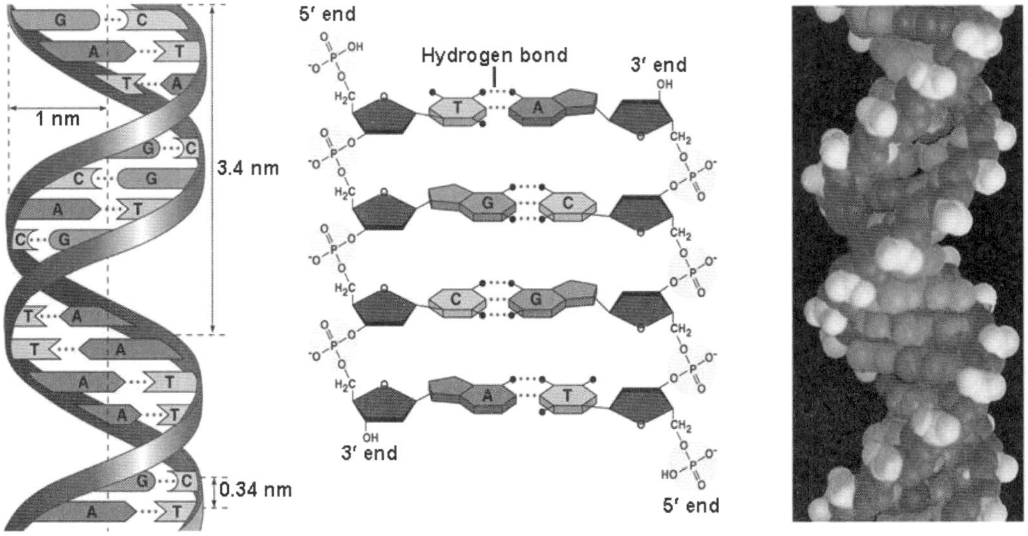

그림 2. DNA의 구조

신(cytosine; C), 티민(thymine; T)의 4종류로 구분된다. A와 G는 부피가 큰 분자로 2개의 고리형 구조로 된 퓨린(purine; **그림 3**)이고, T와 C는 하나의 고리형 구조를 가지는 피리미딘(pyrimidine; **그림 4**)이다.

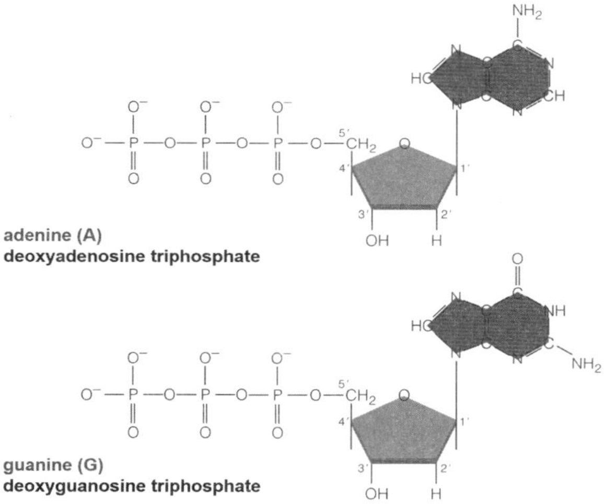

그림 3. 아데닌과 구아닌

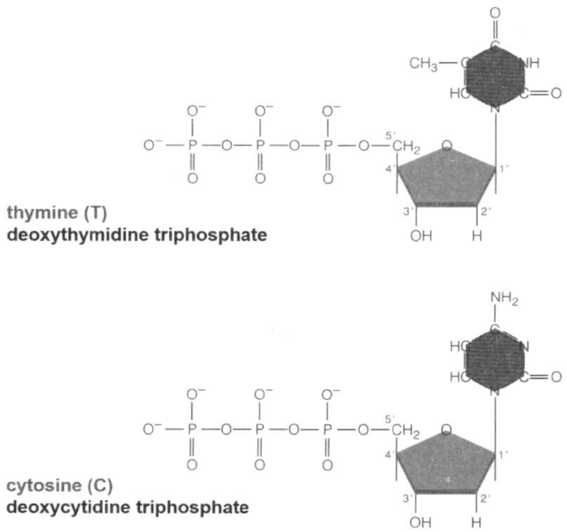

그림 4. 시토신과 티민

2. 염기쌍(base-paring)의 유형

DNA는 두 가닥의 뉴클레오티드로 이루어지고, 그들은 염기 사이의 수소결합에 의해 이중나선으로 꼬여있다. 이중나선은 분자의 길이를 따라 A-T와 G-C 두 종류의 염기쌍을 이루고 있다. 이와 같이 상보적인 염기쌍(complementary base-paring)으로 인해서, 염기쌍은 안정적인 구조를 이루어 이중나선의 내부에 위치하게 된다. DNA 분자의 C : G (또는 A : T)의 비율은 생물 각 종마다 다르며, 생물다양성의 원인이 된다.

1-3. DNA 복제

DNA 분자 내 2개 뉴클레오티드 가닥 사이의 수소결합은 DNA 헬리카제(DNA helicase) 효소의 작용에 의해 쉽게 분리된다. 그 결과 뉴클레오티드의 염기가 노출되고, 노출된 염기서열에 따라 DNA 중합효소(DNA polymerase)에 의해 상보되는 DNA 가닥을 합성한다. DNA 합성은 5 '에서 3' 방향으로 일어나기 때문에 하나의 신생 DNA 가닥은 연속적으로 합성되지만, 다른 신생 DNA 가닥은 여러 조각으로 나뉘어 합성된다. 이를 오카자키 절편(Okazaki fragment)이라고 하며 이는 DNA 연결효소(DNA ligase)에 의해 연속가닥으로 만들어 진다. 복제과정 동안 부모가닥은 그대로 보존되기 때문에 새로운 DNA 분자의 반은 기존의 것이고, 나머지 반은 새것이 된다. 이를 반보존적(semiconservative) 복제라고 부른다.

1-4. 유전자 형질 발현

폴리펩티드 사슬의 아미노산 서열은 유전자 DNA의 뉴클레오티드 염기서열에 대응한다. DNA에서 저장된 유전정보는 두 단계, 즉 전사와 번역을 거쳐 단백질로 전환된다**〈그림 5〉**.

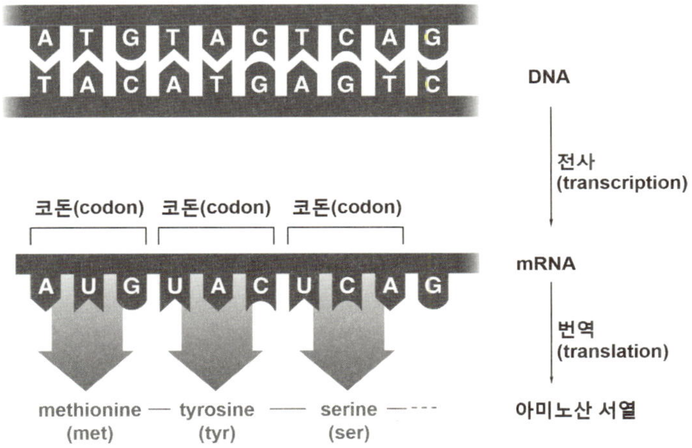

그림 5. 유전자 형질 발현

Ⅲ. 실험 디자인(Experimental design)

Ⅳ. 실험(Experiment)

1. 실험 재료(materials)

1-1. DNA 추출

- ▸ DNA 추출 샘플
- ▸ 가위
- ▸ 핀셋
- ▸ 호일
- ▸ 저울
- ▸ 1.5ml tube(3/조)
- ▸ DNA 추출G-spin kit, column

- ▶ centrifuge
- ▶ micropipet(100~1000ul)
- ▶ blue tip
- ▶ vortex mixer
- ▶ waterbath

1-2. PCR 시료 만들기

- ▶ Extracted DNA
- ▶ PCR machine
- ▶ Premix
- ▶ Primer [F, R]
- ▶ 증류수(D.W.)
- ▶ micropipet(2~20l)
- ▶ pipet tip

2. 실험 방법(methods)

2-1. Micropipet 사용 방법

1. Micropipet 손잡이의 나사를 돌려가며 원하는 용량으로 눈금을 맞춘다.
2. Tip을 micropipet 아래쪽 끝에 끼운다(tip은 손으로 만지지 말고, tip box에 들어있는 상태 그대로 micropipet의 아래쪽 끝부분을 직접 대고 꾹 눌러서 끼울 것).
3. Micropipet 위쪽의 단추를 첫 번째로 걸리는 부분까지 누른다.
4. 옮기고자 하는 용액 속에 micropipet의 tip 끝부분을 담근다.
5. Micropipet 위쪽의 단추를 부드럽게 놓는다(기포가 생기지 않도록 주의할 것).
6. Micropipet을 용액 속에서 빼고, 옮기려고 하는 용기 속에 넣고 다시 단추를 누른다(두 번째로 걸리는 끝까지 꾹 누를 것).
7. 사용한 tip은 손잡이 위쪽 뒤편에 있는 단추를 눌러서 micropipet에서 분리시킨다.

2-2. DNA 추출

1. 샘플 조직 0.02g을 해부가위로 최대한 잘게 자른 후 1.5ml tube(1)에 조직을 넣은 후, buffer CL 200㎕, RNase A 5㎕, Proteinase 20㎕를 첨가하고 균질하게 5~10초 vortex 한다. □
2. 15분 동안 56℃ water bath에서 incubation 한다. □
3. Buffer BL 200㎕를 첨가하고 뚜껑을 닫고 뒤집으며 위아래로 흔든다(Vortex 하지 않음). □
4. 5분 동안 70℃ water bath에서 incubation 한다. □
5. 13,000rpm 으로 5분 동안 조직 용해물을 원심분리해주고, 밑에 가라 앉은 침전물을 건드리지 않고 상층액만 조심스럽게 pipetting 하여, 상층액 400㎕을 1.5ml tube(2)에 넣은 후 absolute ethanol 200㎕ 첨가 후 뚜껑을 닫고 5~6번 뒤집으며 위아래로 흔든다(Vortex 하지 않음). □
6. 1.5ml tube(2)에 들어 있는 용액 600㎕를 kit에 준비된 column과 collection tube가 합쳐 있는 tube내의 column에 넣는다(연두색은 column이고, 바깥쪽의 흰 tube는 collection tube). □
7. 13,000rpm으로 1분 동안 원심분리 시킨다. Collection tube내에 생긴 여과된 액은 버린다. □
8. Buffer WA 700㎕를 column에 첨가하고, 13000rpm으로 1분 동안 원심분리 시킨다. 다시 collection tube내에 생긴 여과액은 버린다. □
9. Column을 다시 collection tube에 넣고, buffer WB 700㎕ 첨가 후 13,000rpm으로 1분간 원심분리 한다. 다시 collection tube내에 생긴 여과액은 버린다. □
10. Column을 다시 collection tube에 넣고, 다시 13,000rpm으로 1분간 원심분리 한다. □

11. 새로운 1.5ml tube(3)에 column만 넣고, column의 중앙에 CE buffer 20㎕ 첨가 하고, 1분간 상온에서 incubation 하여 DNA를 용출하고, 13,000rpm으로 1분간 원심분리 한다(incubation 시간엄수). □
12. DNA가 들어 있는 원심분리된 여과액을 column의 중앙에 pipetting하고, 다시 1분간 상온에 incubation 하고, 13000rpm으로 1분 동안 원심분리 한다.

2-3. PCR product 만들기

1. 추출한 DNA가 들어있는 tube 하단을 손가락으로 10번 정도 톡톡 쳐서 섞어주고, tube 바닥에서 2~20㎕ micropipet을 사용하여 2㎕ pipetting 한다. □
2. Premix tube에 추출한 DNA 2㎕, primer(F, R) 각 2㎕, 증류수(D.W.) 14㎕를 넣어주어 total volume 20㎕를 만든다. □
3. Premix 밑에 녹아있는 파란 효소들과 넣어준 용액들이 섞이도록 vortex 한 후, spin down 한다.
4. PCR을 위한 시료와 DNA 추출액을 제출한다. □

V. 결과(Results)

12주차 PCR 결과 확인(전기영동)

VI. 13주차 실험 주요어(Key words)

1. PCR 원리
2. PCR 과정
3. PCR product
4. PCR 확인(전기영동)
5. PCR 응용

일반생물 제13주

PCR 결과 확인(전기영동)

Ⅰ. 실험 목적(Purpose of the study)

지난 11주차에 추출한 DNA의 PCR결과를 전기영동을 통해 확인한다.

Ⅱ. 배경지식(Background of the study)

1. PCR(polymerase chain reaction)

PCR(polymerase chain reaction)은 1980년대 중반에 Kary Mullis에 의해 개발된 것으로 특정염기서열을 증폭함으로써 DNA 염기서열 분석 및 현대 분자생물학의 발전을 가져왔다. PCR 방법에 가장 흔히 사용되는 DNA 중합효소(DNA polymerase)는 Taq 1 polymerase이다. 초기에는 E. coli polymerase를 사용하였으나 열에 불안정하여 각 cycle이 진행 될 때 마다 효소를 첨가해주어야 하는 불편함이 있었다. 그래서 개발된 것이 75℃ 온천에서 분리한 세균 Thermus aquaticus에서 얻은 DNA polymerase이다. Taq 1 polymerase는 72℃에서 최적으로 DNA를 합성하고 94℃에서도 안정성을 갖기 때문에 각 cycle마다 효소를 첨가할 필요 없이 특정 염기서열을 증폭할 수 있다.

1-1. PCR의 원리

PCR은 DNA의 원하는 부분을 증폭하는 방법이다. DNA 분자의 어느 부분이든지 경계배열(border sequence = 프라이머 염기서열)만 알면 PCR을 통해서 증폭할 수 있다. PCR은 DNA의 변성(denaturation), 프라이머의 결합(annealing), DNA의 신장(extension) 세 단계로 구성되어 있고, 이 과정을 반복하면서 DNA가 증폭된다. 기본적으로 PCR에 필요한 요소들에는 주형 DNA(DNA template), 프라이머(primer), 뉴클레오티드(dNTP), 중합효소(polymerase) 등이 있으며, PCR의 정확성을 결정하는데 가장 중요한 것은 프라이머와 온도이다.

1-2. PCR의 과정

1. DNA의 변성(denaturation)

PCR의 가장 첫 단계이며, 온도가 높아짐에 따라 DNA의 염기 사이에 있는 수소결합이 끊어져 두 가닥의 DNA로 분리된다. 사용하는 효소에 따라 약간의 차이는 있지만 일반적으로 94℃ 정도에서 1분간 진행된다.

2. Primer의 결합(annealing)

각각 두 가닥으로 분리된 DNA 분자에 프라이머가 붙는 과정이다. 프라이머는 프라이머와 상보적인 염기가 위치한 DNA 서열에 달라붙는다. 이 과정이 바로 PCR의 정확성을 결정짓는 단계이며, 온도는 프라이머의 길이와 염기의 종류에 따라 달라진다. 만약에 온도가 너무 높으면 프라이머가 DNA 분자에 잘 달라붙지 않아 효율이 떨어지며, 반대로 온도가 너무 낮으면 프라이머가 다른 염기서열에 붙을 확률이 높아져 정확도가 떨어진다.

3. DNA의 신장(extension)

프라이머가 결합된 주형 DNA 가닥에 뉴클레오티드가 상보적으로 결합하여 새로운 DNA 가닥이 신장된다. 일반적으로 DNA의 신장은 72℃에서 1~2분간 진행되며 Taq 1 polymerase의 활성이 최대로 되는 시기이다.

4. Cycle 반복

n회 반복 후 2^n의 DNA가 증폭된다. 실제로 중합효소 활성의 소실 등으로 증폭되는 DNA의 양은 이보다 적다는 것에 유의 하여 충분한 횟수의 Cycle을 실시한다.

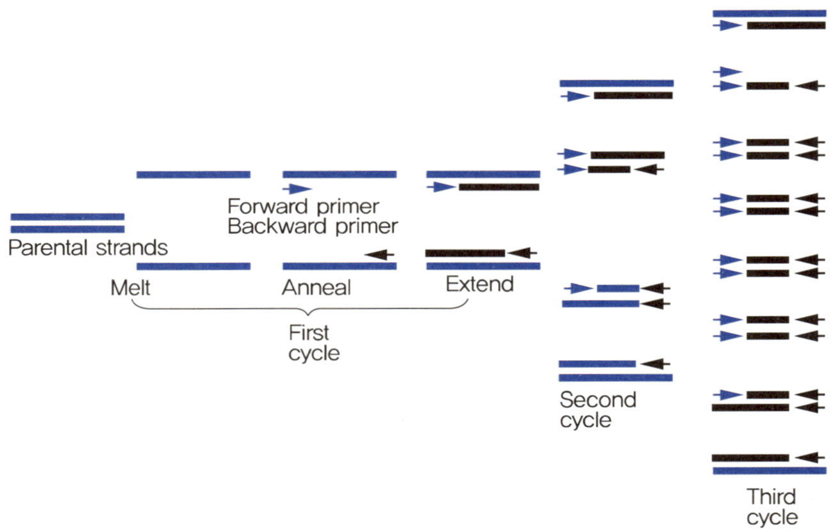

그림 1. PCR의 과정

1-3. PCR의 주재료

1. 주형 DNA(template DNA)

증폭 대상이 되는 DNA

2. 프리믹스(premix)

유전자를 합성하는 재료가 되는 뉴클레오티드〈nucleotide(dATP, dCTP, dGTP, dTTP)〉 등의 화합물

3. 프라이머(primer)

증폭할 부분을 인식하는 짧은 올리고뉴클레오티드(oligonucleotide)이다. PCR의 정확성을 결정하는 중요한 요소이다. 프라이머의 길이가 너무 짧으면 많은 양의 뉴클리오티드(nucleotide)로 구성된 DNA 분자를 대상으로 할 경우, 프라이머가 인식할 수 있는 구간(site)이 길어서 원하는 부분만을 증폭하는 것이 불가능해진다. 반대로 프라이머의 길이가 너무 길면 PCR 과정에서 상보결합을 할 때 많은 시간이 소요되므로 효율이 떨어진다. 그러므로 17~30 base pairs가 프라이머의 크기로 적당하다.

4. 중합효소(polymerase)

PCR에 사용되는 중합효소는 *Taq* 1 polymerase로 이것은 *Themus aquaticus*로부터 추출한 효소이다. *T. aquaticus*는 바다 밑의 열수구에서 서식하는 생굴로 *T. aquaticus*의 효소는 높은 내열성을 갖고 있다.

2. PCR 결과 확인(전기영동, electrophoresis)

PCR 증폭산물의 해석에 우선적으로 실시하는 방법이다. 증폭 DNA의 유무 및 비특이적 증폭 DNA의 유무를 해석하는 데에 사용한다. DNA 젤 전기영동은 DNA를 50V~100V 정도의 전류 장치에 흘려보내면서 크기에 따라 분리하는 방법이다. DNA는 기본골격에 있는 인산기 때문에 전기영동에 사용되는 완충용액 속에서 (-)전하를 띠고 있어 (+)극 쪽으로 움직이게 된다. 이 때 DNA 분자가 젤 매트릭스를 통과하는 속도는 분자량이 커질수록, 젤의 밀도가 클수록 느려진다. 또한 DNA의 분자량이 같더라도 구조에 따라서 움직이는 속도가 다르다. 예를 들면 초나선 구조를 갖는 supercoil DNA는 선형 DNA보다 빠르게 움직인다.

Ⅲ. 실험 디자인(Experimental design)

IV. 실험(Experiment)

1. 실험 재료(materials)

1-1. PCR 결과 확인(전기영동)

- PCR product
- 전기영동 장치, gel cast, comb
- marker (1kb DNA ladder, HindⅢ)
- 1.8% gel
  (1xTAE buffer(Red safe 첨가)10ml + agarose 0.18g)
- DNA 추출액
- tip
- 2μl loading dye
- 0.8% gel
  (교양생물에서 준비)
- 삼각 플라스크
- micropipet
- 전자레인지
- 일회용 비닐장갑

2. 실험 방법(methods)

2-1. 1.8% gel 만들기

1. 약포지를 저울위에 올려놓은 후 전원을 켜, 0.00g에 맞추고, 0.18g agarose를 정량한다. □
2. 1에서 잰 agarose를 삼각 플라스크에 넣은 후, Red safe가 첨가된 1xTAE buffer 10ml를 담고 플라스크 입구에 랩을 씌운다(플라스크에 agarose가 묻으면 농도가 맞지 않으므로 플라스크 벽에 묻지 않도록 주의할 것).
3. 면장갑 착용 후 agarose가 들어 있는 플라스크를 전자레인지에 1차로 20초 가열한 뒤 꺼내어 잘 섞이게 흔들어 준 후, 다시 20초 가열한다(agarose 입자가 전부 녹지 않고 남아 있을 시 추가로 10초 가열한다).
4. 기포가 생기지 않도록 조심히 흔들어 주면서 5분 동안 식힌 후 gel cast에 담아 15분 동안 굳힌다(gel cast에 붓기 전에 삼각플라스크 안에서 굳지 않도록 주의).

2-2. 전기영동

1. 직접 만든 1.8% gel에는 micropipet을 사용해 ladder marker 3㎕를 첫 번째 well에 넣고, PCR product 3㎕를 두 번째 well부터 순서대로 넣는다. □
2. 미리 준비된 0.8% gel에는 micropipet을 사용해 HindⅢ marker 5㎕를 첫 번째 well에 넣고, DNA 추출액 5㎕를 2㎕ loading dye tube에 넣어 혼합한 후(vortexing 후 spin down)에 두 번째 well부터 5㎕씩 micropipet를 사용해 순서대로 넣는다.
3. 전기영동장치 전원코드를 연결하고 뚜껑 홈이 금속에 잘 들어가도록 맞춰 덮은 후 100V에서 26분 동안 전기영동 한다(−극에서 +극 방향 확인).
4. 완료 후 전기영동장치의 전원을 끄고, 코드를 뺀다.
5. 일회용 비닐장갑 착용 후 gel이 gel cast에서 분리되지 않도록 주의하면서 꺼낸다.
6. Gel을 UV lamp위에 올려놓고 뚜껑을 반드시 닫고, 스위치를 켠 후 빠르게 관찰한다(강한 자외선으로 인해 시력저하, 피부암 등이 발생할 수 있으니, 관찰 시에는 반드시 뚜껑을 닫고 관찰할 것, 육안 관찰 시 UV 70%, 사진촬영 시 100%로 맞출 것).

7. 관찰이 끝나면 UV lamp의 전원을 끄고, 관찰한 gel은 바로 일회용 비닐장갑에 싸서 버린다.

Ⅴ. 결과(Results)

Ⅵ. 14주차 실험 주요어(Key words)

1. 동물의 기관계
2. 기관계의 종류
3. 기관계의 기능

[심화 학습]

1. PCR 결과 확인

| PCR 조건 |

In denaturation 94℃ 5min / [denaturation 94℃ 45sec, anneal 50℃ 45sec, extension 72℃ 1min]×30 cycles / final extension 72℃ 5min.

2. DNA 추출 결과 확인

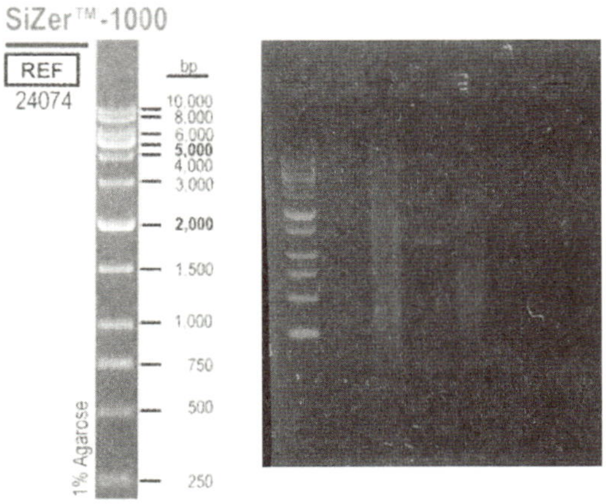

그림 1. PCR 결과

그림 2. DNA 추출 결과

과제 13. 12주차에 추출한 DNA의 PCR실험 결과를 스케치 하시오.

학 과 : 학 번 : 이 름 :

PCR결과

(절취선)

일반생물 제14주

동물의 기관 및 조직 관찰

Ⅰ. 실험 목적(Purpose of the study)

조직, 기관 및 기관계의 구성요소를 관찰하고, 이해함으로써 동물의 체계적인 구성을 파악한다.

Ⅱ. 배경지식(Background of the study)

1. 조직(tissue)

동물은 세포로 구성되어 있고 동일한 종류의 세포들은 한 조직 안에서 발생한다. 즉, 조직이란 동일한 기능을 수행하는 세포들의 그룹이다. 한 기관의 구조와 기능은 그 안에 들어 있는 조직들에 의해서 결정되기 때문에 조직은 신체의 구조와 기능을 담당하는 단위이다.

1-1. 동물 조직의 종류 및 기능

세포의 형태에 따라서 상피조직, 근육조직, 결합조직, 신경조직으로 구분한다.

1. 상피조직

기관의 내면과 외면 층을 이루고 신체의 표면을 덮고 있다. 주된 기능은 보호 기능이며 소화관, 폐 등으로 물질이 들어오거나 신체 밖으로 배출하는 것과 같이 분비, 흡수, 배설, 여과 등의 작업을 수행한다. 상피세포는 신체 부위와 기능에 따라 입방형, 원주형, 편평형, 위중형으로 나뉜다.

2. 결합조직

기관을 연결하고 지지하며 보호하는 역할을 한다. 결합조직의 세포는 세포를 둘러싸고 있는 아교질 섬유의 상태(고체, 반액체, 액체)에 따라 구분된다. 아교질은 섬유에 유연성과 힘을 주는 단백질이다.

3. 근육조직

수축단백질인 액틴 필라멘트와 미오신 필라멘트를 갖고 있으며 이들의 상호작용이 근육운동의 원인이 된다. 척추동물의 근육조직은 골격근, 심근, 평활근 세 종류이다.

4. 신경조직

신경조직은 뇌와 신경세포(뉴런)로 구성된다. 뉴런은 수상돌기, 세포체, 축삭으로 구성된 세포이며, 자극을 전달하는 역할을 한다.

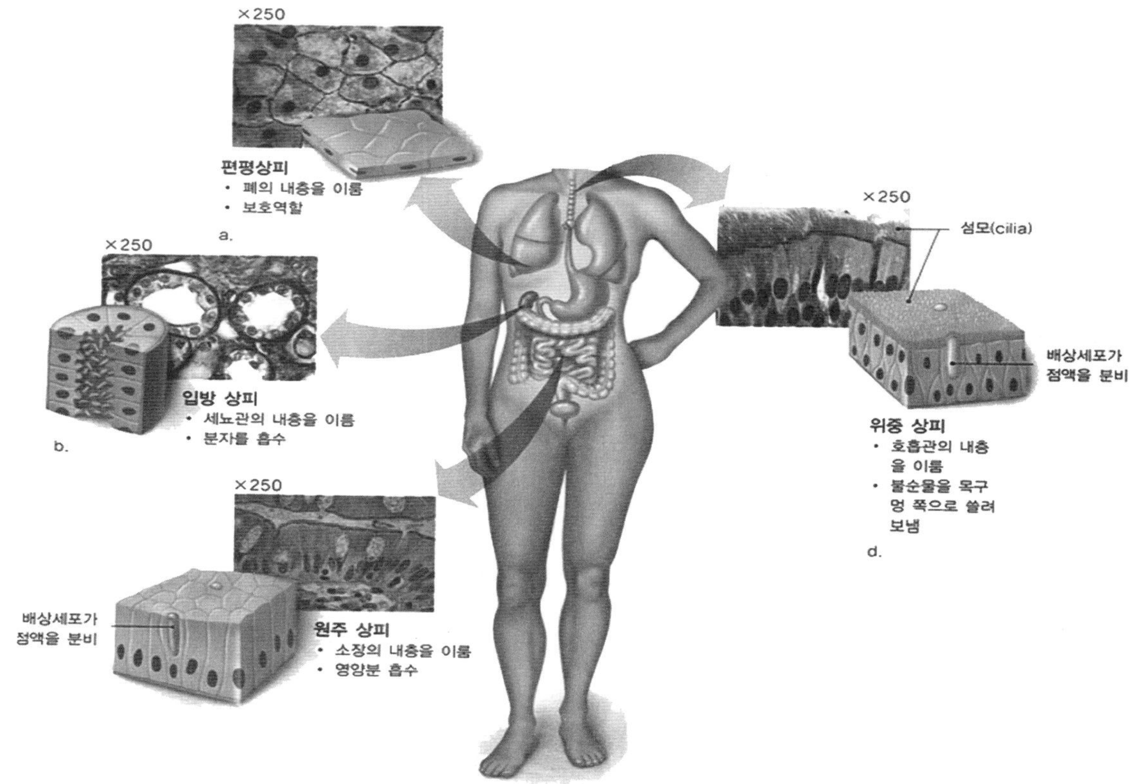

그림 1. 상피조직

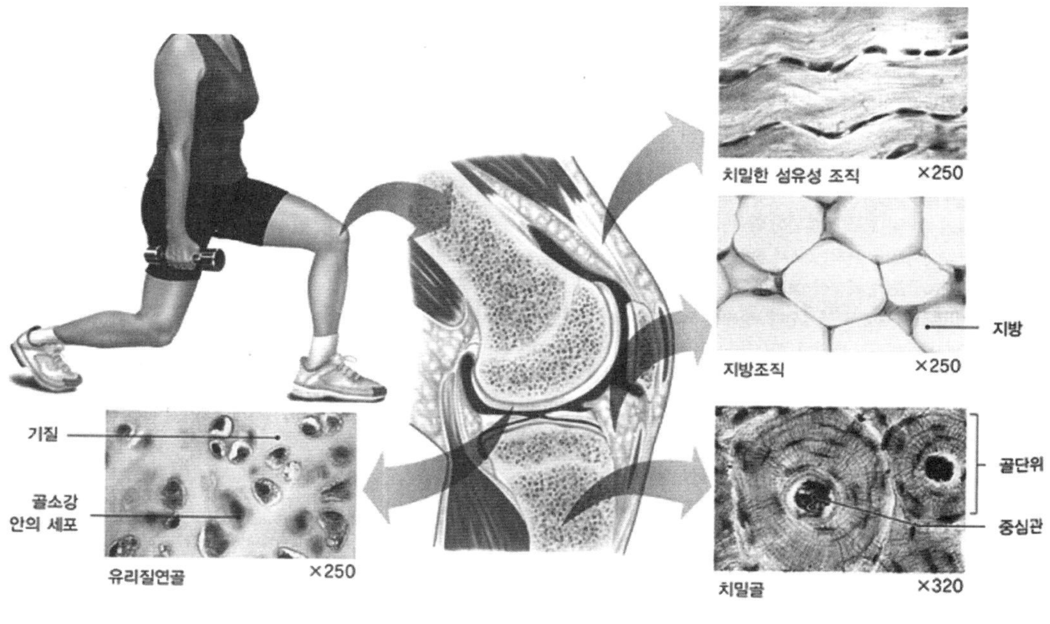

그림 2. 결합조직

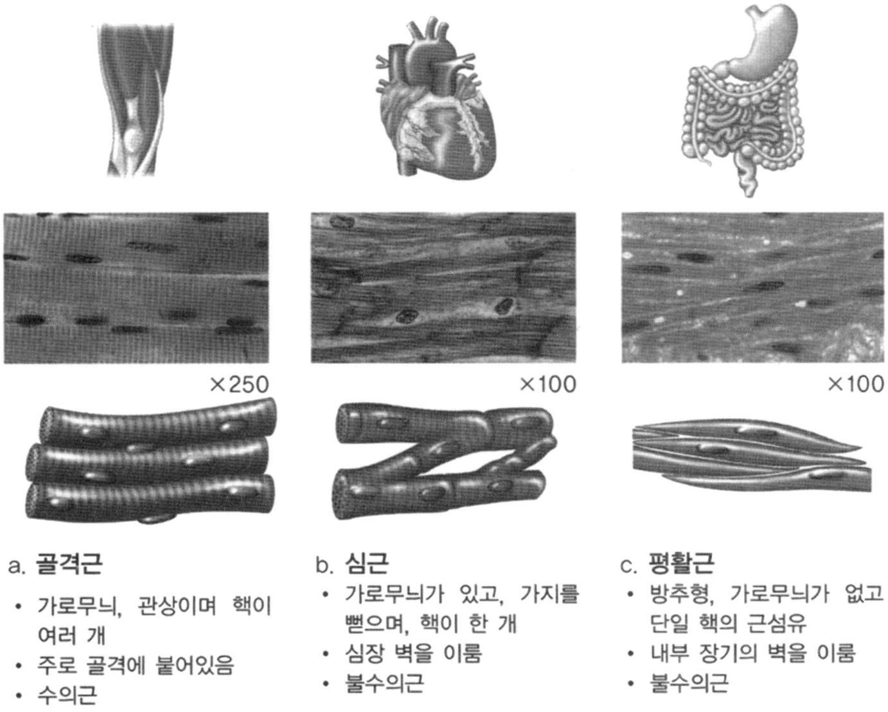

그림 3. 근육조직

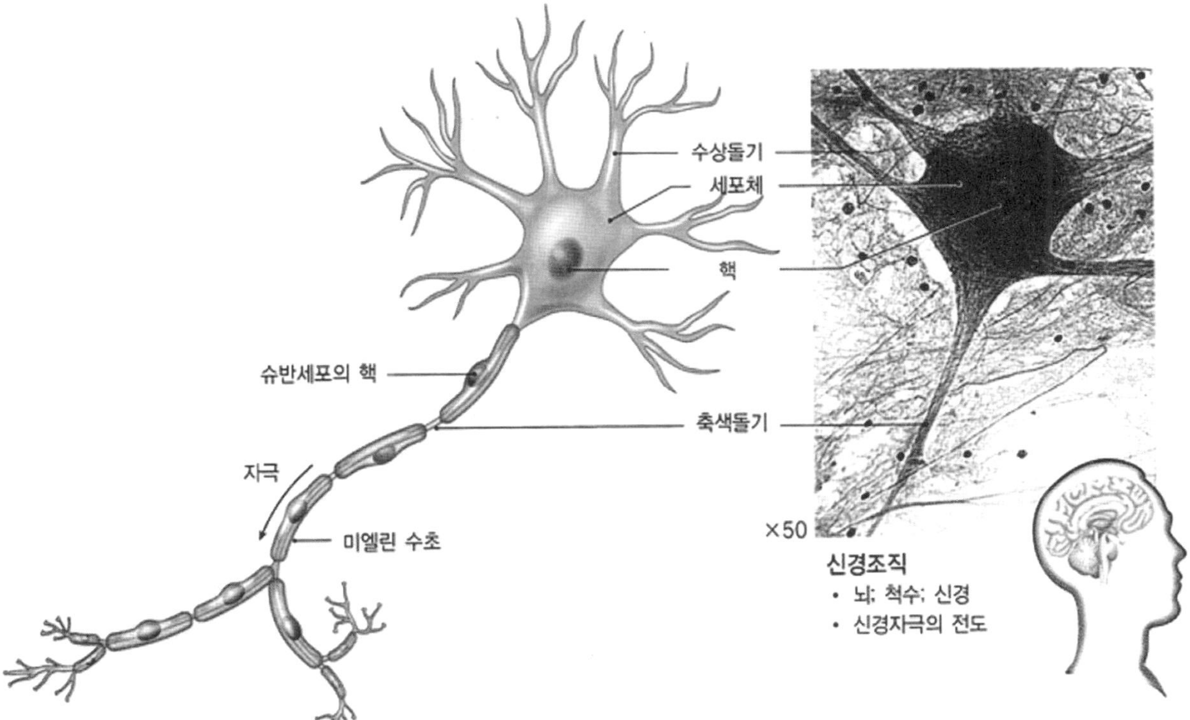

그림 4. 신경조직

2. 기관(organ)

일정한 패턴을 이루고, 공동의 일을 수행함에 있어서 상호작용하는 조직들로 구성된 구조적인 단위를 기관이라고 한다. 심장, 위, 콩팥 등이 기관에 해당된다.

3. 기관계(organ system)

2개 이상의 기관이 기능적으로 공통성을 가지고 협동하여 작용하는 일련의 계통을 기관계라고 한다.

3-1. 기관계의 종류 및 기능

1. 피부기관계

상해, 탈수, 일부 병원체로부터 신체를 보호, 체온조절, 노폐물의 배설, 외부 자극 수용 기능을 한다.

2. 신경기관계

외부와 내부의 자극을 탐지, 자극에 대한 반응을 통제하며, 모든 기관계의 활동을 통합한다.

3. 근육기관계

신체와 내부 부분을 움직이고 자세 유지에 관여하며, 대사활동의 증가로 열을 생산한다.

4. 골격기관계

신체 각 부분을 지지하고 보호하며 근육의 부착 부위를 제공하고 적혈구 생산, 칼슘과 인의 저장 기능을 한다.

5. 순환기관계

세포 사이에서 수많은 물질을 신속하게 운반하고 신체 내부의 pH 와 온도를 안정시키는 데 기여한다.

6. 내분비기관계

신체 기능을 호르몬으로 조절하고 신경계와 연결되어 신체 활동에 관여한다.

7. 림프기관계

조직액의 일부를 모아 혈액으로 되돌리고, 감염과 조직 손상에 대하여 신체를 방어한다.

8. 호흡기관계

세포를 담그고 있는 조직액으로 산소를 신속하게 전달하고, 세포의 이산화탄소 노폐물을 제거한다.

9. 소화기관계

음식물과 수분을 섭취, 음식물을 기계적, 화학적으로 소화하고 작은 분자를 내환경으로 흡수시킨다. 음식물 찌꺼기를 제거하는 역할도 한다. 입, 구강, 식도, 위, 소장, 대장, 항문, 간, 이자로 구성되어 있다.

10. 배설기관계

내환경의 부피와 조성을 유지하고, 과잉의 체액과 혈액에서 생긴 노폐물을 배설시킨다. 콩팥, 요로, 요도로 구성되어 있다.

11. 생식기관계

여성의 경우 난자를 생산하며, 수정 후 태아의 발달을 위해서 태아를 보호하고, 양분이 있는 환경을 제공하는 역할을 한다. 난소, 수란관 등으로 구성되어 있다. 남성의 경우 정자를 생산하여 여성에게 전달하는 역할을 한다. 정소, 정관 등으로 구성되어 있다.

Ⅲ. 실험 디자인(Experimental design)

IV. 실험(Experiment)

1. 실험 재료(Materials)

1–1. 기관 및 조직 관찰

▶ 영구프레파라트 ▶ 광학현미경

| 참고: 슬라이드 박스(B) 내 관찰용 조직 영구프레파라트 내용 |

1. 신경기관계: 대뇌(60), 소뇌(66), 척수(83)
2. 순환기관계: 혈관(75), 림프절(89)
3. 호흡기관계: 숨관(74), 허파(86)
4. 소화기관계: 식도(62), 위(87), 십이지장(73), 간(88), 이자(97), 작은창자(77), 대장(63)
5. 배설기관계: 콩팥(92)
6. 생식기관계: 정소(93), 난소(94)

2. 실험 방법(Methods)

2–1. 기관 및 조직 관찰

1. 영구프레파라트를 광학현미경에 고정하고 조별로 이동하면서 저배율(x100)에서 고배율(x400)로 관찰한다(영구프레파라트와 광학현미경은 이동시키지 않는다).
2. 관찰한 결과를 스케치 한다.

V. 결과(Results)

과제 14. 기관 및 조직의 관찰 결과를 스케치 하시오.

학 과 :　　　　　　학 번 :　　　　　　이 름 :

재료: (배)	재료: (배)
재료: (배)	재료: (배)
재료: (배)	재료: (배)

(절취선)

학 과 :　　　　　　학 번 :　　　　　　이 름 :

재료:　　　　(　　　　배)

재료:　　　　(　　　　배)

재료:　　　　(　　　　배)

재료:　　　　(　　　　배)

재료:　　　　(　　　　배)

재료:　　　　(　　　　배)

일반생물 제15주

실험 기말고사

실 험 계 획 서

◎ 2학기 ◎

교과목명 : 일반생물학 II, 생물학 및 실험 II, 일반생물학 및 실험 II

실험개요 : 생명현상의 원리를 강의 및 기초적 실험을 통하여 이해시킨다.

성적평가 : 실험보고서 60%(임시·완결 보고서 각 30%), 시험 20%, 출석 20%

제 1 주: 실험계획 소개 및 유의사항 전달

제 2 주: 식물의 구조(줄기, 뿌리)

제 3 주: 식물의 구조(잎)

제 4 주: 식물의 구조(생식기관)

제 5 주: 동물의 구조(개구리 외부형태, 내장기관)

제 6 주: 동물의 구조(개구리 근육계)

제 7 주: 동물의 구조(개구리 골격계)

제 8 주: 실험 중간고사

제 9 주: 미생물 배양 및 세균검사

제10주: 박테리아의 동정(Gram stain)

제11주: 담수조류의 관찰

제12주: 원생동물 및 곰팡이의 관찰

제13주: 혈관, 혈액, 혈액형과 유전자 빈도

제14주: 생태계 군집 조사법

제15주: 실험 기말고사

일반생물 제1주

실험계획 소개 및 유의사항 전달

Ⅰ. 담당조교 소개

1. 실험담당 조교의 이름, 연구실 위치, 연락처 등을 공지한다.
2. 〈완결 실험보고서〉를 제출할 이메일 주소(또는 웹하드 ID 및 PW)를 공지한다.
3. 정확한 내용 전달의 필요성에 따라 문건을 통하여 공지할 경우에 대비하여, 〈공지문 게시 위치〉(예: S1-5, 302호 우측 게시판)를 명확하게 알린다.

Ⅱ. 실험조 편성 및 비상연락망 구축

1. 실험조 편성

1. 과대표(또는 실험반대표)와 부과대표(또는 부실험반대표)를 결정하고, 이들의 연락처를 알아둔다.
2. 학과(또는 실험반)의 인원수 및 가용 실험대의 상황에 따라 실험조를 탄력적으로 편성한다.
3. 조당 3명 내외(실험대 당 2개조), 16조 이내로 편성하고, 편성 내용대로 〈**자리를 변경하여 순서대로 착석**〉할 것을 지시한다.

2. 비상연락망 구축

1. 조별로 재배치된 상황을 확인하고, 조장을 선출한다.
2. 실험조의 조장에게 조원의 연락처를 확보할 것을 지시한다.
3. 학과 단위의 실험 운용일 경우, 공휴일 휴강 등에 의한 **〈보강일정 공지〉** 등에 대비해, 타 학과 학생의 연락처를 확보할 것을 과대표에게 지시한다.
4. 〈조교 ➜ 과대표(부과대표) ➜ 실험조장 ➜ 실험조원〉으로 연결되는 **〈비상연락망〉**을 구축한다.
5. 원활한 실험 진행을 위하여 과대표(부과대표), 실험조장, 실험조원의 역할을 분명히 이해시킨다.

III. 실험계획 소개 및 주의사항 공지

1. 실험계획 소개

1. 실험계획서에 의거, 한 학기 동안의 실험내용, 실험의 목적 및 중요성, 성적평가 방법에 대하여 설명한다.
2. 〈임시 실험보고서〉는 매 실험 종료시, 〈완결 실험보고서〉는 다음 주 실험 전까지 제출해야함을 주지시킨다.
3. 공휴일 휴강 또는 부득이한 휴강이 있더라도, 〈실험 보강〉을 통하여 예정된 실험계획을 완료할 것임을 주지시킨다.

2. 주의사항 공지

1. 실험 시작 전에 정해진 자리에 착석하여야 하며, 정시에 실험이 시작되어야 함을 이해시킨다.
2. 실험복 착용의 중요성을 이해시키고, 미착용 시 퇴실시킬 것임을 고지한다.
3. 실내에서의 정숙 유지, 과격한 행동 금지 등 실험실 내에서 일반적으로 지켜야할 사항이나 주의점 등을 설명한다.
4. 실험실 내에서 발생할 수 있는 **〈안전사고〉**의 유형 및 대처방법에 대하여 설명한다.
5. 조교의 지시사항을 따르지 않았을 때에 받게 될 불이익에 대하여 명확히 고지한다.

IV. 실험보고서 작성 지침 설명

1. 〈[별첨] 일반생물학 실험보고서 작성 지침〉을 충분히 이해시킨다.
2. 이 지침은 합리적인 〈완결 실험보고서〉의 작성 및 평가를 위하여 제정된 것임을 주지시킨다.
3. 추가 설명의 필요성에 대비하여, 적절한 예시 및 지난 실험보고서 파일 등 보조자료를 준비한다.

V. 실험 운용시간 배분

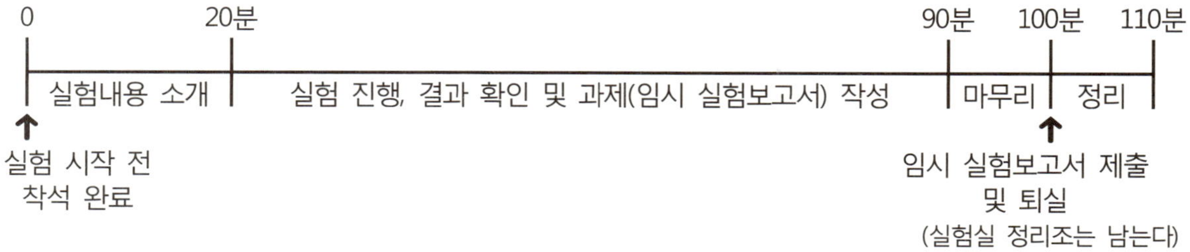

VI. 제2주차 실험 주요어(keywords)

1. 식물 줄기의 외부 구조
2. 식물 줄기의 내부 구조
3. 식물 뿌리의 외부 구조
4. 식물 뿌리의 내부 구조
5. 줄기와 뿌리의 기능

일반생물 제2주

식물의 구조(줄기, 뿌리)

Ⅰ. 실험 목적(Purpose of the study)

줄기와 뿌리의 내부구조와 기능을 이해하고 쌍자엽식물과 단자엽식물의 형태적 차이점을 고찰한다.

Ⅱ. 배경지식(Background of the study)

1. 줄기

1-1. 외부 구조

잎이 줄기에 붙는 자리를 절(마디, nodes)이라 하고, 절과 절 사이를 절간(마디사이, internodes)이라 한다. 소지란 2년생 가지를 말한다. 1년생 가지에 형성된 눈(buds)이 다음해 봄에 새로운 줄기와 잎을 발달시켜 2년생 소지를 형성한다.

눈은 당해 연도 가을에 형성된 가지 끝이나 엽액(잎겨드랑이, petioles)에 달린다. 눈이 줄기의 끝에 있는 것을 정아(끝눈, apical buds), 엽액에 있는 것을 측아 또는 액아(겨드랑이눈, lateral buds, axillary buds)라 한다.

1-2. 내부 구조

1. 표피조직

줄기의 표피(epidermis)는 항상 맨 바깥쪽에 위치하며, 대부분 유세포로 이루어진 조직이다.

2. 기본조직

1. 피층(cortex): 유관속계를 둘러싸고 표피와 유관속 사이에 위치하며, 유조직(parenchyma), 후각조직(collenchyma) 및 후벽조직(sclerenchyma)으로 된 복합조직이다.
2. 수(pith): 유관속계 안쪽의 중심부를 차지하며, 일반적으로 순수하게 유조직으로만 구성

3. 관다발조직

1. 물관부(목부): 물관이 모여 이루어지며 유세포 및 섬유로 구성, 죽은 세포로 물의 이동 통로이다.

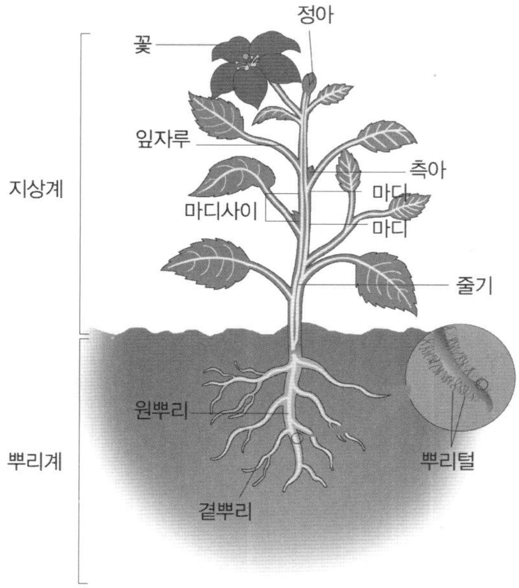

그림 1. 종자식물의 외부 구조

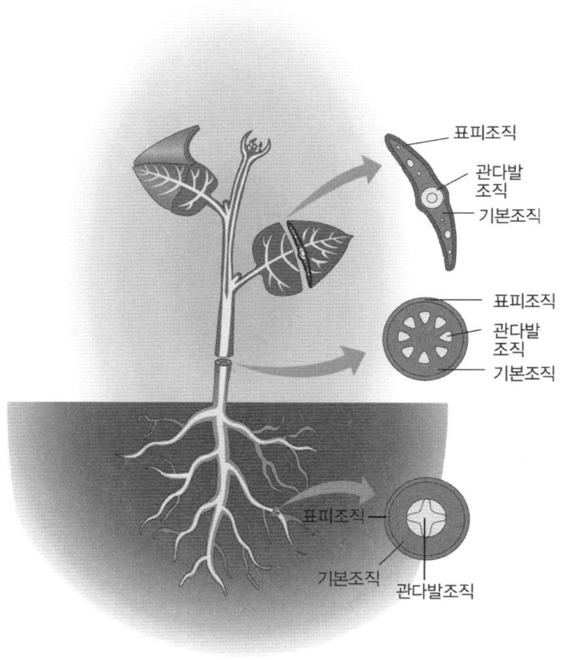

그림 2. 종자식물의 조직계

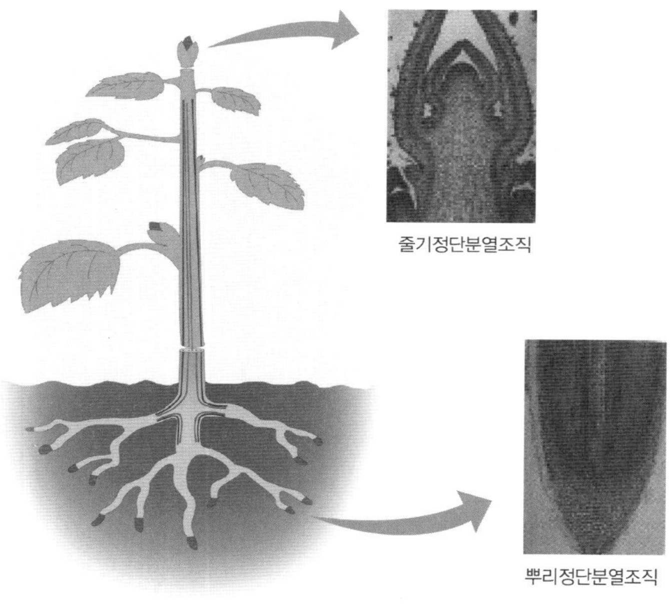

그림 3. 뿌리와 줄기의 정단분열조직

2. 체관부(사부): 체관이 모여 이루어지며 반세포와 유세포 및 섬유로 구성, 양분의 이동 통로이다.
3. 형성층: 물관과 체관사이 분열 조직으로 줄기부피생장에 관여하며 쌍자엽식물에만 존재한다.

1-3. 쌍자엽식물 줄기와 단자엽식물 줄기 구조 차이점

표 1. 쌍자엽식물과 단자엽식물 줄기 구조 차이점

구분	쌍자엽	단자엽
형성층 존재여부	형성층 존재	형성층 부재
유관속 배열	환상으로 배열	산재되어 배열
피층과 수의 구분	피층과 수의 구분 명확	피층과 수의 구분이 불명확

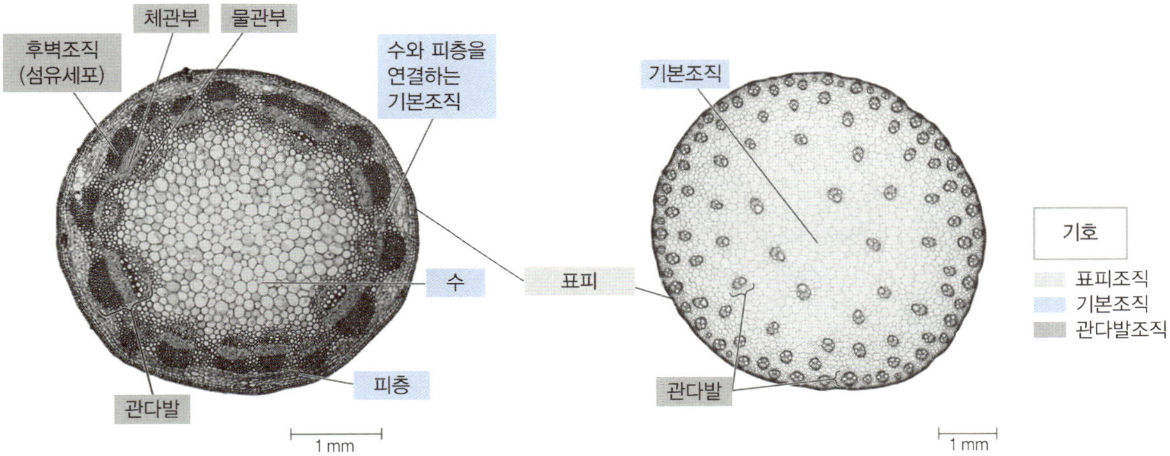

(a) 고리 모양의 관다발을 포함한 횡단면
(진정쌍떡잎 식물의 전형)

(b) 관다발을 포함한 횡단면
(외떡잎식물의 전형)

그림 4. 쌍자엽식물(A)과 단자엽식물(B) 줄기의 내부 구조 비교

1-4. 줄기의 기능

줄기는 식물의 생육지 환경조건에 따라 전형적인 모습에서 다양한 형태로 발달될 수 있으며, 이에 따라 기능도 다양해진다. 줄기의 주요 기능들을 〈표 2〉에 정리하였다.

표 2. 줄기의 다양한 기능

기능 구분	내 용
1. 생산기능	1. 새로운 줄기와 잎의 조직 생산, 정단분열조직에서 생리조절물질의 생산 및 분비 2. 엽서의 다양화를 통하여 광합성 생산량 증대를 도모
2. 지지기능	식물체 직경 증대 및 섬유, 2기목부 발달을 통하여 식물체의 지지 능력을 유지시킴
3. 운반기능	수분과 양분 수송, 생리조절물질의 이동
4. 저장기능	지하 영양기관 및 저수조직을 발달시켜 양분과 수분을 저장
5. 호흡기능	줄기의 표피와 피목을 통하여 CO_2, O_2 교환
6. 배출기능	잉여의 수분이나 화밀(nectar)을 수공, 기공, 븐비선을 통하여 외부로 배출
7. 보호기능	1. 표피 표면에 큐티클층을 침적시켜 강한 태양광선 분산 및 곰팡이 등 침투 차단 2. 환경에 따라 털, 가시 등을 발달시켜, 그늘 형성, 강광선의 난반사, 해충 차단 유도
8. 번식의 기능	물리적인 힘에 의해 운반되어 토막 줄기가 착생 후 번식
9. 적응의 기능	생육환경에 따라 괴경, 지하경 등으로 변태되어 다년생으로, 또는 다년생이 1년생으로 상호 전환

2. 뿌리

2-1. 외부 구조

종자로부터 나오는 최초의 뿌리를 유근이라고 한다. 유근의 수명은 주근계와 수근계, 2가지 뿌리 종류에 따라 다르다.

1. 주근계(main root system, tap root system)

유근이 신장해서 주근이 되고, 주근으로부터 측근이 발달한다. 주근은 빠르고 깊게 자라며 식물을 최대한으로 지지하고, 토양 속에 있는 무기염류와 물을 이용할 수 있게 한다.

2. 수근계(adventitious root system)

종자가 발아한 후 유근은 곧 죽고, 줄기에서 생긴 부정근과 이로부터 형성된 측근이 수근계를 이룬다. 수근은 상대적으로 가늘기 때문에 토양으로부터 물과 무기염류를 빨리 흡수할 수 있으며 토양 유실을 방지한다.

2-2. 내부 구조

1. 근관(뿌리골무, root cap)

점액질 분비하여 뿌리표면에서 윤활작용하고 뿌리를 보호한다.

2. 생장점(growing point)

세포분열하여 길이생장에 관여한다.

3. 근모(뿌리털, root hair)

표피세포가 변한 하나의 세포로 물과 무기양분을 흡수한다.

4. 표피(epidermis)

단일 세포층으로 빽빽하게 포장되며, 내부구조를 보호한다.

5. 피층(cortex)

1. 표피 바로 밑의 비교적 두툼한 부분
2. 구조적으로 특수화하지 않은 세포
3. 피층세포 내에는 액포가 발달하여 색소체에는 엽록소가 없고, 전분 축적이 많다.

6. 내피(endodermis)

피층 내측의 세포층

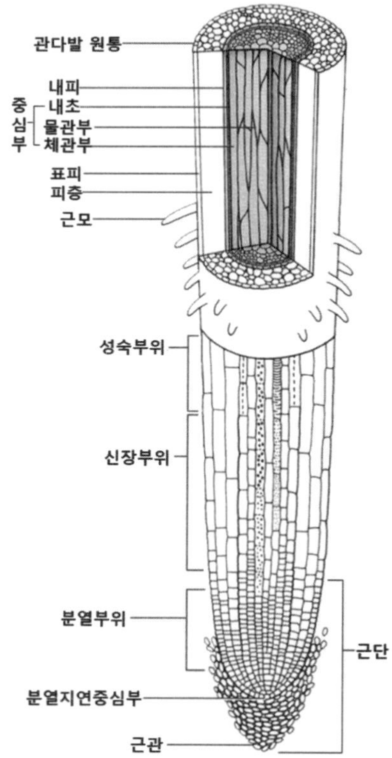

그림 5. 뿌리의 내부 구조

7. 중심부(central part)

뿌리의 내피(endodermis) 안쪽의 원통형 조직인 중심주(central cylinder, stele)를 지칭한다. 보통 다음의 3가지 조직으로 구성된다.

1. 내초(pericycle): 내피와 유관속 조직 사이의 특수화되지 않은 유세포층으로, 세포분열 기능을 갖추고 있어서 측근을 발생시킨다.
2. 유관속 조직(vascular tissue): 물을 통도하는 물관부(xylem)와 당의 이동통로인 체관부(phloem)로 구성되며, 뿌리의 중심부 대부분을 차지한다. 특히 내초 안쪽의 조직이 모두 유관속 조직으로 구성되어 있으면 유관속주(vascular cylinder)라 부르기도 한다.
3. 수(pith): 중심주(부)의 중앙 부분에 존재하는 유조직으로 이루어진 기본조직계(fundamental tissue system)이다. 단자엽식물 뿌리에서는 존재하지 않는다.

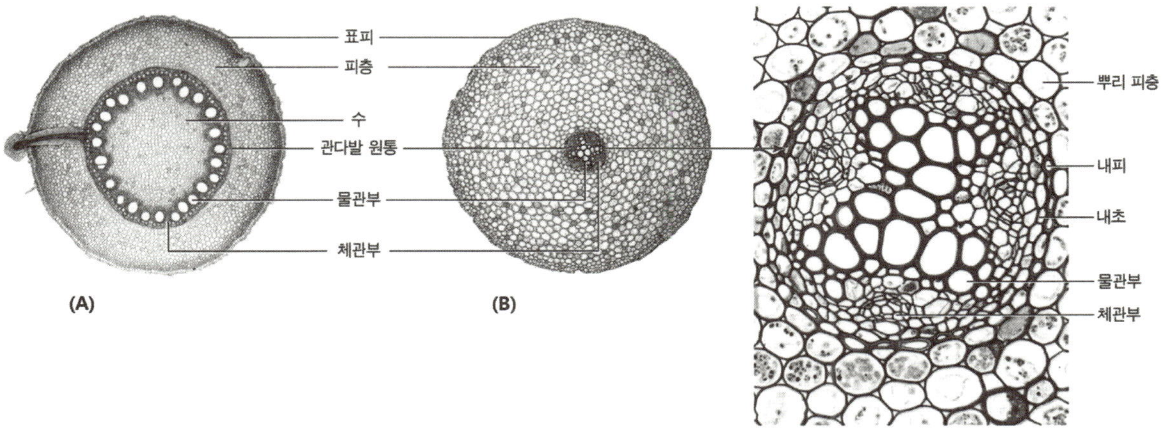

그림 6. 단자엽식물(A)과 쌍자엽식물(B) 뿌리의 내부 구조 비교

2-3. 쌍자엽식물과 단자엽식물 뿌리의 구조적 차이점

표 2. 쌍자엽식물과 단자엽식물 뿌리 구조의 차이점

구분	단자엽식물	쌍자엽식물
유관속 조직 형태	속이 빈 둥근 통모양(원통형)	속이 찬 둥근 기둥모양(원주형)
유관속 조직 위치	뿌리의 중앙에 수(pith)가 있고, 그 주변부에 위치	뿌리의 중앙에 위치

2-4. 뿌리의 기능

뿌리도 줄기와 같이 생육지 환경조건에 따라 전형적인 모습에서 다양한 형태로 발달될 수 있으며, 이에 따라 기능도 다양해진다. 뿌리의 주요 기능들을 **〈표 3〉**에 정리하였다.

표 3. 뿌리의 다양한 기능

기능 구분	내 용
1. 생산기능	정단분열 조직 및 내초에서 새로운 뿌리와 측근 생산
2. 지지기능	1. 뿌리 직경 증대 및 섬유, 2기목부 발달을 통하여 식물체의 지지 능력을 유지시킴 2. 판상근이나 줄기에서 부정근(옥수수 등 화본과 식물)을 발달시켜 지지기능 증대
3. 흡수기능	물과 무기양분의 흡수

기능 구분	내 용
4. 운반기능	물과 무기양분의 수송, 생리조절물질의 이동
5. 저장기능	저장근, 저수조직을 발달시켜 양분과 수분을 저장
6. 분비기능	Cytokinin, Giberellin 등의 호르몬은 뿌리에서 합성되어 분비
7. 배출기능	잉여의 수분이나 화밀(nectar)을 수공, 기공, 분비선을 통하여 외부로 배출
8. 가스교환기능	공기 중에 나출되는 기근(aerial root)
9. 부착기능	덩굴식물(담쟁이덩굴), 착생식물
10. 번식기능	부정아(adventitious bud) 형성하여 무성번식
11. 적응기능	생육환경에 따라 건기, 우기 등에 대응하는 생존능력을 보유

Ⅲ. 실험 디자인(Experimental design)

Ⅳ. 실험(Experiment)

1. 실험 재료(Materials)

1-1. 식물의 구조(줄기, 뿌리) 관찰

- ▶ 쌍자엽식물(쇠무릎)의 줄기, 뿌리
- ▶ 단자엽식물(닭의장풀)의 줄기, 뿌리
- ▶ 광학현미경
- ▶ 영구프레파라트
- ▶ 여과지
- ▶ 페트리접시
- ▶ 핀셋
- ▶ 면도칼
- ▶ 받침유리
- ▶ 덮개유리
- ▶ 스포이드
- ▶ 1% 사프라닌

2. 실험 방법(Methods)

2-1. 쌍자엽식물과 단자엽식물의 외부 구조 관찰

| 과제 |

1. 쌍자엽식물의 줄기와 뿌리의 외부 구조를 관찰하고 스케치한다.
2. 단자엽식물의 줄기와 뿌리의 외부 구조를 관찰하고 스케치한다.

2-2. 쌍자엽식물과 단자엽식물의 내부 구조 관찰

1. 쌍자엽식물의 줄기와 뿌리를 최대한 얇게 횡단면으로 자른다(hand section).
2. 페드리접시에 1% 사프라닌을 1방울 떨어뜨린 후 잘린 조각들을 10~30초간 염색시킨다.
3. 가장 얇게 잘린 조각을 골라서 받침유리 위에 놓고 물을 1~2방울 떨어뜨린다.
4. 덮개유리를 덮고, 여과지로 여분의 물기를 제거한다.

| 과제 |

1. 쌍자엽식물의 줄기와 뿌리 조직을 광학현미경을 사용하여 관찰하고 스케치한다.
2. 단자엽식물의 줄기와 뿌리 조직도 위와 같은 방법으로 관찰하고 스케치한다.

2-3. 영구프레파라트 관찰

1. 영구프레파라트를 광학현미경에 고정하고 조별로 이동하면서 저배율(x100)에서 고배율(x400)로 관찰한다(영구프레파라트와 광학현미경은 이동시키지 않는다).
2. **과제**: 관찰한 결과를 스케치한다.

| 참고: 슬라이드 박스 내 관찰용 조직 영구프레파라트 내용 |

A 박스: 86(호박줄기), 87(소나무줄기), 96(체관), 97(물관)

B 박스: 21(옥수수뿌리), 22(갈퀴나물 뿌리), 23(단자엽식물 줄기), 25(쌍자엽식물 줄기)

V. 결과(Results)

VI. 3주차 실험 주요어(Key words)

1. 식물 잎의 외부 구조
2. 식물 잎의 내부 구조
3. 식물의 기공복합체
4. 식물 잎의 기능

과제 2. 식물의 뿌리와 줄기 관찰 결과를 스케치 하시오.

학 과 :　　　　　　　　　　학 번 :　　　　　　　　　　이 름 :

(절취선)

재료:　　　　　(　　　배)	**재료:**　　　　　(　　　배)
재료:　　　　　(　　　배)	**재료:**　　　　　(　　　배)
재료:　　　　　(　　　배)	**재료:**　　　　　(　　　배)

학 과 : 학 번 : 이 름 :

재료: (배)	재료: (배)
재료: (배)	재료: (배)
재료: (배)	재료: (배)

일반생물 제3주

식물의 구조(잎)

Ⅰ. 실험 목적(Purpose of the study)

여러 종류[양치식물, 나자식물, 피자식물(쌍자엽식물, 단자엽식물)] 잎의 외부 및 내부 조직관찰을 통하여 비교 연구함으로써 잎의 형태적 차이와 이들을 구성하는 조직의 구조를 익힌다.

Ⅱ. 배경지식(Background of the study)

1. 잎

잎은 줄기의 생장점에 있는 분열조직의 엽원기(leaf primordium)에서 발달된다. 잎은 광합성과 호흡 및 증산작용이 활발하게 일어나는 기관으로, 1차적인 기능은 잎의 동화조직에서 빛 에너지를 이용한 광합성작용이다.

1-1. 잎의 기능

1. 광합성작용

빛을 이용하여 물과 이산화탄소로 포도당과 산소를 만든다.

2. 증산작용

기공을 통해 식물체내의 물을 기체 상태로 내보낸다.

3. 호흡작용

기공을 통해 산소를 받고 이산화탄소를 내보낸다.

1-2. 잎의 외부 구조

잎은 일반적으로 줄기의 절에 부착한다. 엽신, 엽병, 탁엽을 갖추고 있는 잎을 갖춘잎(완전엽)이라 하고, 이 세 가지 요소 중에서 하나라도 갖추지 못한 잎을 안갖춘잎(불완전엽)이라고 한다.

1. **엽신**(leaf blade)
편평하고 잎살 속으로 엽맥이 퍼져 있으며, 엽록체가 있어 광합성작용을 한다.

2. **엽맥**(vein)
잎에 형성된 유관속계

3. **엽저**(leaf base)
엽신의 기부

4. **엽병**(petiole)
잎을 줄기에 연결하며 다양한 형태를 가진다. 엽병이 없는 상태를 무엽병이라고 한다.

5. **탁엽**(stipule)
대개 녹색이며 엽병의 기부 또는 절 양쪽에 부착된 부수물로 탁엽이 없는 경우도 있다. 본 잎 아래쪽에 나는 작은 잎으로 어릴 때 그 속에 잎눈을 싸서 보호하며 줄기나 잎이 자라면 떨어진다.

1-3. 잎의 내부 구조

식물의 잎은 광합성 기관으로 특수화하며, 줄기와 뿌리에서처럼 표피조직, 기본조직(엽육조직), 유관속조직으로 구성된다.

가. 표피조직(epidermal tissue)

잎의 표피조직은 성장축(줄기 또는 가지)을 향해 있는 경우를 상축면(상표피), 반대의 경우를 하축면(하표피)으로 구분한다. 표피의 세포는 납작한 판상으로 빽빽하게 배열되고, 각피가 덮히며 세포벽 내에는 왁스층이 다량으로 포함된다. 기공은 잎의 양쪽 표피에 모두 분포하지만 하표피에 더 많이 있다.

1. **기공**(stomata)
주로 잎의 뒷면에 분포하며 두 개의 공변세포로 둘러싸여 있고 공기와 수증기의 교환장소이며 증산작용의 조절등에 중요한 역할을 한다.

2. **공변세포**(guard cell)
표피세포의 일부가 반달모양으로 변한 것으로 엽록체가 있어 광합성을 하며 기공을 여닫는 역할을 한다.

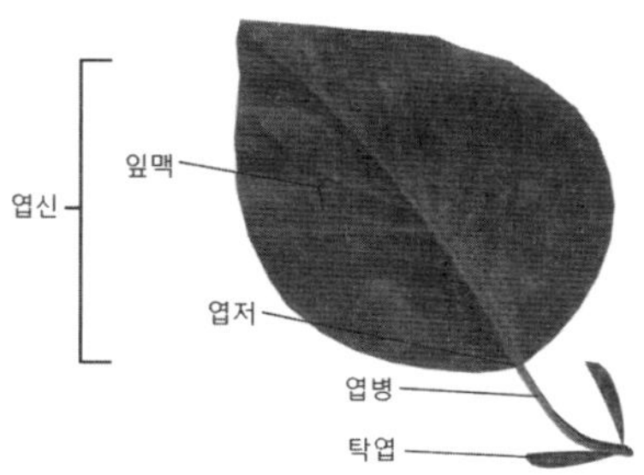

그림 1. 잎의 외부 구조

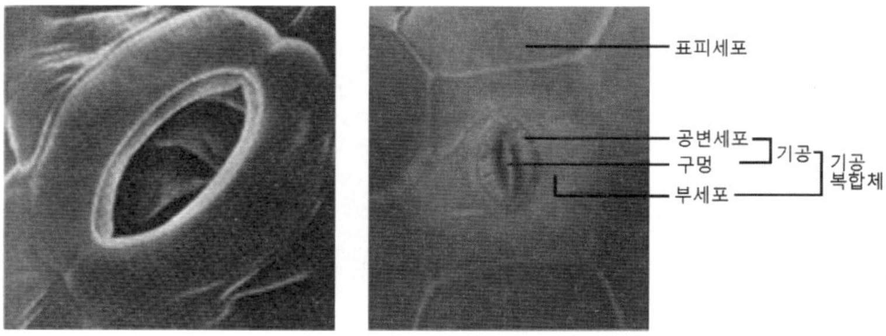

그림 2. 기공의 구조

3. 공변세포의 형태

(1) 아령모양(dumbbell-shaped)

특정 단자엽식물에서 발견되는 형태로서 세포내 소기관을 함유하고 있으며 세포벽이 얇은 구근형이다. 공변세포의 끝벽은 얇고 중앙 부위의 세포벽은 두꺼워서 물을 흡수하면 끝부분은 부풀고 중앙 부위는 좁게 남아 아령모양을 보인다. 그러면 두 공변세포의 중앙 부위는 부풀은 끝부분에 밀려서 틈이 벌어지게 되어 기공이 열린다.

(2) 콩팥모양(kidney-shaped)

대부분 식물에 산재해 있다. 원형 모양이고 열린 모양이 타원형이다. 기공과 이웃하는 세포벽은 두껍고 등 쪽의 벽은 얇다. 세포벽의 두꺼운 부분에서 뻗어 나온 미세섬유의 방사배열로 등 쪽의 벽이 바깥쪽으로 부풀게 될 때, 연결된 미세섬유가 기공과 이웃하는 세포벽을 끌어당겨 기공이 열리게 된다.

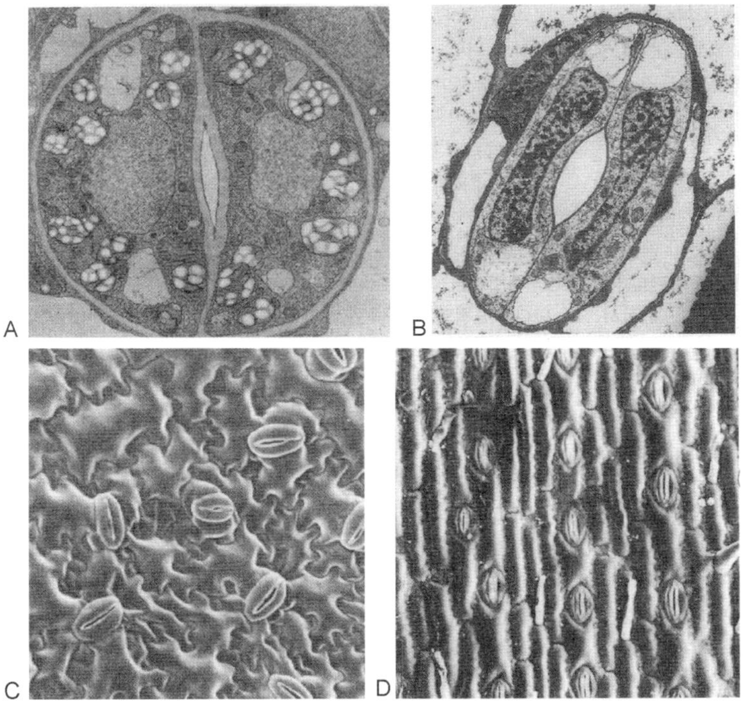

그림 3. 쌍자엽식물[A(콩팥모양), C(불규칙형)]과 단자엽식물[B(아령모양), D(평행형)]의 기공

4. 기공복합체(공변세포와 기공, 부세포)의 배열 유형〈그림 4〉

(1) 불규칙형(anomocytic type)

부세포가 불규칙한 모양을 한다.

(2) 평행형(paracytic type)

한 개 이상의 부세포를 가지며, 부세포는 공변세포의 장축과 평행하게 배열되어있다.

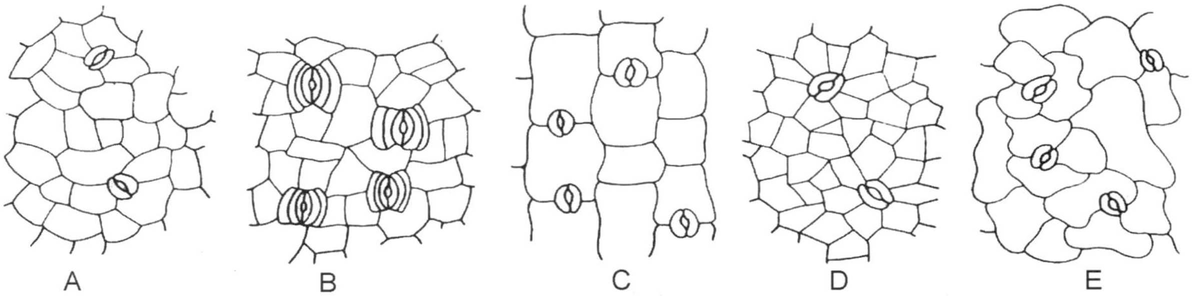

그림 4. 기공복합체의 유형(A: 불규칙형, B: 평행형, C: 교차형, D: 방사형, E: 불균등형).

(3) **교차형**(diacytic type)

공변세포 주위를 두 개의 부세포가 완전히 포위하고 있으며, 부세포끼리 만나는 세포벽은 공변세포의 장축과 수직이다.

(4) **방사형**(actinocytic type)

여러 개의 부세포가 공변세포를 중심으로 방사상으로 배열한다.

(5) **불균등형**(anisocytic type)

크기가 다른 세 개의 부세포가 공변세포를 둘러싸고 있다.

나. 엽육조직(mesophyll tissue)

엽육조직은 표피와 엽맥을 제외한 모든 조직들을 총칭한다. 엽육조직은 광합성을 위하여 특수화된 책상조직과 세포간극이 극대화된 해면조직으로 구성된다.

1. 책상조직(palisade mesophyll)

앞면의 표피 아래에 엽록체를 가진 긴 세포들이 규칙적으로 배열되어 광합성이 가장 활발하다.

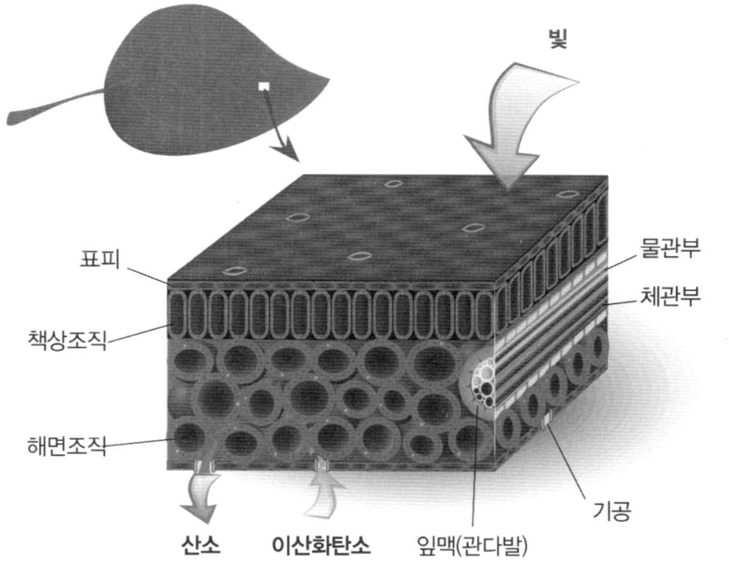

그림 5. 잎의 내부 구조.

2. 해면조직(spongy mesophyll)

둥근모양의 엉성한 세포층으로 엽록체가 적어 광합성량은 적고, 엉성하게 배열되어 있어 공기가 잘 통하게 되어있다.

다. 엽맥과 유관속조직

잎의 유관속조직은 줄기의 유관속조직과 연결되어, 엽육조직 내에 두루 침투하여 엽맥을 이룬다. 쌍자엽식물은 엽맥이 분지패턴으로 배열되어 굵은 엽맥이 점점 가늘어지는 망상맥을 이룬다. 단자엽식물은 비슷한 굵기의 여러 엽맥이 평행으로 뻗으므로 평행맥을 이룬다.

1. 엽맥

잎에 분포하는 관다발이다. 위쪽에 물관, 아래쪽에 체관이 위치하고 있다.

2. 엽맥 유관속의 기능

1. 물관부를 통해 줄기로 끌어올린 물을 잎의 엽육조직에 고루 배급한다.
2. 체관부를 통해 광합성한 산물을 수집하여 줄기 쪽으로 수송한다.

Ⅲ. 실험 디자인(Experimental design)

Ⅳ. 실험(Experiment)

1. 실험 재료(Materials)

1-1. 식물의 구조(잎) 관찰

- ▶ 여러 종류의 잎- 강아지풀, 회양목
- ▶ 슬라이드 글라스
- ▶ 커버 글라스
- ▶ 면도칼
- ▶ 핀셋
- ▶ 1%사프라닌
- ▶ 페트리접시
- ▶ 스포이드
- ▶ 광학현미경

2. 실험 방법(Methods)

2-1. 잎의 외부 구조 관찰

과제: 여러 종류의 잎을 모아 외부 구조에 대한 다음의 특징을 관찰하고, 어느 형태에 속하는지 구분한다.

1. 엽서(잎차례): 호생, 대생, 윤생
2. 엽신(잎몸): 단엽, 복엽
3. 엽형(잎모양): 단엽(타원형, 장상, 바이올린형), 복엽(장상, 우상, 기수우상, 우수우상, 이회우상,

이출엽성우상)

4. 엽맥(유관속의 형태): 평행맥, 망상맥

2-2. 잎의 내부 구조 관찰

1. 관찰하고자 하는 잎을 주맥을 중심으로 양쪽으로 5mm씩 자른 후 횡단면으로 최대한 얇게 자른다.
2. 물이 담긴 페드리접시에 잎 조각들을 띄우고, 그 중 가장 얇은 조각을 받침유리 위에 놓고 1% 사프라닌 1방울을 떨어뜨린 후 10초간 염색시킨다.
3. 염색된 조각에 물 1~2방울을 떨어뜨려서 1% 사프라닌을 씻어낸 후 덮개유리를 덮는다.
4. 여과지로 덮개유리 주변과 받침유리에 묻어 있는 물기를 제거한다.
5. **과제**: 광학현미경을 사용하여 저배율로 전체 윤곽을 관찰하고, 배율을 높여가며 한 부분씩 관찰한다.

2-3. 기공의 형태 관찰

1. 잎을 천천히 찢어 뒷면의 표피층(기공 존재)을 분리한다.
2. 절편이 건조되지 않도록 신속하게 표피조각을 받침유리 위에 놓고 물 1~2방울을 떨어뜨린 후 덮개유리를 덮는다.
3. 여과지로 덮개유리 주변과 받침유리에 묻어 있는 물을 제거한다.
4. **과제**: 광학현미경을 사용하여 표피세포의 형태와 배열, 기공의 분포 및 기공을 둘러싸고 있는 부세포를 관찰한다.

V. 결과(Results)

VI. 4주차 실험 주요어(Key words)

1. 꽃의 외부 구조
2. 꽃의 내부 구조
3. 화분의 형태
4. 중복수정

[심화 학습]

1. 잎의 외부 형태

1. 잎이 줄기에 붙어 있는 배열 순서를 엽서(잎차례)라고 하는데, 한절에 한 잎씩 서로 엇갈려 배열되어 있으면 호생(어긋나기)이라고 한다.
2. 한 잎이 한 개의 엽신(잎몸)으로 된 것을 단엽이라 하며, 잎 가장자리의 들쑥날쑥한 정도가 심하고 잎이 손바닥 모양일 때는 장상엽, 깃털 모양일 때는 우상엽이라 한다.
3. 두 장 이상의 작은 소엽신으로 구성된 잎을 복엽이라 하며, 배열형태에 따라 장상과 우상이 있고, 후자 중에서 소엽신의 수가 짝수이면 우수우상복엽, 홀수이면 기수우상복엽이라 한다.
4. 엽신의 중앙을 보면 기부에서 끝으로 향하는 커다란 엽맥이 있어 이를 주맥, 주맥에서 좌우로 갈라져 나가는 맥을 측맥이라 한다. 대체적으로 측맥의 주맥과 평행하면 평행맥, 그렇지 않고 우상이나 장상 또는 이 둘을 합한 형태로 갈라져 나가면 망상맥이라 한다.

2. 잎의 내부 구조 및 기공의 형태

2-1. 잎의 내부 구조

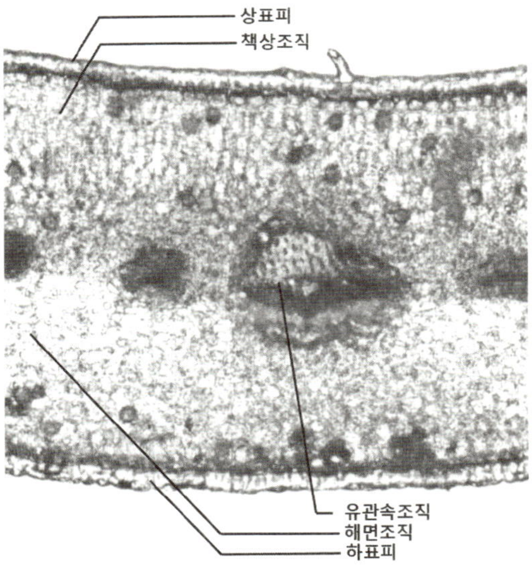

그림 1. 쌍자엽식물 잎의 내부 구조

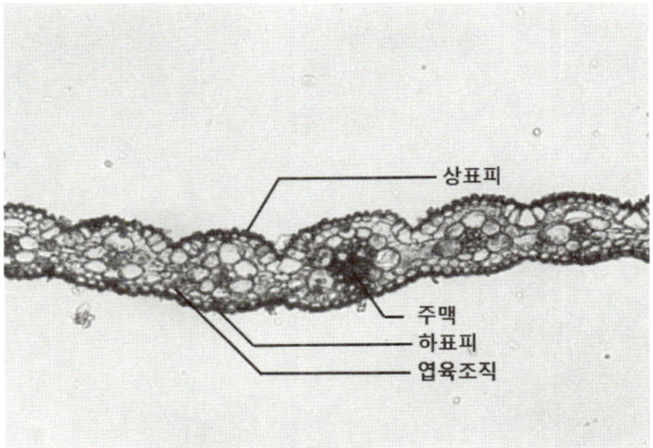

그림 2. 단자엽식물 잎의 내부 구조

2-2. 기공의 형태

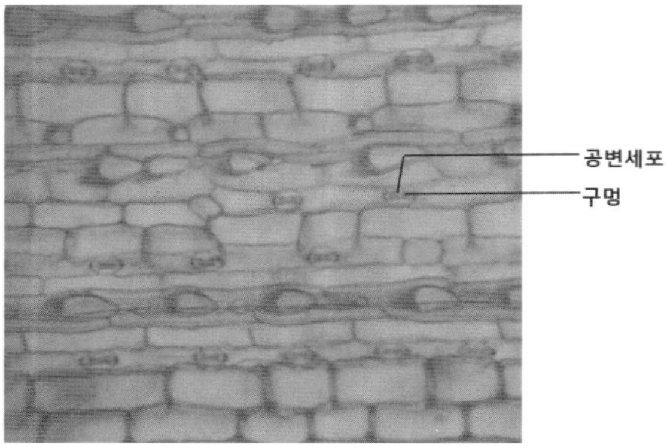

그림 3. 강아지풀의 기공

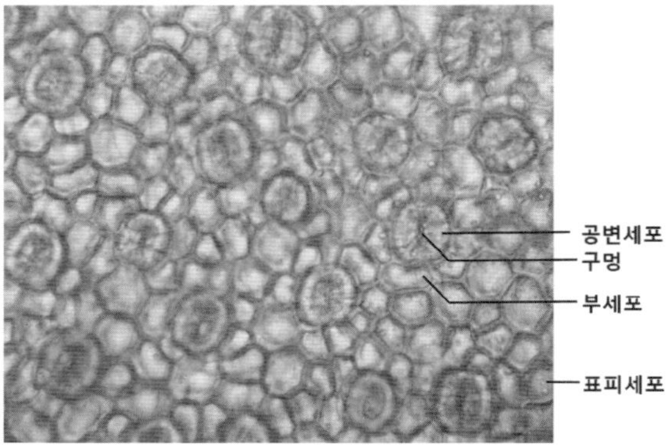

그림 4. 회양목의 기공

과제 3. 식물 잎의 외부 구조 및 내부 구조 관찰 결과를 스케치 하시오.

학 과 : 　　　　　　학 번 : 　　　　　　이 름 :

재료: 　　　　(　　　배)	재료: 　　　　(　　　배)
재료: 　　　　(　　　배)	재료: 　　　　(　　　배)
재료: 　　　　(　　　배)	재료: 　　　　(　　　배)

(절취선)

학 과 : 학 번 : 이 름 :

재료: (배)	재료: (배)
재료: (배)	재료: (배)
재료: (배)	재료: (배)

식물의 구조(생식기관)

Ⅰ. 실험 목적(Purpose of the study)

피자식물의 종, 속, 과를 구분하는 주요 생식형질인 꽃의 외부형태를 관찰하고, 필수 생식기인 수술에서 화분을 적출하여 광학현미경으로 관찰한다.

Ⅱ. 배경지식(Background of the study)

1. 식물의 생식기관(꽃)

꽃은 피자식물의 생식기관이다. 일정 기간에 걸친 영양생장 후에는 생리적 성숙을 거쳐서 생식기관 형성기로 접어든다. 경단부나 측아의 정단분열조직은 형태의 발생에 의해 화서나 꽃의 구조로 바뀐다. 꽃은 꽃자루의 끝에서 피고 모양과 빛깔이 여러 가지이며, 식물의 종류에 따라 각각 특징이 다르다.

1-1. 꽃의 구조

암술, 수술, 화피의 성질, 수, 조합, 배열 등은 종자식물을 분류하는 중요한 기준이다. 꽃에서 꽃잎, 꽃받침, 수술, 암술을 모두 갖추고 있는 꽃을 완전화, 이 중 하나 이상을 갖추지 못한 꽃을 불완전화라고 한다.

가. 보호기관

꽃잎(petals)과 꽃받침(sepals)을 합하여 화피라고 하며, 이들은 잎이 변해 생긴 것으로 수분매개자 유인 등 생식에 중요한 역할을 담당한다. 수술과 암술을 보호하는 보호기관이기도 하다.

1. 꽃잎(화판, petals)

꽃잎으로 이루어진 화관(corolla)은 가장 눈에 잘 띄는 꽃 부분이며, 꽃잎은 흔히 크고 화려하다. 색깔과 향기의 차이에 의해서 꽃의 종류를 구분할 수 있다.

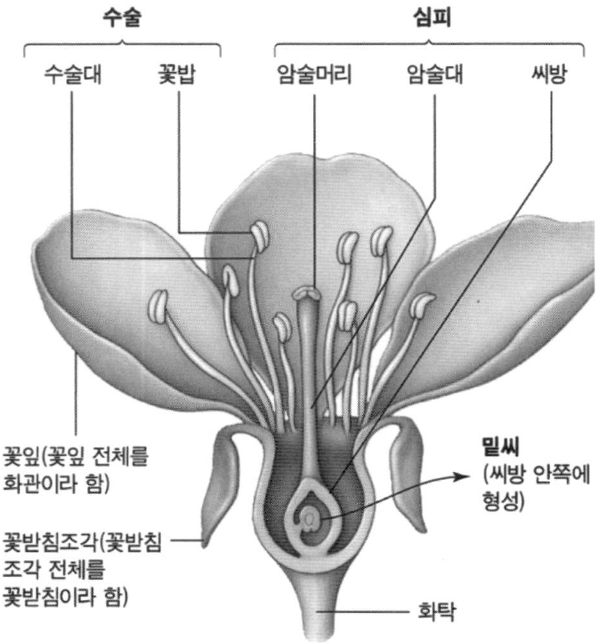

그림 1. 꽃의 구조

2. 꽃받침(sepals)

꽃받침은 꽃의 가장 아래쪽에 그리고 가장 바깥쪽에 위치하며, 줄기에 붙어있는 잎과 비슷하지만, 꽃잎 또는 그 중간 단계의 모양과 닮은 것도 있다.

나. 필수기관

생식에 반드시 필요한 기관이다.

1. 수술(stamen)

수술은 수술대(화사, filaments)와 그 끝에 달린 꽃밥(약, anthers)으로 구성된다. 꽃밥은 소포자(화분으로 발달)가 만들어지는 소포자낭(약실, microsporangium)으로 채워져 있다.

2. 암술(pistil)

암술은 하나 또는 수개의 심피(carpel)로 구성되며, 심피는 암술머리(주두, stigma), 암술대(화주, style), 씨방(자방, ovary)으로 구성되어 있다. 씨방은 플라스크 모양으로 팽대하여 암술의 대부분을 차지하며, 안쪽에는 생식세포가 분화하는 밑씨(ovule)가 있다.

다. 쌍자엽식물과 단자엽식물의 꽃의 구조적 차이

1. 쌍자엽식물

꽃잎이 4 또는 5의 배수로 생긴다.

2. 단자엽식물

주로 화피편이 2열로 배열하며, 3의 배수로 꽃잎이 생긴다.

1-2. 꽃의 분류

가. 수술과 암술의 유무

1. 양성화(자웅동화)

1송이의 꽃에 암술과 수술을 모두 갖추고 있는 꽃을 말한다.

2. 단성화(자웅이화)

1송이의 꽃에 암술과 수술 중 어느 하나만 가지고 있는 꽃을 말하며, 이 경우 암술만 있는 꽃을 암꽃, 수술만 있는 꽃을 수꽃이라 한다.

나. 화피의 유무

1. 유화피화

화피가 있는 꽃으로 대부분의 피자식물에서 볼 수 있다.

2. 무화피화

화피가 없는 꽃을 무화피화라고 하며 나자식물이나 피자식물의 일부에서 볼 수 있다.

다. 꽃잎의 형태

1. 합판화

나팔꽃이나 호박꽃처럼 꽃잎이 서로 붙어 있는 꽃

2. 이판화

벚꽃이나 무궁화처럼 꽃잎이 각 각 떨어져 있는 꽃

라. 수분 매개체

1. 충매화

화분을 나르는 매개체가 곤충[충(蟲)]인 꽃

2. 풍매화

화분을 나르는 매개체가 바람[풍(風)]인 꽃

3. 수매화

화분을 나르는 매개체가 물[수(水)]인 꽃

4. 조매화

화분을 나르는 매개체가 새[조(鳥)]인 꽃

2. 화분의 형태와 기능

2-1. 화분의 형태

화분의 형태는 화분립의 크기, 형태, 세포수, 표면무늬, 발아구의 형태, 수 및 배열, 화분벽의 비후 등이 종에 따라 매우 다양하기 때문에 분류학적으로 중요한 정보를 얻을 수 있다.

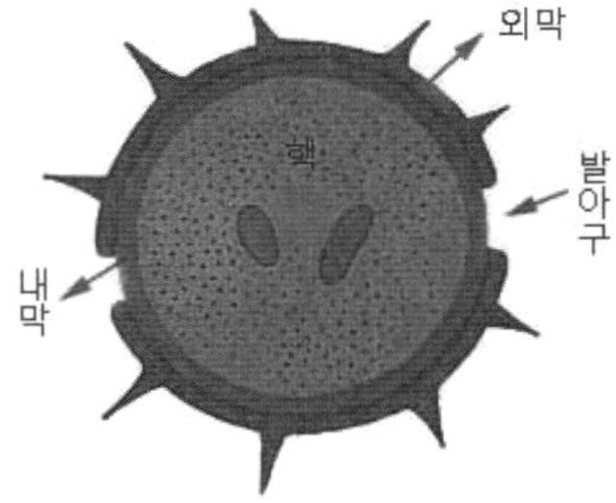

그림 2. 화분의 형태

2-2. 화분의 기능

종자식물의 화분은 웅성배우자체(male gametophyte)로서 약의 화분낭에서 만들어진다. 화분은 바람이나 물, 또는 벌, 나비, 박쥐 등에 의해 주두에 옮겨져서 수분(pollination)되고, 발아구(aperture)에서 발달한 화분관(pollen tube)의 정단부에 1개의 화분관핵과 2개의 정핵이 위치하며, 화분관이 성장하여 밑씨에 도달하면, 밑씨 속의 난세포 및 극핵과 중복수정시키는 역할을 한다.

2-3. 화분의 크기

화분립의 크기는 다양하다. 화분은 극소립(very small: 10㎛ 이하), 소립(small: 10-25㎛), 중립(medium: 25-50㎛), 대립(large: 50-100㎛), 극대립(very large: 100-200㎛), 거대립(gigantic: 200㎛ 이상)으로 나뉜다. 일반적으로 화분의 크기는 꽃의 크기와 정의 상관관계에 있고 풍매화보다는 충매화가 크며, 자가 수분되는 화분은 아주 작고, 물에 의해 수분되는 경우는 매우 길다.

2-4. 화분의 염성

정상적인 형태를 지니면서 세포질이 methyl green에 염색되는 화분을 염성이 있는 것으로 판정한다. 반면에 보통의 화분보다 크기가 작거나, 세포질이 상실되어 염색이 되지 않거나, 형태가 비정형인 것은 불염인 것으로 판정한다. 불염성 화분은 수정에 관여하지 못한다.

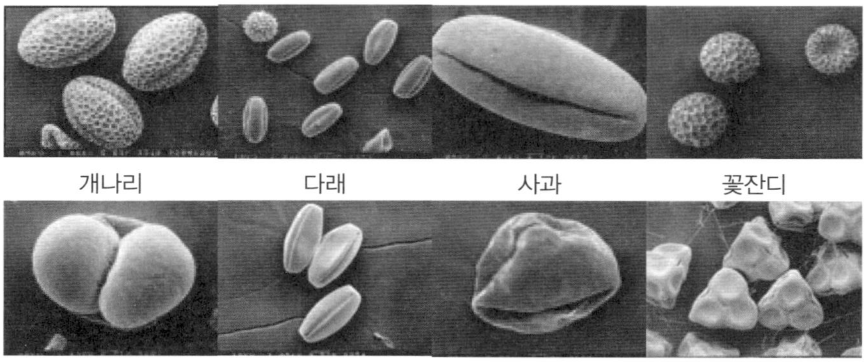

그림 3. 화분의 종류

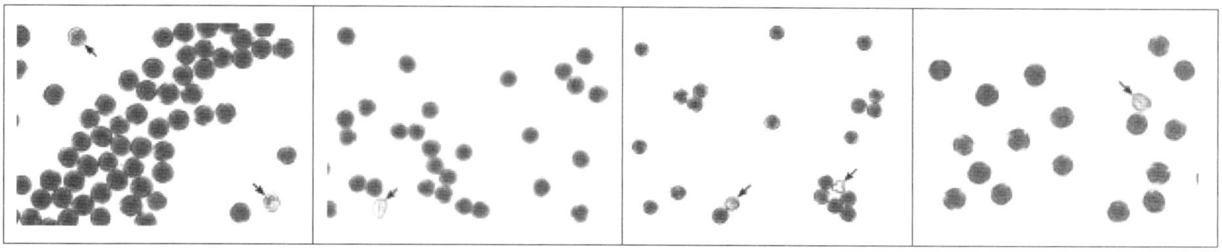

그림 4. 화분의 염성(화살표: 불염성 화분)

3. 식물의 수정

3-1. 피자식물의 중복수정

일반적인 속씨식물에서의 생식은 두 곳에서 수정현상이 일어나는 중복수정(double fertilization)을 통하여 이루어진다.

가. 생식세포분열 및 배우체의 형성

미성숙한 화분낭 내의 소포자모세포는 생식세포분열을 통하여 4개의 소포자(microspore)로 발달하고, 각 소포자는 2회의 체세포분열과 더불어 화분벽형성과정을 거쳐 1개의 화분관핵과 2개의 정핵을 갖는 성숙한 화분(소배우자체, 소배우체; male gametophyte)으로 발달한다.

한편, 미성숙한 암술의 태좌에서 발달한 돌기상 조직 내에서는 배낭모세포가 형성되고, 이것이 생식세포분열을 하여 4개의 대포자를 만들지만 보통 3개는 퇴화하고 1개만 기능성 대포자(functional megaspore)로 발달한다. 대포자는 세포질분열 없이 3회의 유사분열을 거쳐 8개의 반수체성 세포가 되며, 이 중 3개는 합점쪽에서 반족세포(antipodal cells)로 발달하고, 2개는 중앙으로 진출한 후 융합하여 2n 상태의 극핵(polar nuclei)으로 발달하며, 주공쪽에 위치한 나머지 3개 중 1개는 난세포(egg cell)로, 2개는 조세포(synergid cell)로 발달한다. 보통 1겹의 주심조직(nucellus)으로 둘러싸인 7개의 세포를 배낭(대배우자체, 대배우체; female gametophyte)이라 한다.

나. 중복수정(double fertilization)

화분관에 있는 정세포(sperm cells) 중 하나는 난세포와 결합(수정)하여 2배체 접합자를 형성한다. 다른 세포는 중앙세포의 극핵(2n)과 결합하여 3배체(3n)세포를 형성한다. 이 세포는 피자식물의 종자에서만 형성되는 양분 저장조직인 3배체 배젖(endosperm)이 된다. 이와 같이 피자식물에서 2개의 정세포가 수정되는 것을 중복수정이라고 한다.

3-2. 나자식물의 수정

대부분의 나자식물에서는 오직 1개의 정세포만이 난세포와 수정하고 나머지 1개의 정세포는 퇴화되므로, 피자식물의 배젖에 해당하는 조직이 없다.

Ⅲ. 실험 디자인(Experimental design)

Ⅳ. 실험(Experiment)

1. 실험 재료(Materials)

1-1. 식물의 구조(생식기관) 관찰

- ▶ 꽃(호박, 해바라기, 백합)
- ▶ 광학현미경
- ▶ 면도칼
- ▶ 슬라이드 글라스
- ▶ 덮개유리
- ▶ 핀셋
- ▶ 스포이드

2. 실험 방법(Methods)

2-1. 꽃의 외부 구조 관찰

1. 꽃의 바깥에서 안쪽 방향으로 핀셋을 이용하여 꽃받침과 꽃잎을 떼어 개수와 배열, 그리고 각 부위 간에 접합유무를 확인한다.
2. 꽃의 외부 구조를 스케치하고, 각 부위의 명칭을 기입한다.

2-2. 꽃의 내부 구조 관찰

1. 외부 구조 관찰 후 꽃의 씨방을 면도칼을 사용하여 종단면으로 잘라 관찰한다.
2. 씨방의 내부 구조를 스케치하고, 각 부위의 명칭을 기입한다.

2-3. 화분 관찰

1. 받침유리 위에 물을 한 방울 떨어뜨리고 각각의 꽃에 있는 화분을 조금 묻힌 후 기포가 생기지 않도록 덮개유리를 덮는다.
2. 여과지로 덮개유리 주변과 받침유리에 묻어 있는 물기를 제거한 후 광학현미경을 사용하여 저배율(×100)에서 고배율(×400)로 관찰한다.

Ⅴ. 결과(Results)

Ⅵ. 5주차 실험 주요어(Key words)

1. 개구리의 외부형태
2. 개구리의 소화기계통

3. 개구리의 호흡기계통
4. 개구리의 순환기계통
5. 개구리의 비뇨생식기계통
6. 개구리의 신경계통

과제 4-1. 식물의 외부구조를 스케치 하시오.

학 과 : 학 번 : 이 름 :

(절취선)

재료:

재료:

학 과 : 학 번 : 이 름 :

재료:

과제 4-2. 식물의 내부구조를 스케치 하시오.

재료:

학 과 : 학 번 : 이 름 :

(절취선)

재료:

재료:

과제 4-3. 화분의 관찰 결과를 스케치 하시오.

학 과 : 학 번 : 이 름 :

재료: (배)	재료: (배)
재료: (배)	재료: (배)
재료: (배)	재료: (배)

동물의 구조(개구리 외부형태, 내장기관)

Ⅰ. 실험 목적(Purpose of the study)

개구리의 외부형태 및 내장기관 관찰을 통해 척추동물에 대한 기본 개념을 이해하고, 구조를 익힌다.

Ⅱ. 배경지식(Background of the study)

1. 개구리의 외부형태

개구리의 몸은 머리와 몸통의 두 부분으로 나누어지며 목 부분은 없다.

1-1. 머리(head)

삼각형에 가까운 형태를 이루고 있으며 편평하다. 머리의 앞쪽에는 넓은 입, 호흡 시 좌우 2개의 콧구멍(외비공, nostrils)을 덮는 코덮개(nasal flaps) 그리고 눈과 귀가 있다.

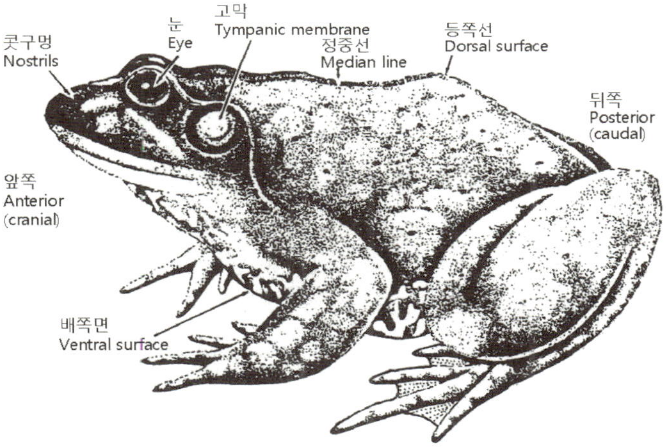

그림 1. 개구리 외부형태

1. 눈(eye)

구형의 큰 눈은 머리의 양쪽에 있는 안와(orbit)에 들어있다. 눈은 윗눈꺼풀(upper eyelid)과 아랫눈꺼풀(lower eyelid)에 의해 보호된다. 아랫눈꺼풀 밑에는 투명하고 운동성이 좋은 셋째눈꺼풀(third eyelid)이 있다. 이는 수중에서의 상처나 물 밖에서 습기를 상실하는 것을 방지하는 역할을 한다. 개구리의 눈은 안구가 머리 양옆에 위치한 안와이며 이를 양안시(binocular vision)라고 한다.

2. 귀(ear)

대기나 수중으로부터 음파를 받아들이는 둥근 판상의 고막(ear drum)이 눈의 뒤쪽에 있다. 개구리의 청각기관은 고실(중이, middle ear), 미로(내이, inner ear)의 두 부분으로 나누어진다. 개구리는 외이(external ear)가 없다.

1-2. 몸통과 피부

1. 몸통(trunk)

몸통은 배쪽, 등쪽으로 나누어지며, 앞다리와 뒷다리가 연결되어 있다. 배쪽 중 앞쪽을 가슴(흉부, pectoral region), 가슴의 뒤쪽을 배(복부, abdomen)라고 한다. 등쪽은 등(dorsal region)으로서 등주름(dosal fold)이 세로로 발달되어 있고 등의 앞쪽은 견갑부위, 뒤쪽을 허리부위, 제일 뒤쪽을 뒤부위라 한다. 뒤부의 끝에는 배설강이 있다.

2. 피부(skin)

개구리의 몸통표면은 유연성이 있는 습윤한 얇은 피부로 덮혀있다. 피부는 병원체를 막아주고, 피부호흡을 도우며 물을 마시지 못하는 개구리의 수분흡수를 도와 체내 수분량을 조절하는 역할을 한다.

2. 개구리의 내장기관

2-1. 소화기계통(digestive system)

1. 구강

구강은 입술, 인두, 구개로 경계되는 소화기관의 입구로 혀와 치아가 있다. 혀(tongue)는 구강 바닥에 부착되어 있으며 U자 형으로 갈라진 혀끝(설첨, apex)은 뒤쪽으로 향하고 있어 먹이를 취할 때는 혀끝이 입 밖으로 돌출되어 먹이를 포획한다.

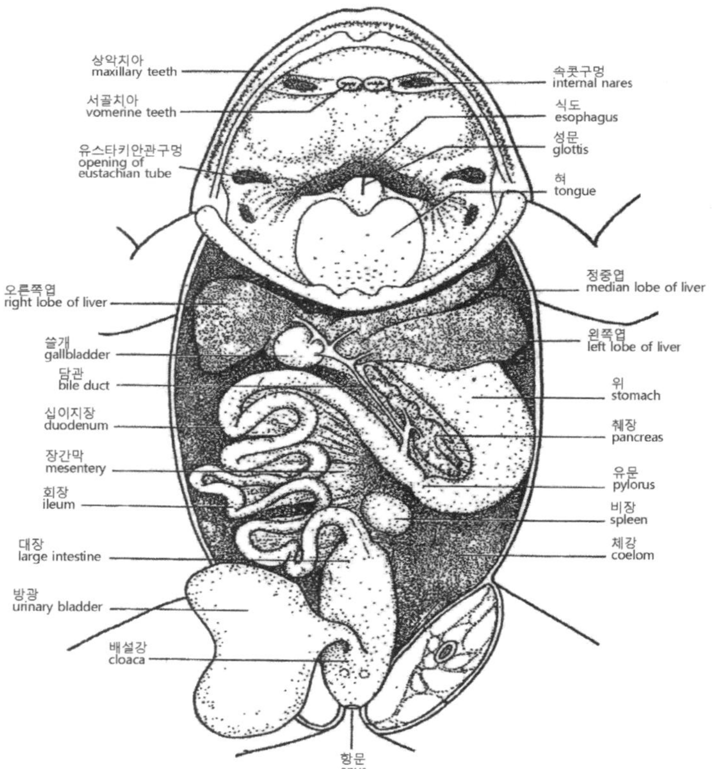

그림 2. 개구리 내장기관

2. 식도(esophagus)

인두와 위를 연결하는 짧은 관상구조이다.

3. 위(stomach)

식도에 연결된 흰색의 긴 방추형기관으로 복강 좌측에 치우쳐 있다. 복강을 열었을 때 간으로 일부가 덮혀있어 간을 젖혀야만 관찰할 수 있다. 위와 식도가 이어지는 부위를 분문(cardia)이라 하고, 소장과 연결되는 부위를 유문(pylorus)이라 한다.

4. 소장(small intestine)

위에 연속된 소장의 첫부분은 약 2.5cm 정도 길이의 십이지장(duodenum)이며 이는 완만하게 꼬인 회장(ileum)에 이어져 직장(rectum)에 연결된다.

5. 대장(large intestine)

직장만으로 구성되는 짧고 굵은 관으로 소장보다 다소 팽대되어 있으며 배설강에 이어진다.

6. 배설강(cloaca)

소화기계통의 직장, 생식기계통의 정관(수컷) 또는 자궁(암컷) 및 비뇨기계통인 요관이 공동으로 개구하는 부분으로 항문에 이어진다.

7. 항문(anus)

배설강이 몸 밖으로 연결되는 구멍으로 몸통 끝부분 정중부에 있다.

8. 간(liver)

복강의 거의 중앙부에서 심장을 싸고 있는 편평한 암갈색의 기관으로 오른쪽과 왼쪽에 각각 오른쪽엽(right lobe), 왼쪽엽(left lobe)이 있고 이들 중간에 작은 정중엽(median lobe)이 있다.

9. 담낭(gall bladder)

간의 오른쪽엽과 왼쪽엽 사이에 있는 암녹색의 둥근 주머니로 담즙이 들어있다.

10. 췌장(pancreas)

위와 십이지장 사이의 U자형 부위를 차지하는 불규칙한 모양의 백색 내지 담황색의 기관이다.

11. 비장(spleen)

십이지장과 직장사이의 장간막에 있는 암적색의 둥근 림프기관으로 소화기능은 전혀 없다.

2-2. 호흡기계통(respiratory system)

개구리는 피부, 폐, 구강점막을 통해 호흡한다. 따라서 비교적 얇은 피부에는 피부를 항상 습윤하게 유지하도록 분비물을 분비하는 분비샘과 잘 발달된 혈관그물이 표피 밑에 있다. 피부호흡량은 뚜렷하며 1년 내내 일정한 반면, 폐호흡량은 변화가 크다. 폐호흡은 봄과 여름에 활성도가 높아지며, 전체 호흡모세혈관의 1~3% 만이 구강점막 하에 분포되어 있기 때문에 구강호흡량은 매우 적다.

2-3. 순환기계통(circulatory system)

1. 심장(heart)

2심방 1심실로 구성된 원추형 구조물로 오른쪽 폐와 왼쪽 폐 사이에 위치한다.

2. 동맥(artery)

동맥은 심장으로부터 나오는 혈액을 통과시키는 혈관이다. 목동맥궁(경동맥궁, carotid arch), 전신동맥궁(체동맥궁, systemic arch), 폐동맥궁(pulmonary arch) 등으로 구성되어 있고 다수의 혈관들을 분지한다.

3. 정맥(veins)

정맥은 혈액을 심장으로 옮기는 혈관이다. 전대정맥(anterior vena cava)과 후대정맥(posterior vena cava)으로 구성되어 있다.

2-4. 비뇨생식기계통(urogenital system)

가. 비뇨기계통

1. 신장(콩팥, kidney)

비뇨기계통의 가장 중요한 기관으로 적갈색의 납작하고 긴 구조물이다. 체강 등쪽의 오른쪽과 왼쪽에 1개씩 1쌍이 있다.

2. 요관(ureter)

신장의 신장문에서 시작되는 짧고 똑바른 관으로 배설강의 뒤쪽 끝까지 연결된다.

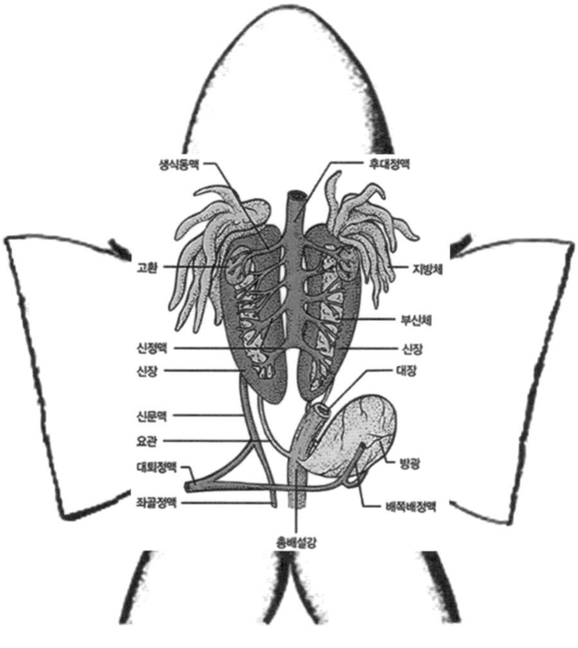

그림 3. 개구리 비뇨생식기관(수컷)

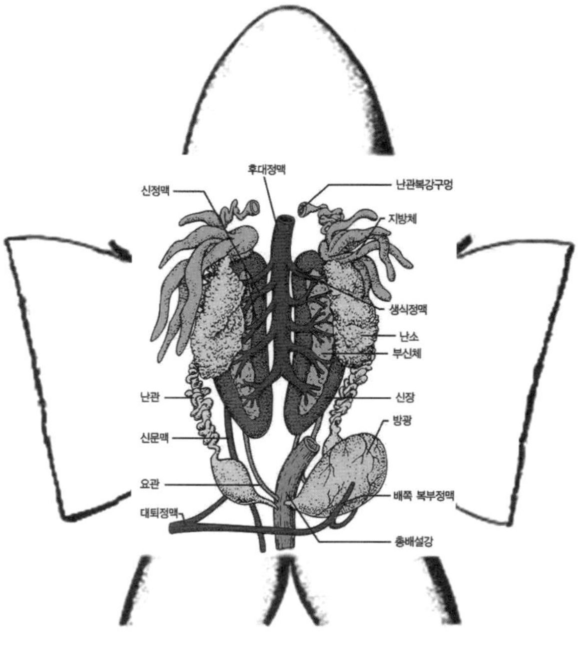

그림 4. 개구리 비뇨생식기관(암컷)

3. 방광(urinary bladder)

요관의 개구부 바로 위에서 배설강의 배쪽 벽에 붙어 소변을 저장하는 얇은 벽의 큰 주머니이다.

4. 지방체(fat body)

고환이나 난소의 앞쪽에 있는 밝은 노란색의 손가락 모양을 하고 있다. 지방조직으로 개체나 시기에 따라 발달 정도가 다르다.

5. 배설강(cloaca)

소화기계통, 생식기계통 및 비뇨기계통의 말단인 직장, 정관 또는 자궁 및 요관이 공동으로 개구하는 짧은 관상 구조이다.

나. 수컷생식기관

1. 고환(testis)

오른쪽과 왼쪽 신장의 배쪽 앞부분에 있는 1쌍의 황백색 콩모양의 구조물로 고환간막에 매달려 있다.

2. 수출소관(수정소관, vas efferentia)

고환을 신장과 연결시키는 흰색의 가느다란 다수의 관이다.

3. 고환간막(mesorchium)

고환을 체강의 등쪽 벽에 부착시키는 복막이다.

다. 암컷생식기관

1. 난소(ovary)

체강의 등쪽 가운데 양쪽에 있는 1쌍의 기관으로 봄에는 크게 팽대되어 난자(ova)를 볼 수 있다. 가을에는 크기가 작아 관찰이 어렵다.

2. 난소간막(mesovarium)

난소를 체강의 등쪽 벽에 부착시키는 복막주름이다.

3. 난관(수란관, uterine tube)

깔대기 모양으로 생긴 난관복강구멍을 가진 꾸불꾸불한 흰색의 관이다.

4. 자궁(uterus)

난관에 연결된 부분으로 다소 팽대되어 방추상의 서양배 모양을 한다.

2-5. 신경계통(nervous system)

신경계통은 중추신경계통(central nervous system), 말초신경계통(peripheral nervous system) 및 자율신경계통(autonomic nervous system)으로 나누어진다. 중추신경계통은 뇌(brain)와 척수(spinal cord)로 구성되며 말초신경계통은 뇌신경과 척수신경으로 구성된다. 자율신경계통은 뇌신경과 척수신경으로부터 유래되는 교감신경과 부교관신경으로 구성된다.

Ⅲ. 실험 디자인(Experimental design)

Ⅳ. 실험(Experiment)

본 실험은 생명을 다루는 실험이므로 필요 이상의 절개, 적출을 금하며, 정숙한 태도로 임하여 주기 바랍니다.

1. 실험 재료(Materials)

1-1. 개구리의 외부형태 및 내장기관 관찰

- ▶ 개구리
- ▶ 해부접시
- ▶ 해부가위
- ▶ 핀셋
- ▶ 마취제(ether)
- ▶ 마스크
- ▶ 일회용 비닐장갑
- ▶ 압핀

2. 실험 방법(Methods)

2-1. 개구리의 외부형태 관찰

1. 마취된 개구리를 흐르는 물에 헹군다.
2. 개구리의 등이 위쪽으로 향하도록 개구리 해부용 해부접시에 놓는다.
3. 머리(콧구멍, 눈, 귀), 몸통(배, 등, 다리), 피부의 순서대로 외부형태를 관찰한다.
4. 관찰한 외부형태를 스케치하고, 각 부분의 명칭을 기입한다.

2-2. 개구리의 내장기관 관찰

1. 외부형태 관찰이 끝난 후 개구리의 배가 위쪽으로 향하도록 개구리 해부용 해부접시에 놓는다.
2. 핀셋으로 개구리의 항문 부근의 피부를 들어 올린 후 해부가위를 사용하여 몸의 중앙선을 따라 아래턱의 끝부분까지 절개한다(그림 5). 내장기관이 손상되지 않도록 해부가위의 둥근 부분을 피부 안쪽으로 넣고 절개한다.
3. 뒷다리 부근에서 피부를 횡단으로 잘라 좌우로 펼쳐 압핀으로 고정한 후 복벽의 근육을 같은 방법으로 절개한다. 앞다리 사이에는 심장이 있으므로 근육 절개 시 더욱 주의가 필요하다(그림 6).
4. 내장기관은 겹겹이 자리 잡고 있으므로 절개 후 상층에 보이는 순서대로 관찰한다. 이는 구강(혀, 치아), 호흡기계통(폐), 소화기계통(간, 위, 식도, 소장, 대장, 담낭, 췌장, 비장), 순환기계통(심장, 혈관), 비뇨생식기계통(신장, 요관, 방광, 지방체, 배설강, 생식기관) 순이다.
5. 관찰한 내장기관을 스케치하고, 각 부분의 명칭을 기입한다.
6. 관찰 후 내장을 모두 적출한 뒤 개구리를 물로 헹군 후 수강반이 적힌 지퍼 백에 개구리를 모아서 담는다(한 반당 한 팩씩).

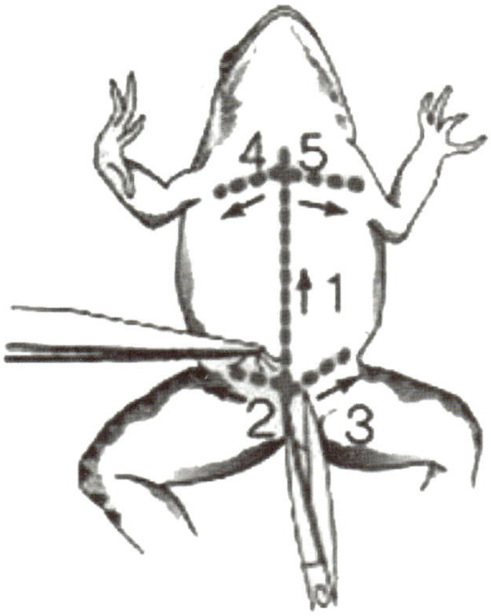

그림 5. 개구리 피부 절개 순서

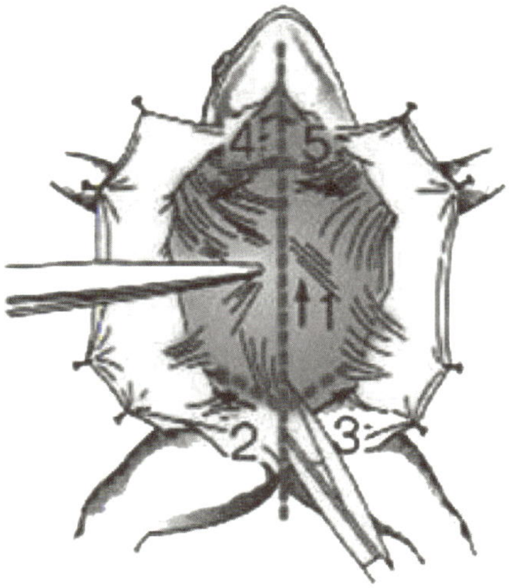

그림 6. 개구리 근육 절개 순서

7. 적출된 내장은 비커에 씌워 둔 비닐 팩에 모아서 담는다.
8. 해부가위와 핀셋, 압핀, 해부판, 해부판 깔개를 깨끗이 세척하여 제자리에 둔다.

V. 결과(Results)

VI. 6주차 실험 주요어(Key words)

1. 개구리의 머리근육
2. 개구리의 몸통근육
3. 개구리의 앞다리근육
4. 개구리의 뒷다리근육

[심화 학습]

1. 개구리의 내장기관

개구리의 내장은 겹겹이 자리 잡고 있으므로 절개 후 상층에 보이는 순서대로 관찰한다. 이는 호흡기계통(폐), 소화기계통(간, 위, 식도, 소장, 대장, 담낭, 췌장, 비장), 순환기계통(심장), 비뇨생식기계통(신장, 요관, 방광, 지방체, 배설강, 생식기관) 순이다.

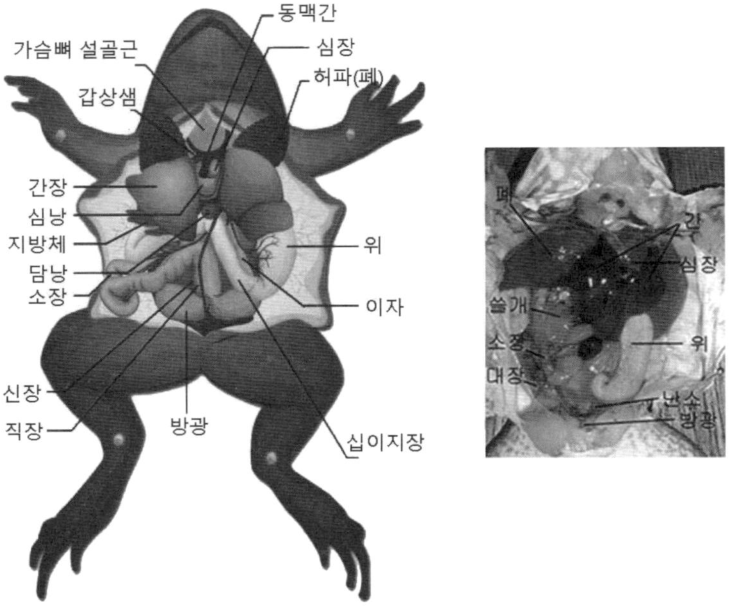

그림 1. 개구리의 내장기관

2. 개구리 마취

마취의 목표는 감각을 마비시켜 동물의 통증을 감소시키는 것이다. 개구리는 주로 에테르(ether)를 사용한 호흡마취법으로 마취를 시킨다. 이는 마취상자에 에테르를 적신 솜과 개구리를 넣고 밀폐하면 20~30분 후에 마취가 되는 방법이다. 에테르는 연소성, 휘발성이 있어 산소와 만났을 때 폭발 위험이 있으므로 주의가 필요하다.

그림 2. 호흡마취법

과제 5. 개구리의 외부 및 내부구조 관찰 결과를 스케치 하시오.

학 과 : 학 번 : 이 름 :

외부구조

내부구조

(절취선)

동물의 구조(개구리 근육계)

Ⅰ. 실험 목적(Purpose of the study)

개구리의 근육 관찰을 통해 척추동물에 대한 기본 개념을 이해하고, 구조를 익힌다.

Ⅱ. 배경지식(Background of the study)

1. 개구리의 근육계

개구리에는 약 200여개의 근육이 있으며 대부분 이름을 갖고 있고 고등척추동물에 있는 같은 명칭의 근육과 작용 및 위치가 유사하다. 근육들은 뼈에 연결되어 있으며 뼈의 운동에 있어 직접 또는 보조 역할을 한다. 운동하는 뼈에 부착된 근육의 끝을 종지(insertion)라 하며, 고정된 구조물에 부착된 근육의 부분을 기시(origin)라 한다.

1-1. 머리근육(muscles of head)

표 1. 개구리의 머리근육

근육명	종지	기시	기능
날개근(익상근, Pterygoid m.)	전두골	하악골	하악을 들어 올림
측두근(Temporal m.)	고실뼈	하악골	하악을 들어 올림
교근(Masseter m.)	고실뼈의 권골돌기	하악골	하악을 들어 올림
하악내림근(하악하체근, Depressor mandibularis m.)	고막	하악골	하악을 들어 올림
하악설골근(Mylohyoid m.)	하악골	하악골	구강 바닥을 올림
턱끝아래근(악하근, Submental m.)	하악골	하악골	양쪽 하악을 연결함

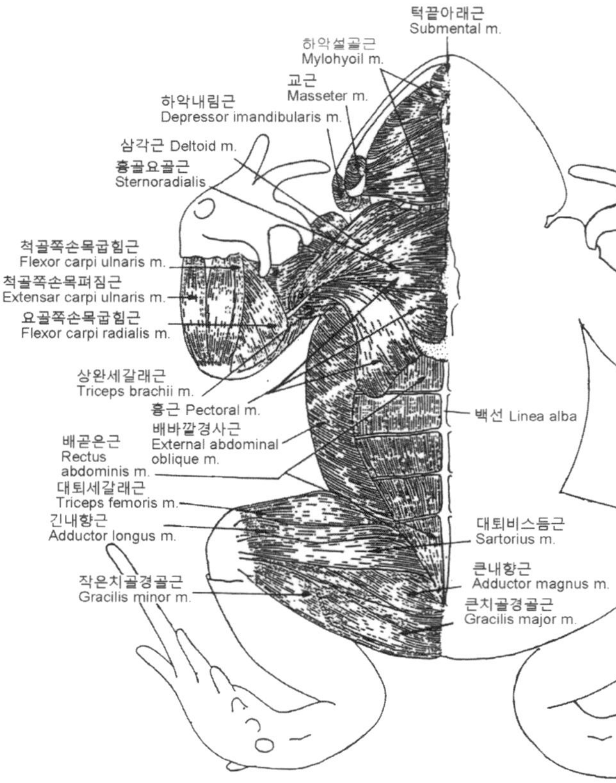

그림 1. 개구리 전신근육(배쪽)

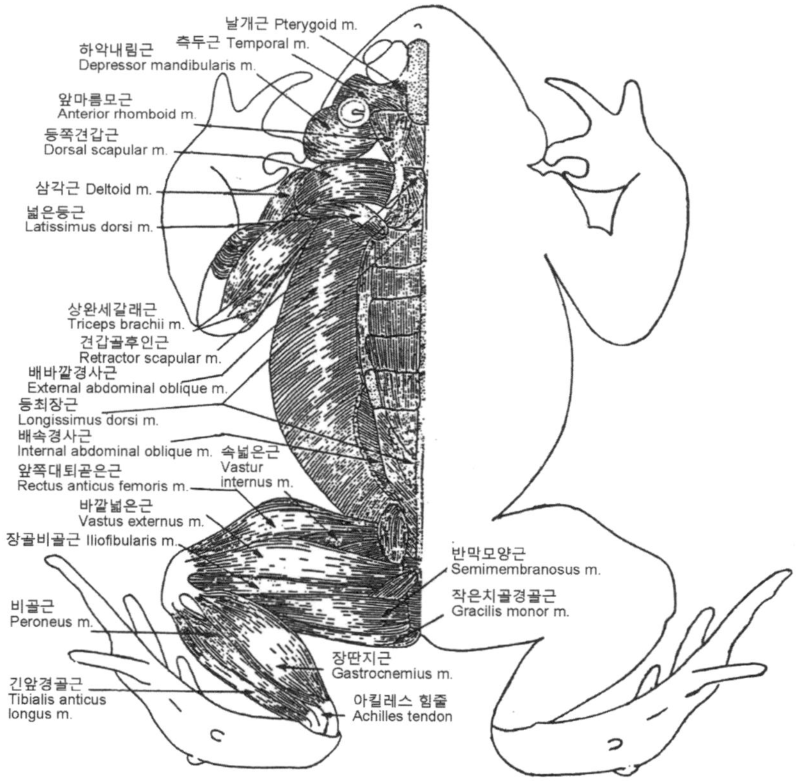

그림 2. 개구리 전신근육(등쪽)

1-2. 몸통근육(muscles of trunk)

표 2. 개구리의 몸통근육

근육명	종지	기시	기능
배바깥경사근(외복사근, External abdominal oblique m.)	견갑골, 척추골	검상흉골, 백선	복부를 지지하고 긴장시킴
등최장근(배최장근, Longissimus dorsi m.)	미단골	두개골, 척추골	등을 펴고 머리를 들어 올림
넓은등근(광배근, Latissimus dorsi m.)	등쪽근막	상완골	팔을 돌림
등쪽견갑근(배견갑근, Dorsal scapular m.)	견갑골	상완골	팔을 폄
배속경사근(내복사근, Internal abdominal oblique m.)	장골, 척추골	검상흉골, 백선	복벽을 긴장시킴
흉골요골근(Sternoradialis m.)	흉골	요척골	팔을 앞으로 당김
흉근(Pectoral m.)	오훼골	상완골	팔을 내향시키고 굽힘
배곧은근(복직근, Rectus abdominis m.)	치골결합	검상흉골	흉골을 내림

1-3. 앞다리근육(muscles of forelimb)

표 3. 개구리의 앞다리근육

근육명	종지	기시	기능
삼각근(Deltoid m.)	상흉골, 쇄골	상완골, 견갑골	팔을 앞으로 당김
척골쪽손목펴짐근(척완신근, Extensorcarpi ulnaris)	상완골	손바닥뼈	손목과 손을 폄
상완세갈래근(삼두완근, Triceps brachii m.)	상완골	척골	전완을 폄
요골쪽손목굽힘근(요완굴근, Flexor carpi radialis m.)	상완골	손바닥뼈	손목과 손을 굽힘

1-4. 뒷다리근육(muscles of hindlimb)

표 4. 개구리의 뒷다리근육

근육명	종지	기시	기능
장골비골근(장비골근, Iliofibularis m.)	장골	경비골, 대퇴골	대퇴를 펴고 다리를 굽힘
대퇴세갈래근(대퇴삼두근, Triceps femoris m.)	장골, 관골절구	경비골	대퇴를 굽히고 다리를 폄
앞쪽대퇴곧은근(전대퇴직근, Rectus anticus femoris m.)	장골	속넓은근 근막	대퇴를 굽히고 다리를 폄
바깥넓은근(외측광근, Vastus externus m.)	장골	속넓은근 근막	대퇴를 굽히고 다리를 폄
속넓은근(내측광근, Vastus internus m.)	관골절구	경비골	대퇴를 굽히고 다리를 폄
장딴지근(비복근, Gastrocnemius m.)	대퇴골	아킬레스힘줄	대퇴를 굽히고 다리를 폄
반막모양근(반막양근, Semimembranosus m.)	좌골, 치골	경비골	대퇴를 펴고 무릎을 굽힘
큰내향근(대내전근, Adductor magnus m.)	좌골, 치골	대퇴골	대퇴와 다리를 내향시킴
비골근(Peroneus m.)	대퇴골	경비골	다리를 대퇴 쪽으로 당기고 발을 폄
반힘줄모양근(반건양근, Semitendinosus m.)	좌골	경비골	대퇴를 펴고 무릎관절을 굽힘
긴내향근(장내전근, Adductor longus m.)	치골	대퇴골	대퇴를 내향시킴
대퇴비스듬근(봉공근, Sartorius m.)	치골	경비골	대퇴와 다리를 굽힘
긴앞경골근(장전경골근, Tibialis anticus longus m.)	대퇴골	발굽골	다리를 펴고 발목을 굽힘
작은치골경골근(소박근, Gracilis minor m.)	치골결합	경비골 근위	무릎을 굽히고 대퇴를 폄
큰치골경골근(대박근, Gracilis major m.)	치골결합	경비골 근위	무릎을 굽히고 대퇴를 폄

Ⅲ. 실험 디자인(Experimental design)

Ⅳ. 실험(Experiment)

본 실험은 생명을 다루는 실험이므로 필요 이상의 절개, 적출을 금하며, 정숙한 태도로 임하여 주기 바랍니다.

1. 실험 재료(Materials)

1-1. 개구리의 근육계 관찰

- ▸ 고정된 개구리
- ▸ 해부접시
- ▸ 해부가위
- ▸ 핀셋
- ▸ 4%포르말린
- ▸ 마스크
- ▸ 일회용 비닐장갑
- ▸ 압핀

2. 실험 방법(Methods)

2-1. 개구리의 근육계 관찰(배쪽)

1. 4%포르말린에 고정된 개구리를 1시간 이상 흐르는 물에 잘 씻는다(담당 조교가 실험시작 전에 해둘 것).
2. 개구리의 배가 위쪽으로 향하도록 개구리 해부용 해부접시에 놓고 압핀으로 고정한다.
3. 개구리의 왼쪽 편 피부를 핀셋과 해부가위를 이용하여 제거한다.
4. 머리근육, 몸통근육, 앞다리근육, 뒷다리근육 순서대로 관찰한다.
5. 관찰한 근육을 스케치하고, 각 부분의 명칭을 기입한다.

2-2. 개구리의 근육계 관찰(등쪽)

1. 개구리의 등이 위쪽으로 향하도록 개구리 해부용 해부접시에 놓고 압핀으로 고정한다.
2. 개구리의 왼쪽 편 피부를 핀셋과 해부가위를 이용하여 제거한다.
3. 머리근육, 몸통근육, 앞다리근육, 뒷다리근육 순서대로 관찰한다.
4. 관찰한 근육을 스케치하고, 각 부분의 명칭을 기입한다.
5. 관찰 후 해부가위를 이용하여 큰 근육을 최대한 제거한 뒤 조별로 나눠 준 지퍼 백에 개구리를 담는다(조당 한 팩씩).
6. 분리된 근육은 비커에 씌워 둔 비닐 팩에 모아서 담는다.
7. 해부가위와 핀셋, 압핀, 해부접시, 해부접시 깔개를 깨끗이 세척하여 제자리에 둔다.
8. 지퍼 백에 담은 개구리는 조별로 가져가서, 7주차 동물의 구조(개구리의 골격계) 실험 방법대로 실험을 수행한다(7주차 실험시간에는 실험 결과물을 보면서 고찰 할 것임).

Ⅴ. 결과(Results)

Ⅵ. 7주차 실험 주요어(Key words)

1. 개구리의 두개골
2. 개구리의 척주
3. 개구리의 흉골
4. 개구리의 전지연결대
5. 개구리의 앞다리뼈
6. 개구리의 후지연결대
7. 개구리의 뒷다리뼈

[심화 학습]

1. 개구리의 근육계

그림 1. 개구리 근육(앞다리, 뒷다리)

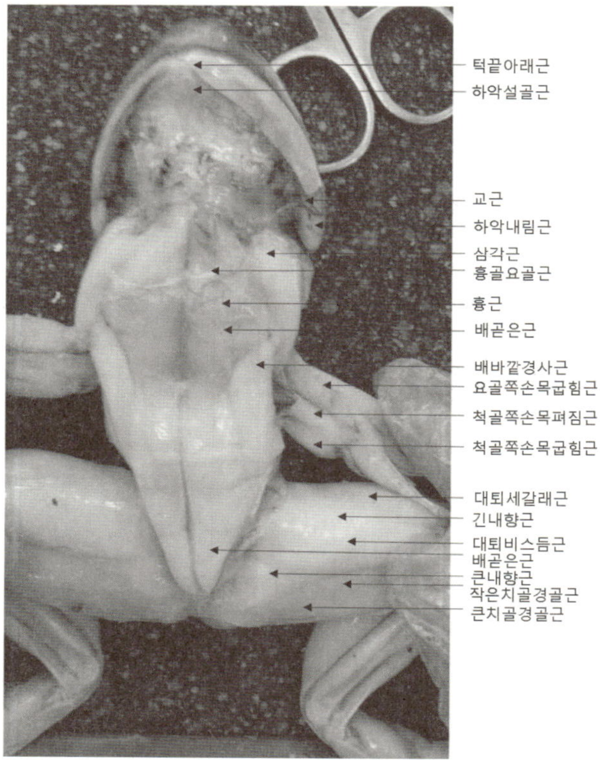

그림 2. 개구리 전신근육(배쪽)

그림 3. 개구리 전신근육(등쪽)

과제 6. 개구리의 근육계(배쪽, 등쪽) 관찰 결과를 스케치 하시오.

학 과 : 학 번 : 이 름 :

(절취선)

근육계(배쪽)

근육계(등쪽)

일반생물 제7주

동물의 구조(개구리 골격계)

Ⅰ. 실험 목적(Purpose of the study)

개구리의 골격 관찰을 통해 척추동물에 대한 기본 개념을 이해하고, 구조를 익힌다.

Ⅱ. 배경지식(Background of the study)

1. 개구리의 골격계

개구리는 늑골(ribs)이 없지만 잘 발달된 척추골의 가로돌기(횡돌기, transverse process)와 가느다란 장골(ilium) 및 미단골(urostyle)에 의해 내장이 보호된다. 개구리의 척주는 9개의 척추골(vertebra)과 1개의 긴 미단골로 구성되므로 척추골로된 앞쪽 반만이 굽어지고 펴진다. 골격은 크게 **몸통골격**(주축골격, axial skeleton)과 **사지골격**(부속지골격, appendicular skeleton)의 2개 부분으로 나뉜다. 몸통골격은 두개골(skull), 척주(vertebral column), 흉골(sternum)로 구성되며, 사지골격은 전지연결대(전지대, pectoral girdle)와 앞다리뼈(전지골, bones of forelimb) 및 후지연결대(pelvic girdle)와 뒷다리뼈(후지골, bones of hindlimb)로 구성된다(그림 1, 2, 3).

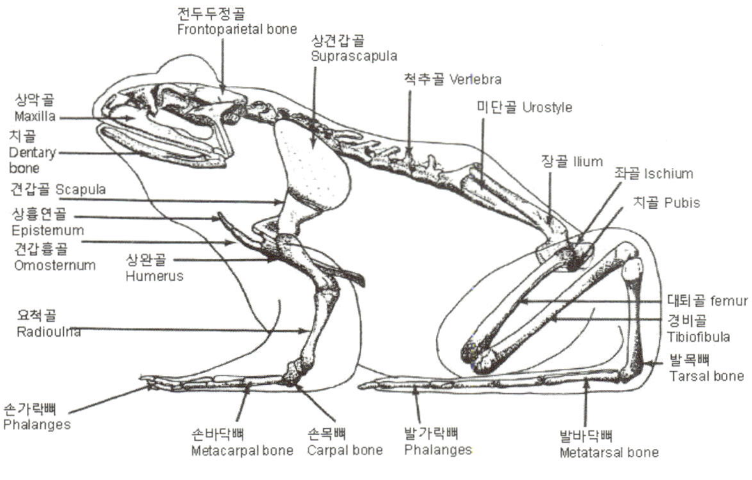

그림 1. 개구리 골격(외측)

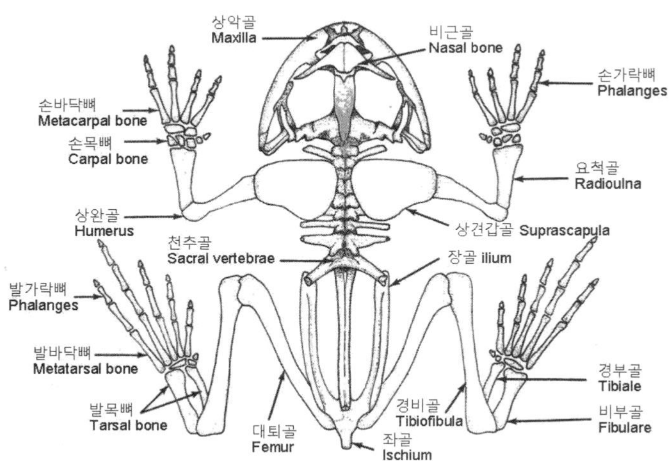

그림 2. 개구리 골격(등쪽)

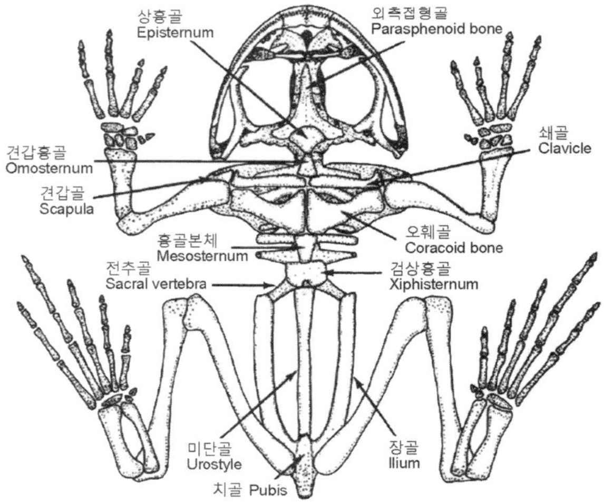

그림 3. 개구리 골격(배쪽)

1-1. 몸통골격(axial skeleton)

개구리의 몸통골격은 두개골, 척주, 흉골로 구성된다.

1. 두개골(skull)

두개골의 모든 뼈들은 외측접형골을 제외하고는 모두 좌우대칭으로 쌍을 이룬다. 두개골은 전두두정골, 접형사골, 외측접형골, 전이골, 외후두골, 비근골(비골), 전상악골, 상악골, 서골, 구개골, 방형권골, 인상골, 익상골, 치골, 각판상골(앞관절골), 턱끝멕켈골(이멕켈골, 턱끝골) 이상 16가지의 뼈로 구성되어 있다(그림 4, 5, 6).

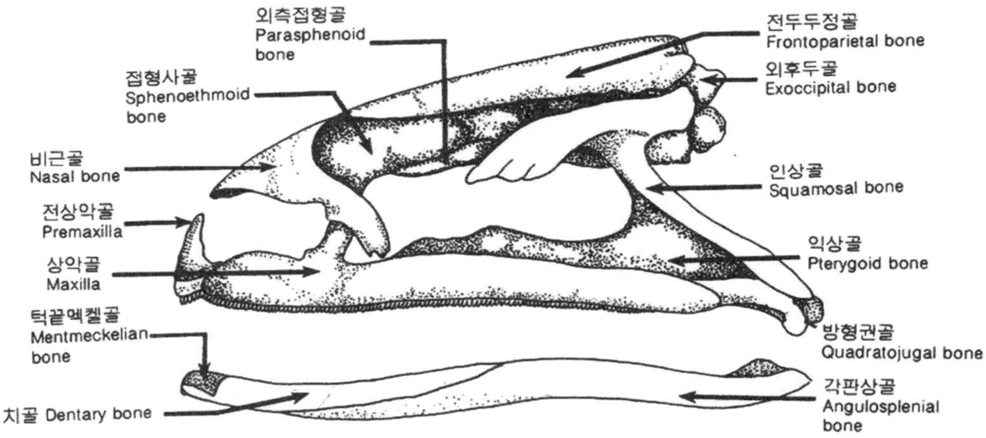

그림 4. 개구리 두개골(외측)

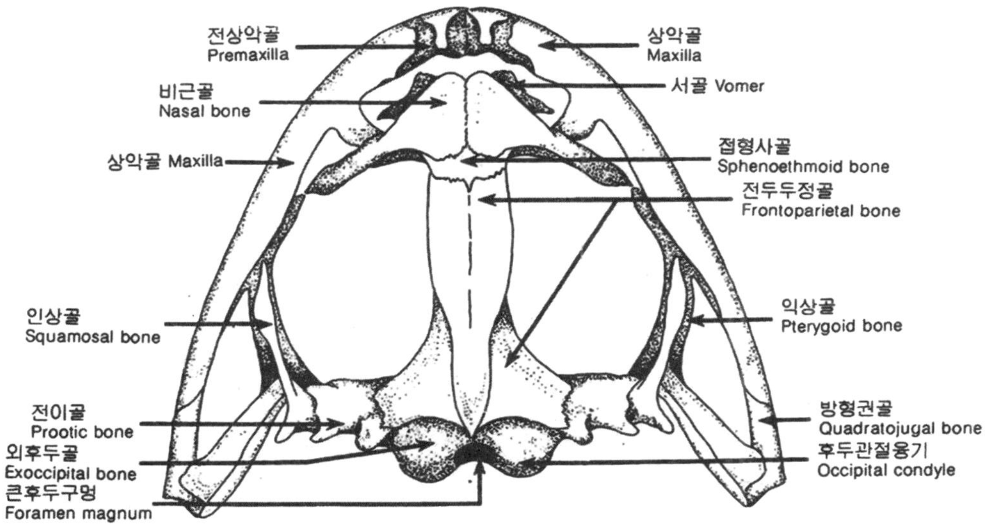

그림 5. 개구리 두개골(등쪽)

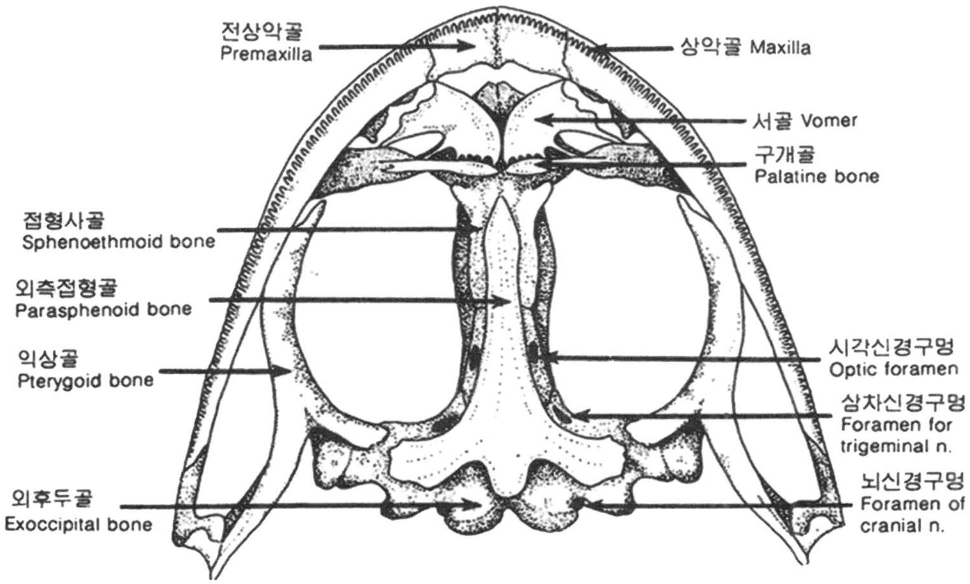

그림 6. 개구리 두개골(배쪽)

2. 척주(vertebral column)

개구리의 척주는 경추골(1개), 등추골(7개), 천추골(1개) 등 모두 9개의 척추골과 몸통 뒤쪽 끝에 있는 미단골(1개)로 구성된다. 척추골의 기본 형태는 원주상의 추골몸통과 이를 등쪽에서 궁상으로 둘러싸는 척추궁(신경궁) 및 양옆으로 발달한 가로돌기, 척추궁 등쪽 가운데에 있는 가시돌기로 구성되며, 추골몸통과 추골궁 사이에 척추구멍(추공, 신경공)이 있다(그림 7, 8).

3. 흉골(sternum)

개구리는 늑골이 없기 때문에 다른 고등동물에서 볼 수 있는 것과 같은 흉곽이 없다. 대신 흉골이 발달되어 있으며 이는 상흉연골, 견갑흉골, 흉골본체, 검상흉골로 구성되어 있다(그림 9).

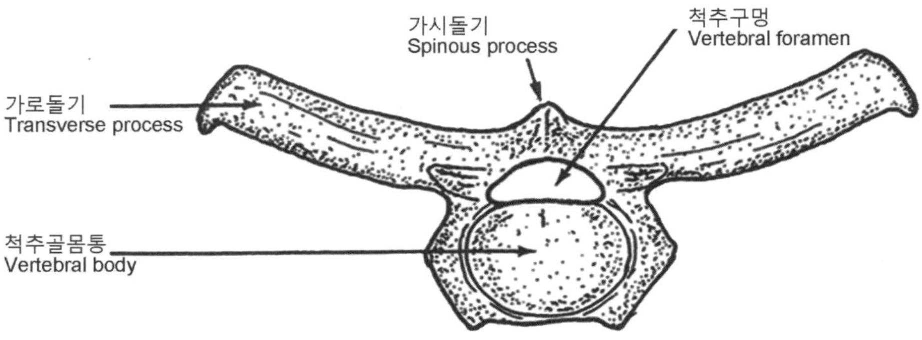

그림 7. 개구리 척추골의 기본형

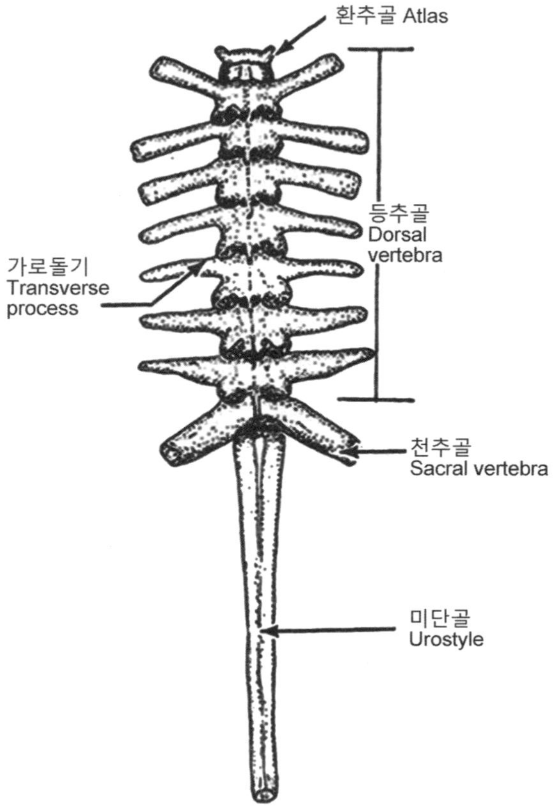

그림 8. 개구리 척추와 미단골

1-2. 사지골격(appendicular skeleton)

개구리의 사지골격은 전지연결대, 앞다리뼈, 후지연결대, 뒷다리뼈로 구성된다.

1. 전지연결대(흉대, pectoral girdle; 견대, shoulder girdle)

치환뼈인 상견갑골, 견갑골, 오훼골 및 진피성뼈인 쇄골로 구성된다(그림 9).

2. 앞다리뼈(bones of forelimb)

상완골, 요척골, 손목뼈, 손바닥뼈, 손가락뼈로 구성된다(그림 9).

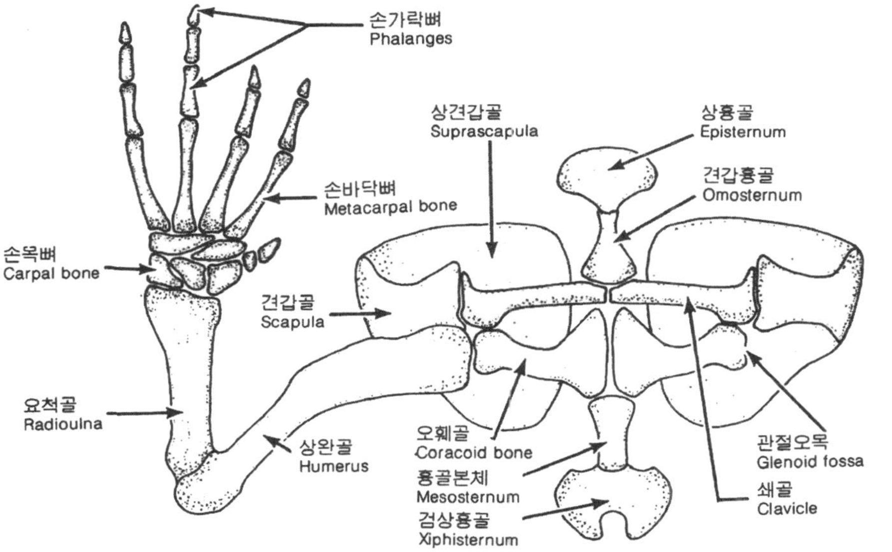

그림 9. 개구리 전지연결대와 앞다리뼈(배쪽)

3. 후지연결대(요대, pelvic girdle)

모두 치환뼈로 장골, 좌골, 치골이 관골절구에서 융합되어 무명골(관골)을 구성한다. 좌, 우의 무명골은 뒤끝에서 합쳐져 골반을 이룬다(그림 10).

4. 뒷다리뼈(bones of hindlimb)

대퇴골, 경비골, 발목뼈, 발바닥뼈, 발가락뼈로 구성된다(그림 10).

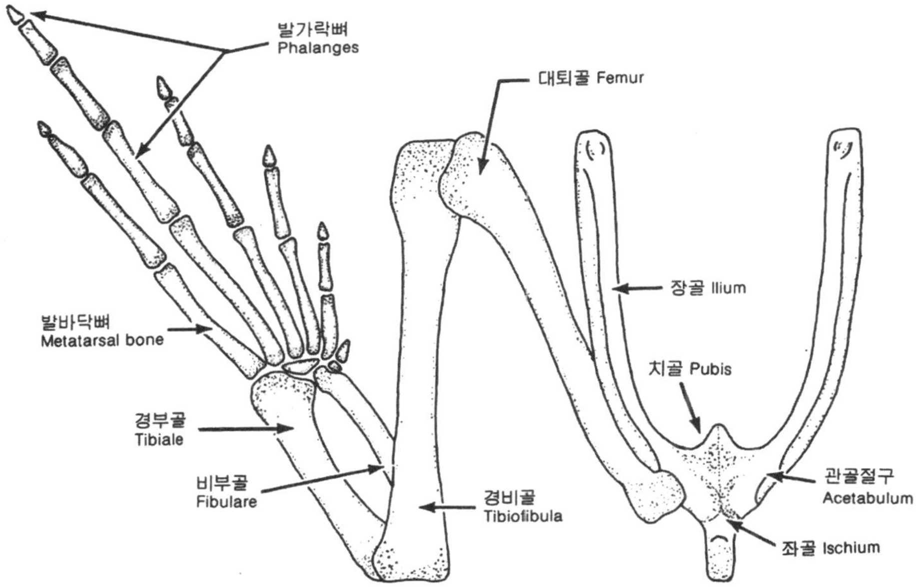

10. 개구리 후지연결대와 뒷다리뼈(배쪽)

Ⅲ. 실험 디자인(Experimental design)

Ⅳ. 실험(Experiment)

〈본 실험은 생명을 다루는 실험이므로 필요 이상의 절개, 적출을 금하며, 정숙한 태도로 임하여 주기 바랍니다.〉

1. 실험 재료(Materials)

1-1. 개구리의 골격계 관찰

- ▶ 개구리 골격
- ▶ 일회용 비닐장갑
- ▶ 핀셋
- ▶ 세탁용 가루세제
- ▶ 아크릴판
- ▶ 칼 또는 가위
- ▶ 끓는 물
- ▶ 강력접착제 또는 글루건

2. 실험 방법(Methods)

2-1. 개구리의 골격계 관찰

〈표본 제작은 조별 숙제, 개구리에 약품처리가 되었으므로 실험 중 조리용 기구를 사용하지 말 것〉

1. 6주차 실험 후 가져간 개구리를 세탁용 가루세제(1~2스푼)가 혼합된 끓는 물에 넣고 2~3분 간격으로 담근다. 2~3분 간격으로 개구리를 꺼내서 표면이 익은 근육 및 기타 조직을 제거한다(수차례 반복).
2. 근육 및 기타 조직을 제거한 개구리의 뼈대를 마디마다 분리하여 그림 11과 같은 모양으로 조립한다(강력접착제 및 글루건 사용).

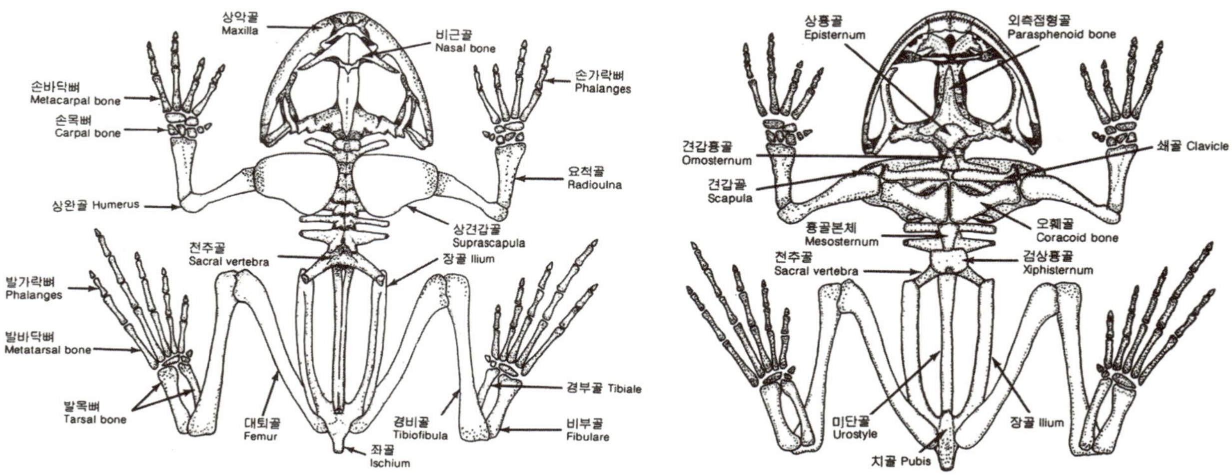

그림 11. 개구리 골격 조립 형태(등쪽, 배쪽)

3. 완성된 골격을 실험시간에 가져와서 관찰 및 스케치하고, 각 부분의 명칭을 기입한다.
4. 개구리의 골격을 제출한다.

V. 결과(Results)

VI. 9주차 실험 주요어(Key words)

1. 미생물
2. 균의 형태적 분류
3. 배지
4. 배지의 종류
5. 미생물 배양

과제 7. 개구리의 골격계 관찰 결과를 스케치 하시오.

학 과 :　　　　　　　　학 번 :　　　　　　　　이 름 :

(절취선)

개구리의 골격계

일반생물 제8주

실험 중간고사

미생물 배양 및 세균검사

Ⅰ. 실험 목적(Purpose of the study)

미생물 실험의 기초가 되는 멸균과 소독의 개념을 이해하고 배양배지를 만들어 식품위생검사를 위한 균의 접종 및 배양방법을 익히도록 한다.

Ⅱ. 배경지식(Background of the study)

1. 미생물의 정의

육안의 가시한계를 넘어선 0.1 mm 이하의 크기인 미세한 생물로 주로 단일세포 또는 균사로써 몸을 이루며, 생물로서 최소 생활단위를 영위한다. 조류(algae), 균류(bacteria), 원생동물류(protozoa), 사상균류(mold), 효모류(yeast)와 한계적 생물이라고 할 수 있는 바이러스(virus) 등이 이에 속한다.

2. 배지의 정의 및 분류

2-1. 배지란?

실험실에서 식물 및 동물세포, 미생물의 배양에 필요한 각종 영양분을 섞어 인위적으로 만든 혼합물. 균종이나 세포종에 따라서 필요로 하는 영양성분이 다르므로 각각의 균종에 따라 적절한 배지를 만들어야한다. 또 배지는 액체, 반고체, 고체상으로 만들 수 있다. 액체배지에 홍색 해조류에서 얻은 한천(agar, 복합탄수화물류 임)이나 젤라틴(gelatin)을 첨가하여 반고체 또는 고체배지를 만든다.

2-2. 사용 목적에 따른 분류

1. 증식용 배지

다수의 영양성분이 충분히 함유된 배지로서 대다수의 균종이 잘 자라는 배지다.

2. 선별증균배지

수종의 세균이 혼재되어 있는 가운데서, 다른 균에 비해 한 특정균의 빠른 증식을 도모하고자 할 때

배지 속에 촉진제나 억제물을 포함시켜 만든 특수 배지다.

3. 감별배지

세균의 혼합 집단에서 어느 한 종의 균을 골라내기 위해 사용하는 배지. 균이 지닌 특징적 효소반응을 이용하거나, 때로는 다른 균의 증식을 억제하는 증식 저지물질을 첨가하여 목표하는 균을 선택적으로 골라내는 데 쓰는 배지다.

2-3. 사용형태에 따른 분류

1. 고체배지

액체배지에 agar, 젤라틴, 실리카겔 등을 첨가하여 굳힌 것으로 고체배지는 미생물의 보존 배양, 순수 분리 등에 사용된다. 고체배지는 평판배지, 고층배지, 사면배지 등이 있으며 목적에 따라 사용 방법이 다르다.

2. 액체배지

각 성분을 증류수에 녹인 액상의 배지로 broth 또는 bulion이라 하며 미생물의 증식, 생화학적 검사 및 대사산물 검출 목적 등에 사용된다.

3. 미생물의 배양 방법

3-1. 배양

인공조성배지에 미생물을 증식시키는 것을 배양이라고 하는데, 두 종 이상의 균을 함께 배양하는 것을 혼합 배양, 한 종의 균만을 배양하는 것을 순수 배양이라고 한다.

3-2. 분리

자연계에는 미생물이 수종이 혼재하므로 원하는 특정균을 얻고자 할 때는 다른 균으로부터 필요한 균만을 따로 분리하여 순수 배양하여야 한다. 균 혼합액으로부터 한 종의 균을 분리하기 위해서 균액을 고체배지에 선상도말(streaking)하면, 한 개의 균이 분열 증식하여 이룬 균의 집단, 즉 균집락(colony)을 얻을 수 있다. 이 집락을 따서 배양하면 순수배양 균액이 된다.

3-3. 이식

균체를 한 배지에서 다른 새 배지로 옮기는 것을 이식(subculturing)이라고 한다. 이식조작은 미생물 취급 조작 중 가장 기본이 되는 중요한 조작의 하나로, 상당량의 미생물이 주위 환경(공기, 실험대, 기자재 등)에 존재하며 이런 것들이 오염원으로 작용할 수 있기 때문에 균 이식과정 중 무균조작은 필수적이다.

3-4. 접종(도말)

도말이란 plate에 굳힌 배지 위에 균액을 스며들게 접종하여 배양시키는 방법으로 그 목적은 single

colony를 얻는데 있다. 도말법은 크게 streaking과 spreading 두 가지로 나눌 수 있다.

1. Streaking(획선도말)

쉽게 말해 선처럼 그어서 접종하는 방법. 보통 병원성 미생물 실험을 하거나 분리배양한 병원성 의심균의 확인 시험을 위해 보통배지에 특정 colony하나만 따서 배양 시킬 때 많이 쓰인다. 1분할법부터 4분할법까지 다양하지만 보통 4분할법을 많이 쓰며 방향은 시계 방향으로 한다.

2. Spreading(평판도말)

얇게 펴발라서 접종하는 방법. 보통 병원성균의 정량실험을 하거나 배양 후 생성된 colony의 수를 정확히 계수하기 위해 많이 쓰인다. 이 방법을 쓸 때, 균주는 반드시 액체배양 속에 있어야만하며 대부분 원액보다는 희석을 하여 접종하게 된다. 사용되는 기구 또한 백금이가 아닌 콘라디봉을 쓰게 된다.

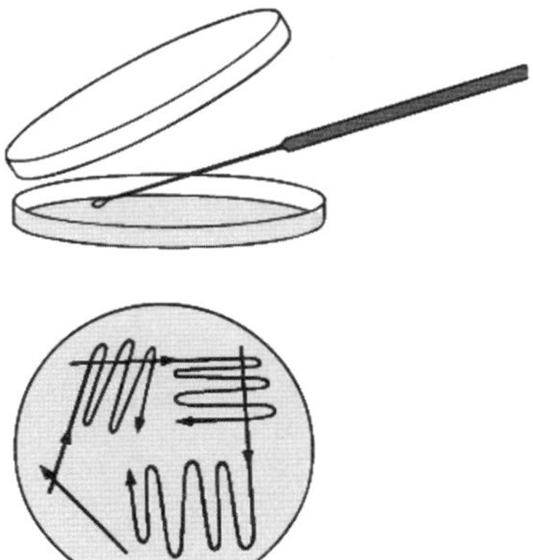

그림 1. Streaking(획선도말)

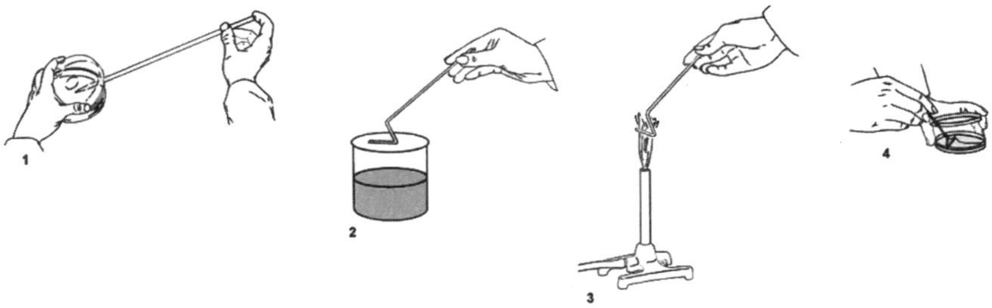

그림 2. Spreading(평판도말)

3-5. 멸균과 소독

멸균(sterilization)은 대상물체에 존재하는 모든 미생물을 완전히 사멸시키거나 제거하는 조작을 말한다. 소독(disinfection)은 대상물체에 있는 병원체를 사멸하여 전파력 또는 감염력을 없애는 조작을 말한다.

1. 멸균(sterilization)

(1) **화염멸균**: 백금이나 백금선, 실험기구 등을 멸균하는데 사용

(2) **건열멸균**: 도자류나, 금속기구, 초자류 등 대상물체가 고온에서 파괴되지 않는 것으로 건열멸균기를 사용.

(3) **습열멸균**: 자비멸균과 고압증기멸균법이 있다. 자비멸균은 끓는 물에 물체를 넣어 균을 죽이는 것으로 주로 주사기, 주사침, 가위, 핀셋 등을 소독하는데 쓰인다. 고압증기멸균은 autoclave내에서 가압증기에 의해 멸균하는 방법으로 미생물학에서 널리 사용되지만, 고온에서 변성 또는 파괴되는 물질은 처리할 수 없다.

(4) **여과멸균**: 균을 죽이기보다 아예 제거하는 방법이다. 열에 의해 쉽게 변질되거나 파괴되는 액체성 물질에서 미생물을 분리, 제거하는 데 쓰인다.

(5) **자외선 및 방사선 조사 멸균**: 자외선 조사 멸균은 조작이 간단하고 여러 물체를 멸균 하는데 이용될 수 있지만, 자외선의 투과력이 약하여 이용에 제한을 받는다. 주로 수술실이나 실험실의 공기 멸균에 이용한다. 방사선 조사 멸균은 살균력이 강하며, 열에 의해 손상을 받는 물체의 멸균처리에 많이 사용되고, 대규모의 멸균상품을 제조하는 데 이용된다.

2. 소독(disinfection)

주로 화학약품을 사용하여 대상 물체에 오염된 병원체를 사멸시킨다. 미생물 실험실에서 흔히 사용하는 것으로 석탄산(phenol, 3~5%), 포르말린 용액(formalin, 3%) 및 에탄올(ethanol, 70%) 등이 있다.

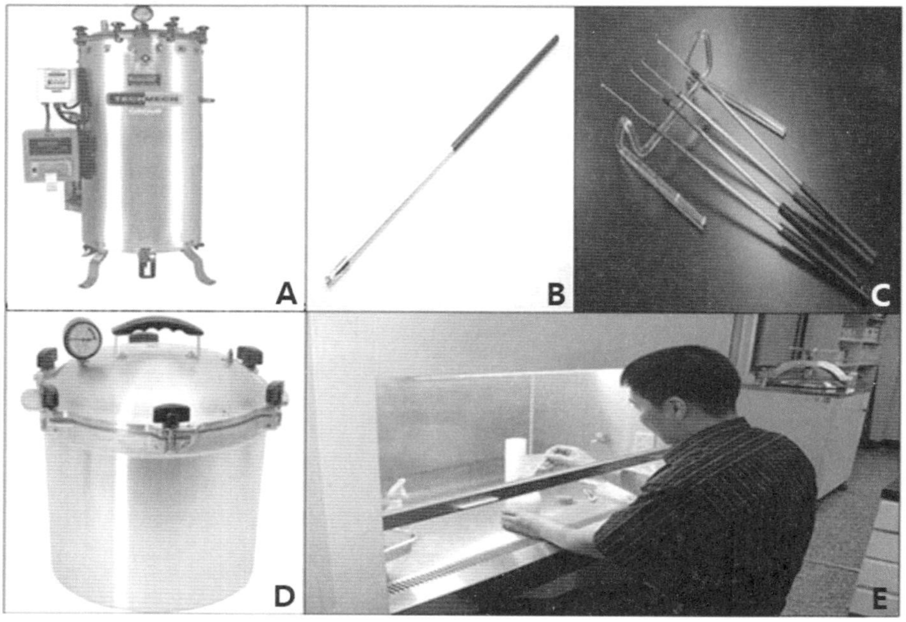

그림 3. 각종 멸균 방법(A, D; Autoclave, B, C; 백금이, E; Clean bench)

4. 식품위생검사

식품위생검사는 식품, 식품첨가물, 식품용 기구, 포장 등에 대해서 실시하며, 그 검사방법은 관능검사, 생물학적 검사, 화학적 검사, 물리적 검사 및 독성검사로 크게 나눌 수 있다. 여기서는 식품의 일반세균, 대장균군, 병원성 세균 등을 검사하는 생물학적 검사 중 식품과 관계가 깊은 몇 가지 항목에 대해서만 알아본다.

4-1. 검사법의 종류

1. 한천평판법

만들기 쉬운 배지를 이용하여 식품, 식품공장에서의 공정검사, 식품과 접촉하는 장치의 검사 등에 이용된다.

2. 직접검경법

검체 중의 살아 있는 균과 이미 죽은 균을 함께 계수할 수 있어서 식품 중의 총 균수를 셀 수 있는 방법이다. 식품 중에 균수가 g당 100만 이상일 경우, 또는 식품의 미생물 오염 경과를 탐지하고자 할 때에도 유용하다. 곰팡이와 효모용으로는 Howard법이 있고, 세균용으로는 Breed법이 있다.

3. 최확수(MPN, most probable number)

시료원액을 단계적으로 희석하고 그 중의 일정량을 시험관의 액체배지에 접종하여, 그 결과로부터 확률론적으로 원액 중의 균수를 구하는 방법.

4. 색소환원시험

세균수를 간접적으로 추정할 때 이용되는 방법으로, 검체는 우유, 액란 등이며, 생균수가 많을수록 탈수소능이 강하다. 단시간 내에 색소가 변화되는 성질을 이용한 방법.

5. 오염 여부의 확인검사

식품 또는 식품가공과 관련된 모든 환경에 대하여 미생물의 오염 여부를 확인하는 검사법

6. 보존성 검사

식품공장에서 출하된 제품이 유통과정에서 거쳐야 할 여러 가지 환경조건을 가상하여 그 조건 상태에서 식품의 보존성을 검사하는 검사법.

7. 대장균 검사

식품가공 과정의 살균처리의 정확성을 위한 목적으로 행하여진다. 이 검사법은 일정량의 식품 중 대장균군의 소재 여부를 확인하는 정성시험과 그 수를 정확히 가려내는 정량시험이 있다.

4-2. 위생지표 세균

미생물을 검출함으로써 식품의 오염정도를 알아볼 수 있는 지표로 쓰이는 미생물을 말함. 대표적 지표세균은 Escherichia coli를 포함한 대장균군(coliform group)이다. 대장균군을 위생지표로 활용하는 이유는 병원성은 없으나 이 균이 검출되면 같은 장내세균과에 속하며 병원성이 있는 Salmonella, Shigella와 같은 균의 존재 가능성을 추정할 수 있다.

Ⅲ. 실험 디자인(Experimental design)

Ⅳ. 실험(Experiment)

1. 실험 재료(Materials)

1-1. 고체평판 배지의 준비(일반생물에서 준비)

- ▶ 500ml 메디아 병
- ▶ LB media mixture
- ▶ 메스실린더
- ▶ Agar
- ▶ 증류수
- ▶ 유산지

▶ 약수저 ▶ 알코올램프 ▶ 70% 알코올
▶ 전자레인지 ▶ 페트리접시

1-2. 균체의 접종

▶ *Escherichia coli* ▶ *Bacillus megaterium* ▶ 생수
▶ 알코올램프 ▶ 백금이 ▶ 70% 알코올

2. 실험 방법(Methods)

2-1. 고체평판 배지의 준비(일반생물에서 준비)

1. 500ml 메디아 병에 메스실린더를 이용해 증류수 50ml을 붓는다
2. 유산지를 저울 위에 올려놓고 LB media mixture(peptone 10g, yeast extract 5g, Nacl 10g) 2.5g을 달아서 메디아병 안에 넣는다(증류수로 잘 씻은 약수저를 휴지로 닦아 물기를 완전히 제거한 후 시약을 계량한다. 한 시약 계량 후에는 약수저를 세척하도록 하며, 부주의하여 시약통의 시약이 다른 시약에 의해 오염되지 않도록 한다).
3. Agar 1.5g을 재서 메디아 병에 넣는다(시약을 메디아 병에 넣을 때는 병 입구에 시약이 묻지 않도록 주의해서 넣는다).
4. 메스실린더를 이용해 증류수 50ml을 메디아 병에 가하여 최종 부피가 100ml이 되도록 하고, 메디아 병을 잘 흔들어 agar를 완전히 녹인다.
5. 메디아 병 뚜껑을 반쯤 열어 전자레인지에 약 1분 40초 동안 가열한다(배지가 맑아질 때까지 가열하고 배지가 넘치지 않도록 주의한다).
6. 실험 테이블 위를 70% 알코올로 깨끗이 닦고 알코올 램프를 켜둔다.
7. 가열한 배지를 전자레인지에서 꺼낸 후 메디아 병을 살살 흔들어 배지를 잘 혼합하고, 45~50℃ 가량 까지 식힌 후(8분~10분 소요) 페트리접시 뚜껑을 열어 배지를 고르게 분주하고 재빨리 뚜껑을 닫는다.

2-2. Streaking 연습

연습장에 연필로 streaking 하는 방법을 미리 익힌다.

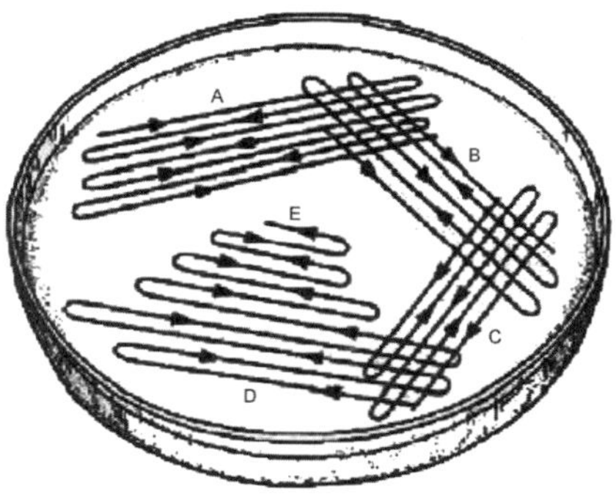

그림 4. Streaking(획선도말; 4분할법) 연습(A-B-C-D-E 순서)

2-3. 균체의 접종(조당 배지 3개씩)

1. 배지가 완전히 굳으면(약 30분 소요) 백금이를 환원염(녹색)에서 산화염(주황색)방향으로 움직이면서 백금선 전체의 약 1/3 정도까지 천천히 통과하며 화염멸균하고 백금이가 붉은색을 띠면 공기 중에서 식힌 후 배지표면 가장자리에 접촉시켜 완전히 식힌다.
2. 식힌 백금이로 생수를 한 두차례 떠서 평판배지에 도말(streaking)한다.
3. Escherichia coli와 Bacillus megaterium의 액체배양액을 각각 다른 멸균된 백금이로 떠서 다른 평판배지에 도말한다.
4. 사용한 백금이는 불꽃으로 살균한 후 제자리에 둔다.
5. 접종한 페트리접시는 뒤집어서 배지로 페트리접시 뚜껑에 맺힌 물이 떨어지지 않게 하고, 페트리접시 가장자리에 접종한 시료, 날짜, 학과, 조를 기입한다(글씨를 크게 쓰면 배양 후 콜로니 관찰이 어려우므로 최대한 작게 기입).
6. 페트리접시는 뒤집어서 37℃ incubator에서 1-2일 정도 배양한 후 꺼내서 냉장 보관한다.

V. 결과(Results)

VI. 10주차 실험 주요어(Key words)

1. 박테리아의 종류
2. 박테리아의 그람염색
3. 그람양성균
4. 그람음성균

과제 9. Streaking 연습

학 과 : 학 번 : 이 름 :

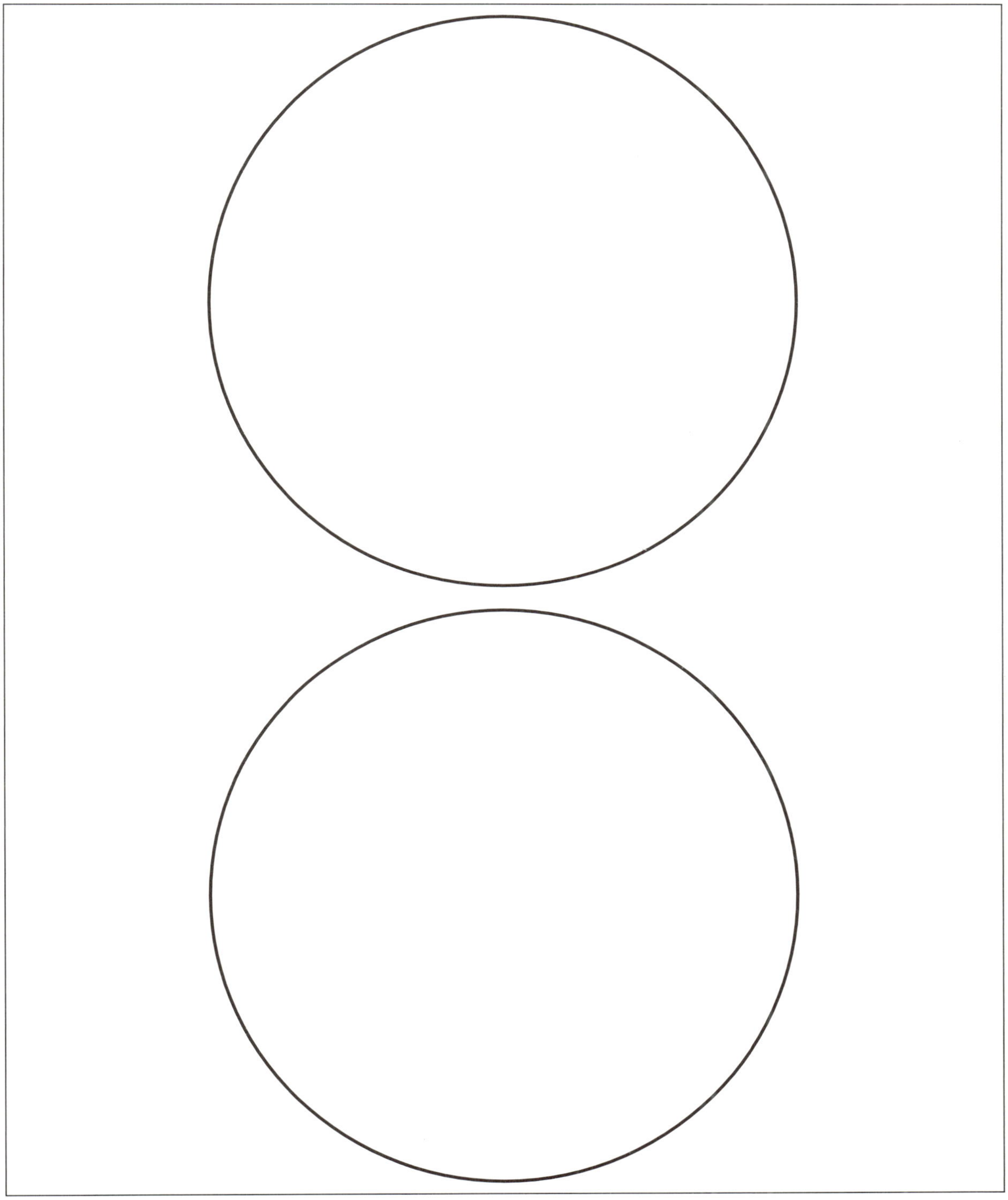

일반생물 제10주

박테리아의 동정(Gram stain)

Ⅰ. 실험 목적(Purpose of the study)

미생물을 그람염색하여 염색된 세균의 표본을 관찰한 후 동정된 균의 형태적, 생리적 특성을 파악한다.

Ⅱ. 배경지식(Background of the study)

1. 형태에 따른 균의 분류

박테리아는 형태적으로 구형을 띠는 구균, 막대기모양을 띠는 간균, 나선형을 띠는 나선균의 세 가지 기본형으로 나뉜다.

1. 구균

구형이 기본형이나 타원형이나 한쪽 끝이 뾰족한 것 등도 있다. 구균은 각기 특유한 균주의 배열을 보이는데, 포도송이 같은 것, 염주 같은 사슬 모양인 것이 있으며, 이 밖에도 쌍구균, 4연균 또는 신장형, 심장형 등이 있다. 대부분은 그람양성균이며, 폐렴쌍구균을 제외한 쌍구균은 거의가 그람음성균이다.

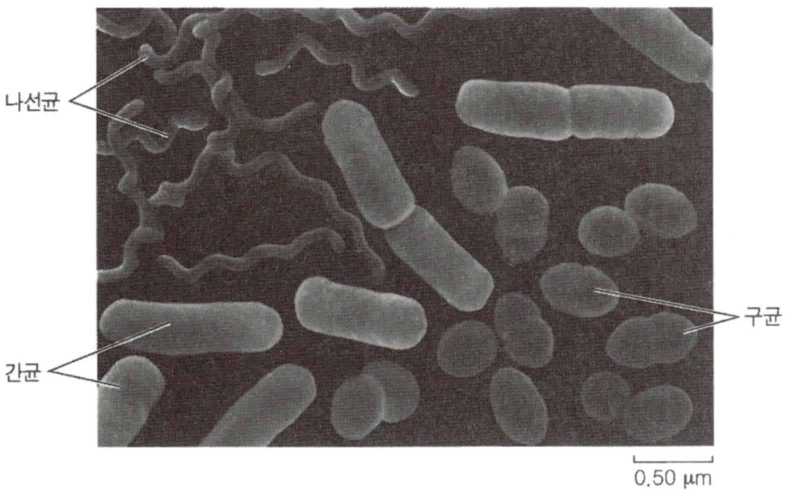

그림 1. 균의 형태

2. 간균

크기와 길이가 다양하고 양 끝의 모양도 일정하지 않다. 여러 개가 양끝이 서로 이어져서 사슬처럼 보이므로 연쇄간균이라 하며 균체의 한끝에 1~3개, 또는 균체의 주위에 다수의 편모가 있어 운동할 수 있는 것도 있고, 균체의 한 끝 또는 중앙부에 포자를 가지고 있는 간균도 있다.

3. 나선균

약 10종이 알려져 있으며, 길이 1~50μm이다. 그람 음성균이다. 세포는 긴 나선형을 이루고 있으며, 그 중에는 50° 내외로 회전을 하는 것도 있다. 균단에 편모가 있어서 활발한 운동을 한다. 호기성 세균이어서 병원성의 것과 부생의 것을 제외하고는 보통의 배양기에서 잘 성장한다. 부패한 물, 또는 괸 물, 짠물에서 분리된 것도 많으며 토양성인 것도 있다.

2. 그람염색(Gram staining)

2-1. 그람염색의 원리

가장 널리 쓰이는 세균감별염색법으로 1884년 덴마크의 의사인 Christian Gram이 고안하였다. 염색성질에 따라 세균을 크게 두 무리로 나누는 것으로 감염질환의 조기진단에 이용된다.

1. 염색(crystal violet)

염기성 색소인 crystal violet으로 염색하면 그람양성균과 그람음성균 모두 자주색으로 염색된다.

2. 착색(매염)

1단계에서 염색된 세균에 요오드 용액을 처리하면 crystal violet과 요오드가 반응하여 세포내의 불용성의 복합체인 crystal violet - 요오드 복합체(CV-I)를 형성한다.

3. 탈색(95% ethyl alcohol)

착색된 세균에 탈색제인 알코올 시약을 처리하면 착색된 CV-I 복합물이 용해된다. 이때 그람음성균이 탈색되어 백색으로 보인다.

4. 대조염색(safranin)

염기성 색소인 사프라닌으로 대비염색을 하면 백색으로 탈색되었던 그람음성균은 분홍색으로 염색된다.

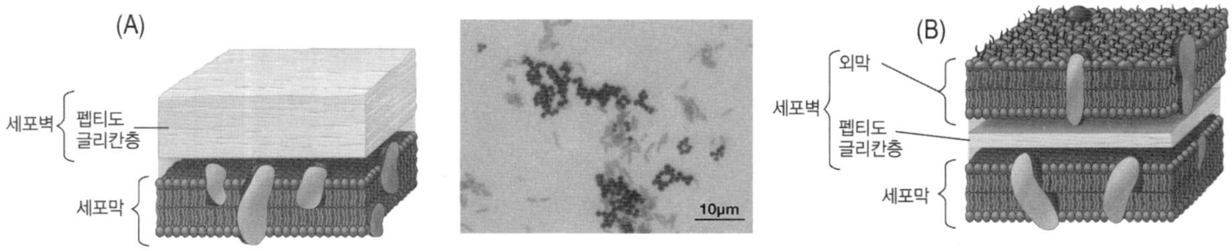

그림 2. 그람양성균(A)과 그람음성균(B)의 그람염색 원리

2-2. 그람염색에 따른 분류

1. **그람양성균**: 그람염색에 의해 자주색으로 염색되는 균. (예) 폐렴균, 포도상구균, 연쇄상구균, 탄저균
2. **그람음성균**: 그람염색에 의해 분홍색으로 염색되는 균. (예) 콜레라나 티푸스균, 대장균, 이질균

Ⅲ. 실험 디자인(Experimental design)

Ⅳ. 실험(Experiment)

1. 실험 재료(Materials)

- *Escherichia coli*
- *Bacillus megaterium*
- crystal violet
- gram's iodine
- safranin solution
- 95% ethyl alcohol
- 알코올램프
- 이쑤시개
- 광학현미경
- 받침유리
- 덮개유리
- 여과지
- 영구프레파라트

2. 실험 방법(Methods)

2-1. 박테리아의 관찰(그람염색)

1. 전 주에 배양한 배지를 준비한다(3종류; Escherichia coli, Bacillus megaterium, 생수).
2. 이쑤시개를 이용하여 고체배지에 있는 균을 떠낸다.
3. 이쑤시개로 떠낸 균을 슬라이드 글라스 위에 가능한 얇게 편다(도말과정).
4. 도말된 표본을 공기 중에 30초간 건조시킨다(건조과정).
5. 말린 도말 표본을 불꽃사이로 두 번에서 세 번 통과시켜 균을 슬라이드에 고정시킨다(고정과정).
6. 고정된 도말표본이 식은 후, crystal violet용액을 1방울 가하고 1분간 방치한 뒤 여분의 염색액을 버리고 받침유리를 물로 씻어낸다.
7. Gram's iodine 용액을 도말 부위에 1방울을 떨어뜨리고 1분 뒤에 물로 씻어낸다.
8. 95% Ethyl alcohol 1방울로 30초 동안 탈색 후 물로 씻는다(탈색과정).

   ※ 탈색과정이 매우 중요하므로 시간엄수와 수세시 주의 요함.
9. Safranin solution 1방울로 30초간 대조 염색한 후 물로 씻어낸다.
10. Filter paper로 물기를 제거한 후 실온에서 말리고 덮개유리를 덮는다.
11. 1부터 반복하여 다음 표본을 준비한다.
12. 400배에서 광학현미경으로 검경하여 그람양성, 음성균 및 간균, 나선균, 구균을 판별한다.

| 주의사항 |

1. 각 단계별로 수세 시 **받침유리 뒷면**을 흐르는 물로 씻어낸다.
2. 도말시 살짝 스치듯이 균을 떠서 최대한 얇게 핀다.
3. 단계별로 **시간을 반드시 엄수**한다(특히, 탈색 시).
4. 시약을 떨어뜨린 후 골고루 퍼질 수 있게 슬라이드를 기울인다.
5. 실온 건조 시 장시간 필요하므로, 균을 건드리지 않는 부분까지만 Filter paper로 물기를 제거한 후 실험하여도 결과는 나오나, 도말시 너무 많은 균을 뜨면 물에 의해 다량 뭉쳐서 나온다.

2-2. 영구프레파라트 관찰

1. 영구프레파라트를 광학현미경에 고정하고 조별로 이동하면서 저배율(×100)에서 고배율(×400)로 관찰한다(영구프레파라트와 광학현미경은 이동시키지 않는다).
2. 관찰한 결과를 스케치 한다.
   A: Three types of bacteria, B: 유산균, 녹병균, 초산균

V. 결과(Results)

VI. 11주차 실험 주요어(Key words)

1. 담수조류의 종류
2. 담수조류의 형태
3. 담수조류의 특징
4. 담수조류의 광합성 색소

[심화 학습]

1. 박테리아의 관찰

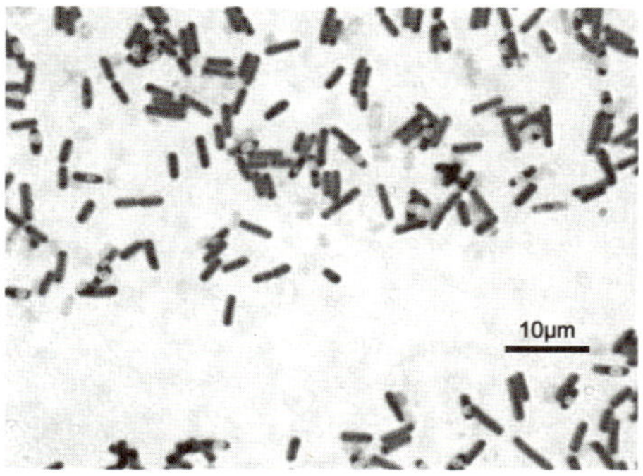

그림 1. 그람양성균(*Bacillus*)

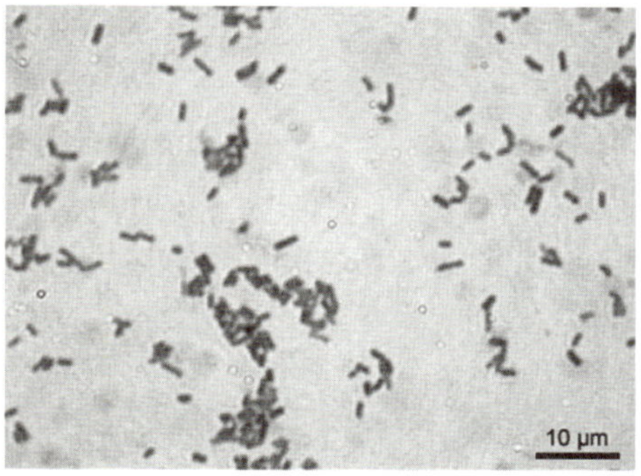

그림 2. 그람음성균(*E. coli*)

2. 영구프레파라트 관찰

그림 3. Three types of Bacteria

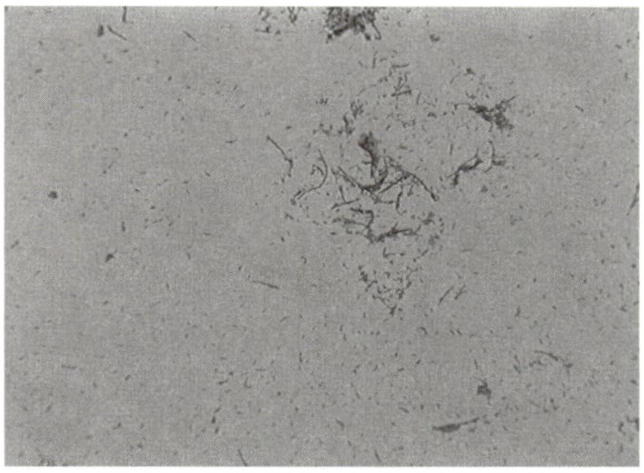

그림 4. 유산균

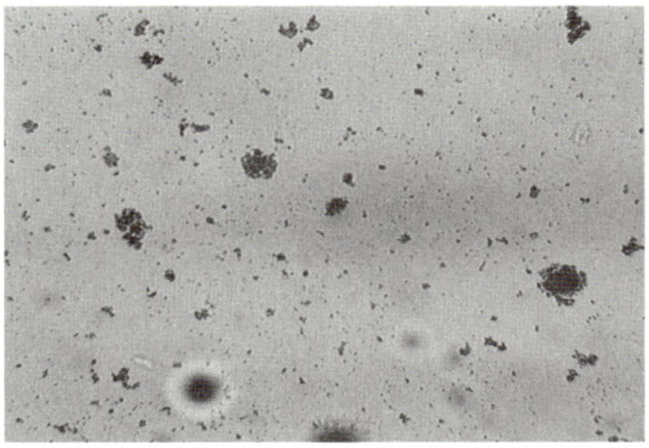

그림 5. 녹병균

그림 6. 초산균

과제 10. 박테리아와 영구프레파라트 관찰 결과를 스케치 하시오.

학 과 : 학 번 : 이 름 :

(절취선)

재료: (배)	재료: (배)
재료: (배)	재료: (배)
재료: (배)	재료: (배)

학 과 : 학 번 : 이 름 :

재료: (배)	**재료:** (배)
재료: (배)	**재료:** (배)
재료: (배)	**재료:** (배)

담수조류의 관찰

Ⅰ. 실험 목적(Purpose of the study)

담수조류의 종류 및 형태와 일반적인 특징을 이해한다.

Ⅱ. 배경지식(Background of the study)

1. 조류(algae)

조류는 원생생물계에 속하는 원시적인 진핵생물로 생육장소에 따라서 담수조류와 해조류 등으로 나눌 수 있으며 광합성을 하는 자가영양생물이다. 조류의 크기는 현미경적인 단세포나 군체 형태에서 길이가 수 미터나 되는 다세포 종류까지 포함된다. 무성생식과 유성생식을 하며, 생식주기는 간단한 형태에서 복잡한 것까지 다양하다. 광합성 색소의 종류에 따라 독특한 색을 띠게 되고 이에 따라 홍조류, 녹조류, 갈조류 등으로 구분한다.

2. 담수조류(freshwater algae)

하천, 호소, 습지 등의 담수에 사는 광합성을 하는 민물의 독립영양생물로서 수중생태계의 일차생산자이다. 또한 담수조류는 영양염류와 오염물질을 흡수하여 수질을 정화하는 역할을 한다.

2-1. 서식형태에 따른 담수조류의 구분

1. 식물플랑크톤(planktonic types: phytoplankton)

수중에 부유하며 생활을 하는 미세조류로 단세포 또는 군체를 형성한다. (예) 때목말, 훈장말, 니찌아, 페리미디움 등.

2. 부착조류(benthic algae: periphyton)

물속의 돌이나 수생식물, 동물, 모래 등의 기질에 부착하여 생활을 하는 조류로 빛과 초식동물의 이용이 분포 조절의 큰 요인으로 작용한다. (예) 흔들말, 깃돌말(니찌아 제외) 등.

2-2. 크기에 따른 담수조류의 구분

1. 미시조류

현미경으로 관찰해야 볼 수 있는 작은 조류. (예) 때목말, 흔들말, 훈장말, 깃돌말, 페리미디움 등.

2. 거시조류

육안으로 관찰 가능한 조류. (예) 해캄 등.

2-3. 분류학적 구분

조류는 광합성을 하기 위한 광획득 색소, 저장 다당류, 세포체제에 따라 8개 문(division), 17개 강(class)으로 분류된다.

1. 광획득 색소에 따른 구분

모든 조류에서 가장 중요한 색소는 엽록소 a이지만, 보조색소는 광합성 유효방사(400~700nm)의 다른파장의 빛을 흡수하여 광에너지를 엽록소 a에 전달해준다. 보조색소는 결과적으로 광합성 효율을 높이는 역할을 한다.

2. 저장 다당류에 따른 구분

광합성을 통해 생산된 포도당은 다당류로 저장된다. 다당류의 저장산물은 포도당 분자들이 연결되는 방식, 분지 정도, 사슬의 길이에 따라 구분된다. 탄수화물 저장물은 조류의 문에 따라 특징적으로 다르다.

표 1. 광합성 색소와 저장 다당류에 따른 구분

문	주요 광합성 색소	저장 탄수화물	예
남조식물문	엽록소 a; 피코시아노빌린, 피코에리트로빌린	녹말(α -1,4-결합글루칸)	메리스모페디움, 가죽나선말, 큰나선말 등
홍조식물문	엽록소 a; 피코에리트로빌린	녹말	피떡말, 개구리알말 등
녹조식물문	엽록소 a, b	녹말	유도리나, 뗏목말, 넷중심말, 반달말 등
황색조식물문	엽록소 a, c1,c2;갈조소	크리소라미나린 또는 라미나린(β-1,3-결합 글루칸)	돌말류
착편모조식물문	엽록소 a, c1,c2;갈조소	크리소라미나린(β-1,3-결합 글루칸)	파브로바
와편모조식물문	엽록소 a, c2; 페리디닌 (일부는 엽록소 a, c1,c2;갈조소)	녹말	페리미디움
은편모조식물문	엽록소 a, c2;피코시아노빌린 또는 피코에리트로빌린	녹말	프로테오모나스
유글레나식물문	엽록소 a, b	파라밀론(β -1,3-결합 글루칸)	항아리말, 유글레나 등

3. 세포체제에 따른 구분(남조식물문 제외)

진핵생물에 포함되는 조류는 세포내 소기관들의 유무, 구조, 편모의 유형 등에 따라 구분된다.

표 2. 진핵조류의 편모유형에 따른 구분

문	편모유형	예
홍조식물문	없다	피떡말, 개구리알말
녹조식물문	채찍꼴 편모	넷중심말(볼복스科)
황색조식물문	부등 편모- 채찍꼴 편모 1개와 편모털을 갖는 깃꼴 편모 1개	번적말, 나팔말
착편모조식물문	채찍꼴 편모(및 착편모)	파브로바
와편모조식물문	채찍꼴 편모	페리미디움
은편모조식물문	편모털을 갖는 깃꼴 편모	프로테오모나스
유글레나식물문	원통꼴 아닌 털을 갖는 편모	항아리말, 유글레나

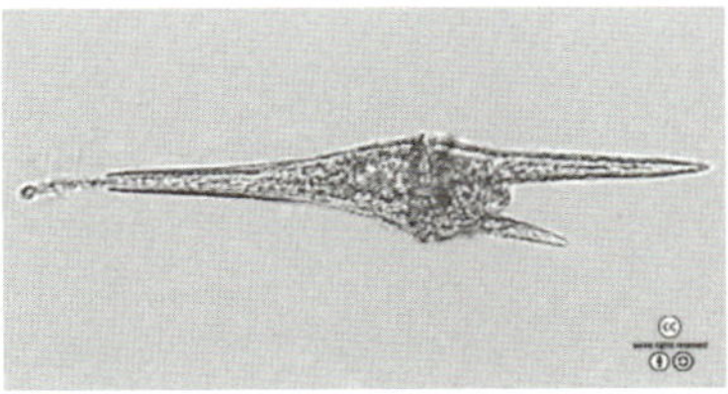
A. 와편모조류

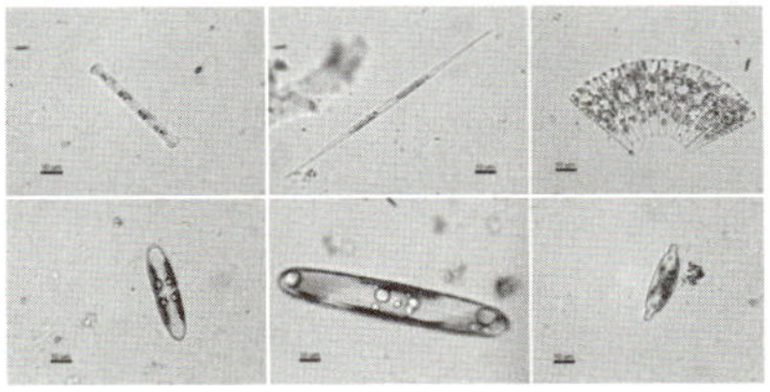
B. 돌말류

C. 갈조류

D. 홍조류

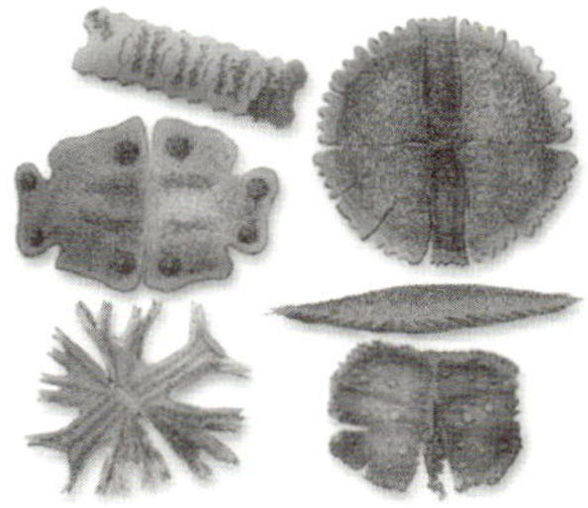
D. 녹조류

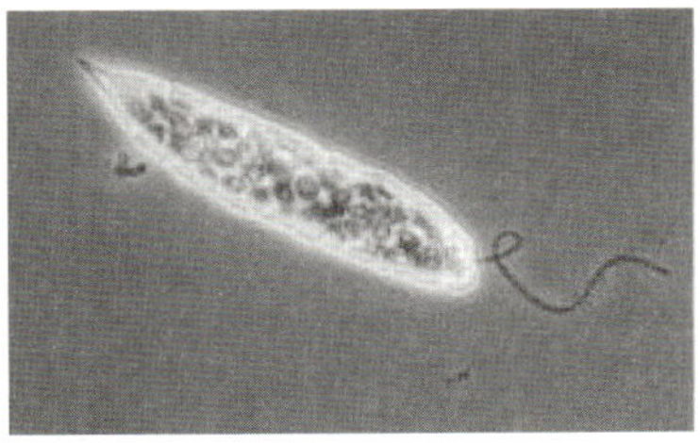
E. 유글레나류

그림 1. 조류의 형태적 다양성

2-4. 부영양화와 담수녹조현상

1. 부영양화(eutrophication)

자연적으로 나타나기도 하지만, 인위적 활동에 의해 강이나 바다 등 수중생태계에 유입되는 생활하수, 산업폐수, 가축의 배설물 등의 유기물질이 유입되어 물속의 질소와 인과 같은 영양물질이 증가가여 수중으로 영양염류가 유입되고 축적되어 물속에 영양분이 증가하는 현상이다. 부영양화된 물은 조류 생장과 번식에 적정한 환경(수온, 투명도, pH)이 되면 조류의 이상증식을 유발하게 된다.

2. 담수녹조(water bloom)

부영양화된 호수에서 조류의 폭발적 증가(이상증식)로 물빛이 변하는 현상으로, 빛의 투과도 감소, 용존산소 급속한 소비, 독성대사물질, 어 · 패류 폐사 유발한다. 상수원에서 발생시 수질악화로 인해 수자원 이용에 어렵다.

3. 조류의 생태적 중요성

1. 지구상 광합성 산물의 30~50%를 담당하는 산소와 유기물 생산자이다.
2. 질소고정 남조류는 질소의 이용 가능한 원천으로 중요하다.
3. 질소, 인, 탄소, 산소, 칼륨 등의 영양소 순환에 개입한다.
4. 다른 담수 및 해산 생물의 서식처를 이룬다.
5. 포자를 대량으로 방출하거나, 태양 에너지 흡수를 증가시킴으로써 기후를 어느 정도 조절하는 역할을 한다.

Ⅲ. 실험 디자인(Experimental design)

Ⅳ. 실험(Experiment)

1. 실험 재료(Materials)

- ▶ 고정되지 않은 시료
- ▶ 고정된 시료
- ▶ 받침유리
- ▶ 덮개유리
- ▶ 스포이드
- ▶ 여과지
- ▶ 영구프레파라트
- ▶ 광학현미경

2. 실험 방법(Methods)

2-1. 시료의 채취, 고정(일반생물에서 준비)

1. 시료의 채취: 식물플랑크톤은 water sampler 또는 plankton net를 사용하여 채집하고, 부착조류는 돌이나 수초 등을 솔이나 끌을 사용하여 채집한다.
2. 시료의 보존: 현장에서 Lugol's solution으로 고정하여(시료; Lugol's solution=1L : 5ml) 보존한다.
3. 시료의 농축: 시료 내에 존재하는 조류의 양이 적기 때문에 농축하여 검경 · 관찰한다(48시간 이상 침전시키고 호스관을 이용하여 상층액을 버린다).

2-2. 제작된 시료의 관찰 및 고정되지 않은 시료의 제작 및 관찰

1. 고정된 시료를 이용한 슬라이드 제작 및 관찰

(1) 농축된 시료를 잘 흔들어 혼합되도록 한다.

(2) 스포이드를 사용하여 받침유리 위에 시료를 한 방울 떨어뜨리고 기포가 생기지 않도록 덮개유리를 덮는다.

(3) 저배율(×100)에서 고배율(×400)로 관찰하여 스케치하고 동정한다.

2. 고정되지 않은 시료를 이용한 슬라이드 제작 및 관찰

(1) 고정되지 않은 시료를 잘 흔들어 혼합하도록 한다.

(2) 스포이드를 사용하여 받침유리 위에 시료를 한 방울 떨어뜨리고 기포가 생기지 않도록 덮개유리를 덮는다.

(3) 저배율(×100)에서 고배율(×400)로 관찰하여 스케치하고 동정한다.

3. 고정되었거나 고정되지 않은 시료에서 다음과 같이 조류 4개문을 관찰하여 스케치한다 (도감자료참고).

(1) 남조식물문 (최소 1종 이상 관찰)

(2) 녹조식물문 (최소 1종 이상 관찰)

(3) 황색조식물문 (최소 1종 이상 관찰)

(4) 와편모조식물문 (최소 1종 이상 관찰)

2-3. 영구프레파라트 관찰

(1) 영구프레파라트 (8종류)를 조별로 이동하면서 광학현미경으로 관찰한다.

(2) 저배율(×100)에서 고배율(×400)로 관찰하여 저배율 또는 고배율 중에 하나를 스케치한다.

| 참고: 슬라이드 박스 내 관찰용 조직 영구프레파라트 내용 |

1. 녹조(*Chlamydomonas*); 2. 녹조(반달말); 3. 녹조(해캄); 4. 녹조(해캄의 접합);
5. 녹조 (해캄); 6. 녹조(클로렐라); 7. 녹조(파래); 8. 돌말

V. 결과(Results)

VI. 12주차 실험 주요어(Key words)

1. 원생생물의 정의
2. 원생생물의 분류
3. 식물성 원생생물
4. 동물성 원생생물
5. 진균성 원생생물
6. 곰팡이생물계의 분류

과제 11. 담수조류와 영구프레파라트 관찰 결과를 스케치 하시오.

학 과 : 　　　　　　　　학 번 : 　　　　　　　　이 름 :

(절취선)

재료: (배)	**재료:** (배)
재료: (배)	**재료:** (배)
재료: (배)	**재료:** (배)

학 과 : 학 번 : 이 름 :

재료: (배)	재료: (배)
재료: (배)	재료: (배)
재료: (배)	재료: (배)

원생동물 및 곰팡이의 관찰

Ⅰ. 실험 목적(Purpose of the study)

원생동물 및 곰팡이계의 종류 및 형태와 일반적인 특징을 이해한다.

Ⅱ. 배경지식(Background of the study)

1. 원생생물(protist)

원생생물은 서로 분리된 여러 진핵생물 계통으로 구성된 집합이며, 일부 종들은 다른 종들과 계통적으로 멀리 떨어져 있다.

2. 원생생물의 분류

원생생물계는 영양방식에 따라 식물성, 동물성, 진균성 원생생물로 분류한다.

2-1. 식물성 원생생물

광합성 색소를 가지고 있으며, 수중 생태계의 기초 생산자 역할을 담당한다. 홍조류, 와편모조류, 유글레나류, 녹조류, 돌말류, 갈조류가 여기에 속한다.

2-2. 동물성 원생생물

단세포이며, 종속영양을 하고, 먹이 입자를 삼킴으로써 먹이 섭취한다. 식포는 소화효소와 산을 분비, 분비포는 병원성을 증가시키는 효소 방출, 수축포는 특히 담수에서 삼투조절 한다. 운동방식에 따라 분류한다.

1. 육질생물문

위족(pseudopodium)으로 이동한다. (예) 아메바, 유공충, 방산충, 태양충

2. 편모생물문

편모(flagellum)로 이동한다. (예) Trichonympha, 트리파노좀(Trypanosoma) , Mastigamoeba, Giardia

3. 섬모생물문

섬모(cilium)로 이동하는 단세포 생물이고 대핵, 소핵을 가지고 있다. (예) 나팔벌레(Stentor), 짚신벌레(Paramecium), 종벌레(Vorticella)

4. 포자동물문

비운동성으로 기생생활하며, 포자로 번식한다. (예) 말라리아 병원충(Plasmodium) - 모기 매개체로 전파하기 위해 복잡한 생활사를 갖는다.

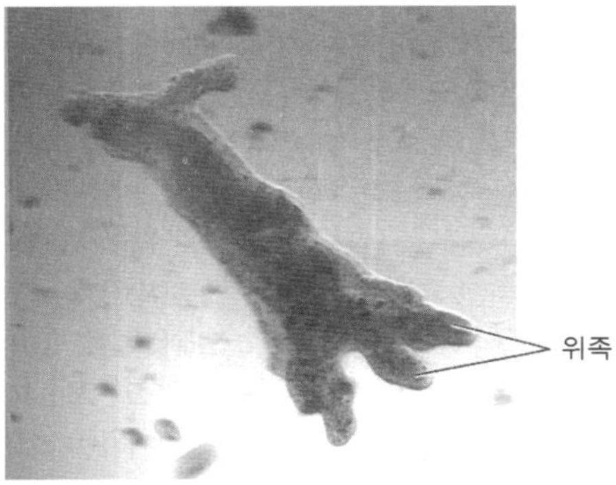

A. 아메바(위족)

B. 짚신벌레(섬모)

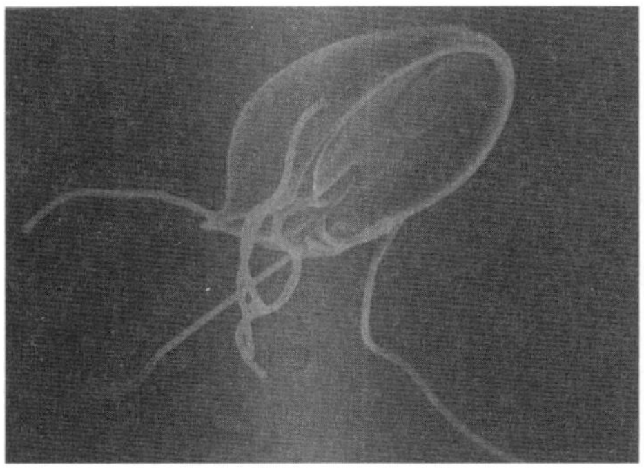

C. *Giardia muris*(편모)

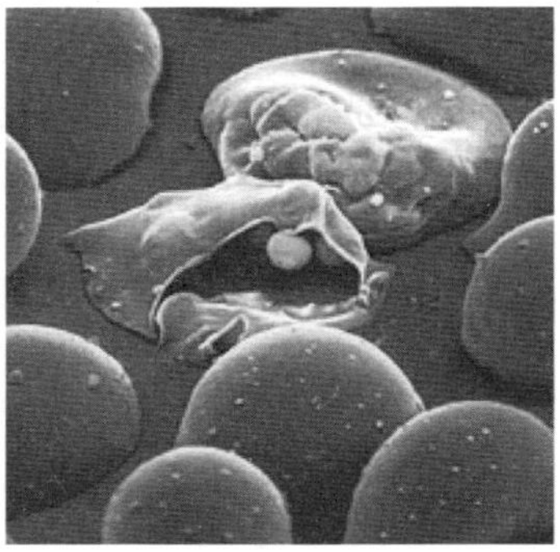

D. 말라리아 병원충(포자)

그림 1. 운동방식에 따른 동물성 원생생물의 분류

2-3. 진균성 원생생물

아메바와 유사한 운동성이 있는 생식시기를 가지고 있어 진균류(true fungi)와는 다르며, 변형균류(점균류)와 물곰팡이류(난균류) 두 가지 유형이 있다.

1. 변형균류(점균류)

죽은 식물체를 먹이로 함으로써 이들을 처리한다. 이들은 또한 세균을 먹이로 함으로써 세균 개체군의 크기를 조절한다. 점균은 엽록체와 세포벽이 없고 습지나 썩은 나무 등에서 흔히 발견되며, 건조할 때 포자낭을 형성하여 포자를 만들고 포자가 습지에서 발아하면 단일세포 되어 그것이 융합하여 새로운 변형체 구성하게 된다.

2. 물곰팡이류(난균류)

물곰팡이는 사체를 분해하며, 또한 생태계에서 동물과 식물의 중요한 기생자이도 한다.

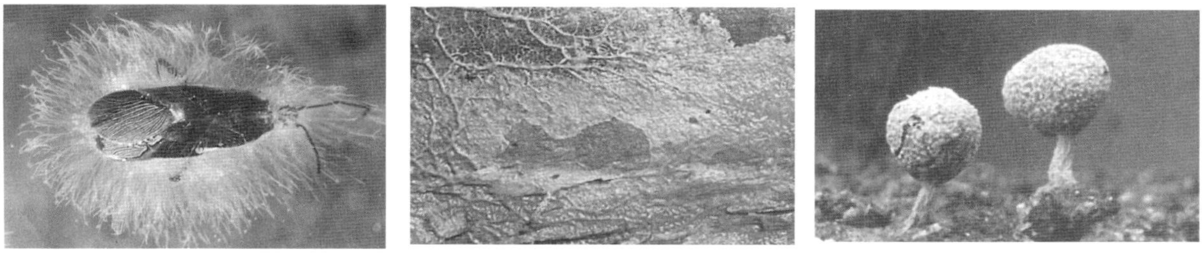

A. 난균류
곤충의 사체로부터 사상체가 뻗어나옴

B. 점균류
두가지 형태의 변형체성 점균류

그림 2. 진균성 원생생물의 유형

3. 곰팡이생물(진균)계

곰팡이는 진핵생물로 대부분 다세포성으로, 죽은 생물에 붙어서 양분을 흡수하는 화학종속영양생물이다. 곰팡이의 몸체는 가는 실처럼 생긴 균사로 이루어진다. 균사가 반복적으로 가지를 쳐서 영양을 흡수하는 구조를 균사체라고 한다.

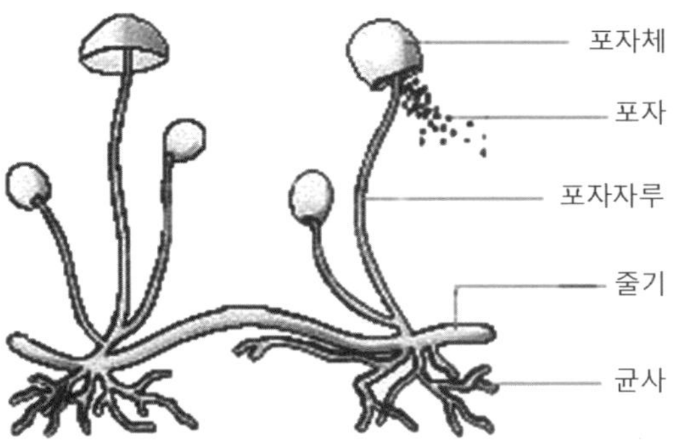

그림 3. 곰팡이의 형태

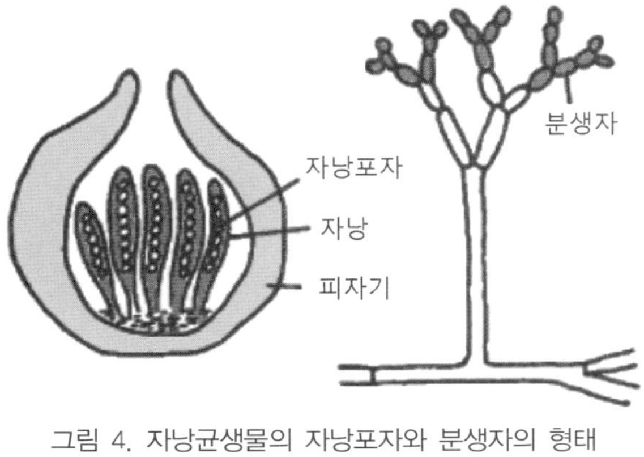

그림 4. 자낭균생물의 자낭포자와 분생자의 형태

3-1. 조균생물문(Phycomycetes)

단세포로 되어 있고 가지를 치며 균사에 가로막이 없고 여러 개의 핵을 가진다. 엽록소가 없고 기생생활 또는 부생생활 하며 유주자(zoospore)를 만들어 번식함. 일부 수중생활 하고 대부분 육상에서 생활(거미줄곰팡이(Rhizopus))한다.

3-2. 자낭균생물문(Ascomycetes)

자낭균류는 다세포이거나 단세포이며, 다세포 자낭균류의 균사에는 일정한 간격으로 격벽이 존재한다. 자낭균류는 무성적으로 포자를 형성하는 분생자와 유성생식에 의해 포자를 형성하는 자낭포자 두 가지로 구분할 수 있다.

1. **분생자(conidium)**

무성적으로 포자를 형성하며, 균사 끝에 사슬모양으로 위치해 있다.

2. **자낭포자(ascospore)**

자낭과(ascocarp)를 형성하고 그 속에 여러 개의 곤봉처럼 생긴 자낭(ascus)을 만들며, 자낭 속에 4-8개의 자낭포자를 형성한다. 누룩곰팡이(Aspergilus), 푸른곰팡이(Penicillin), 효모(Saccharomyces) 등이 이에 속한다.

3-3. 담자균생물문(Basidiomycetes)

곤봉모양의 세포에서 포자를 만든다. 버섯, 깜부기균, 녹병균(수병균) 등이 이에 속한다.

Ⅲ. 실험 디자인(Experimental design)

Ⅳ. 실험(Experiment)

1. 실험 재료(Materials)

▸ 영구프레파라트(8종류) ▸ 광학현미경

2. 실험 방법(Methods)

2-1. 영구프레파라트 관찰

1. 미리 준비된 영구프레파라트를 조별로 이동하면서 광학현미경으로 관찰한다.
2. **과제**: 저배율(×100)에서 고배율(×400)로 관찰하여 스케치한다.

NO.	표 본 명	분 류	NO.	표 본 명	분 류
1	Euglena W.M.	편모생물문 유글레나	5	Aspergilus, M.W.	자낭균생물문 누룩곰팡이
2	Paramecium W.M.	섬모생물문 짚신벌레	6	Penicillium, W.M.	자낭균생물문 푸른곰팡이
3	물곰팡이	물곰팡이류 물곰팡이	7	송이버섯	담자균생물문 송이버섯
4	Rhizopus, W.M.	조균생물문 거미줄곰팡이	8	깜부기균	담자균생물문 깜부기균

Ⅴ. 결과(Results)

Ⅵ. 13주차 실험 주요어(Key words)

1. 혈액의 구성
2. 혈액의 기능
3. ABO식 혈액형의 판정
4. Rh식 혈액형
5. 혈액형의 유전자 빈도
6. 혈관의 종류

[심화 학습] 영구프레파라트 관찰

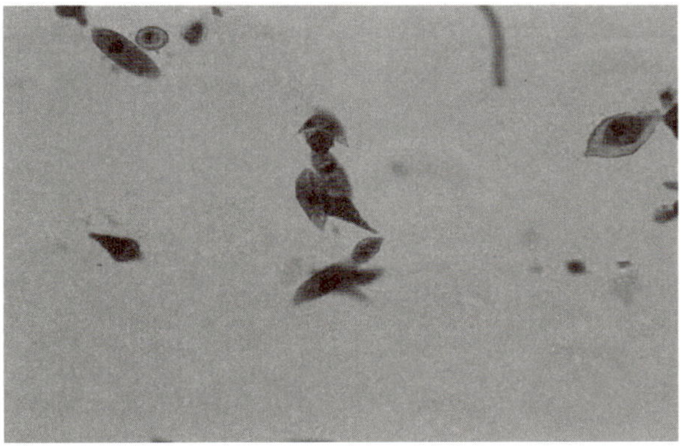

그림 1. 유글레나

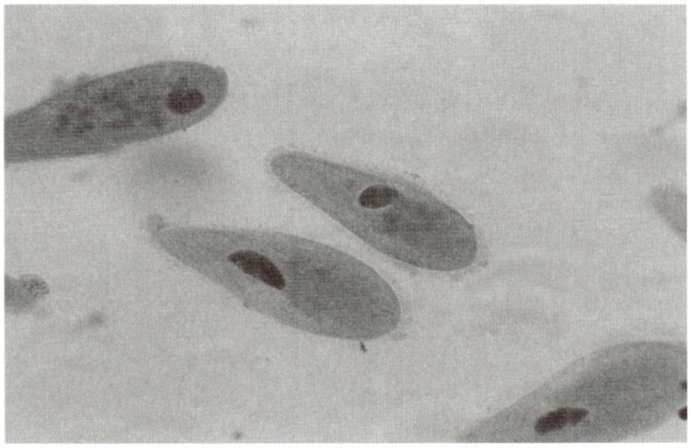

그림 2. 짚신벌레

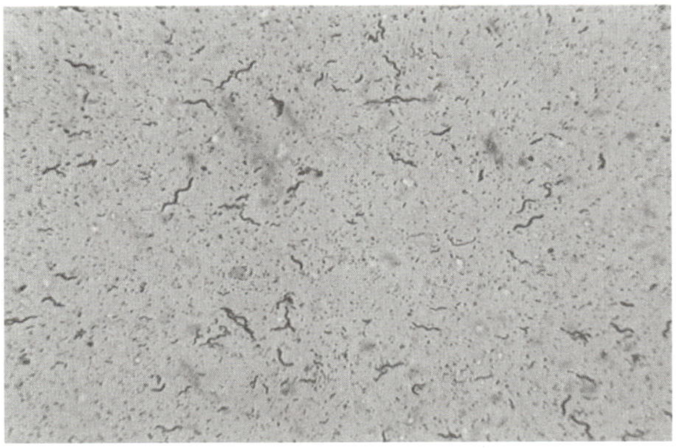

그림 3. 물곰팡이

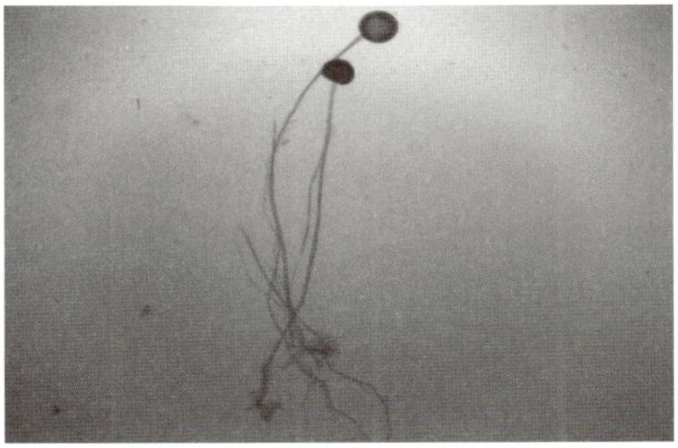

그림 4. 거미줄곰팡이

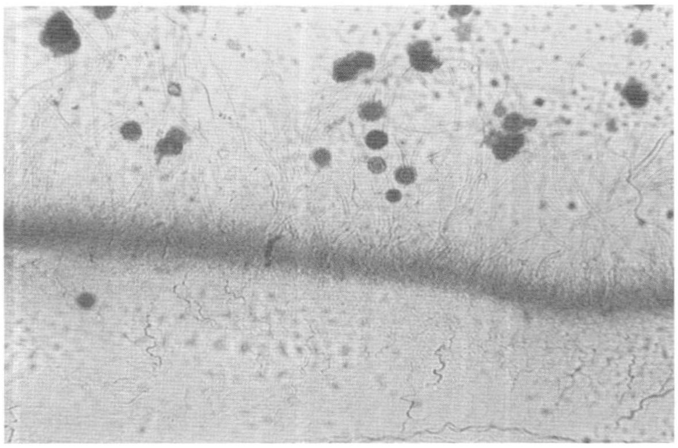

그림 5. 누룩곰팡이

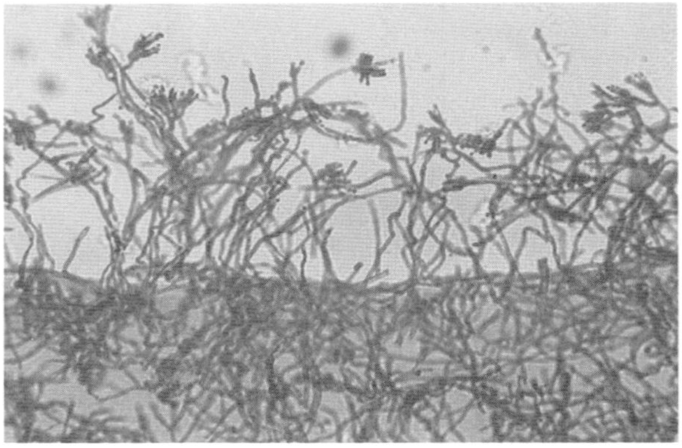

그림 6. 푸른곰팡이

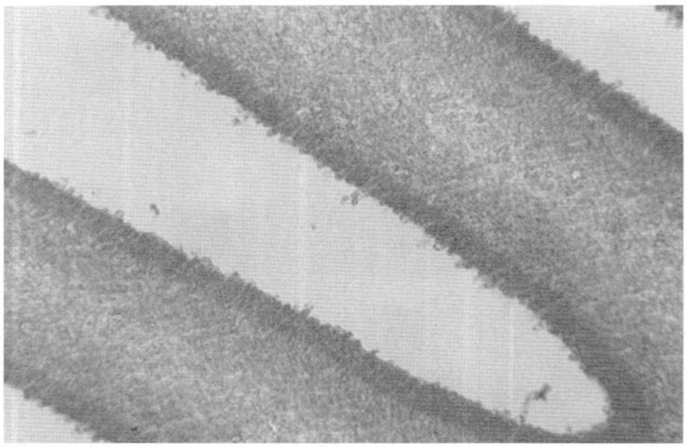

그림 7. 송이버섯

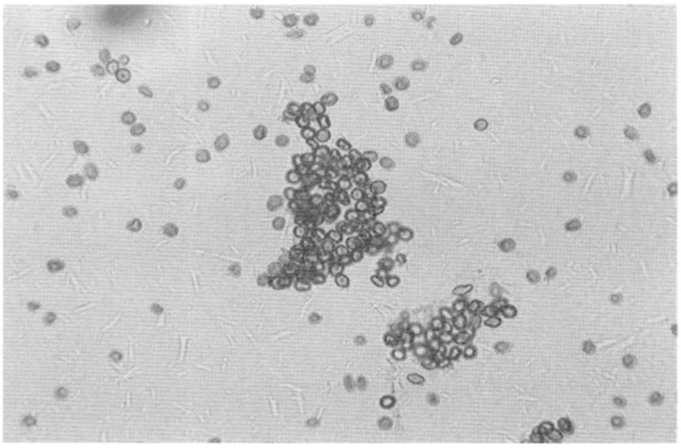

그림 8. 깜부기균

과제 12. 영구프레파라트 관찰 결과를 스케치 하시오.

학 과 : 학 번 : 이 름 :

재료: (배)	재료: (배)
재료: (배)	재료: (배)
재료: (배)	재료: (배)

(절취선)

학 과 : 학 번 : 이 름 :

재료: (배)	재료: (배)
재료: (배)	재료: (배)
재료: (배)	재료: (배)

일반생물 제13주

혈관, 혈액, 혈액형과 유전자 빈도

Ⅰ. 실험 목적(Purpose of the study)

혈관 및 혈액에 대해 알아보고 혈액형의 판정과 유전자 빈도를 조사한다.

Ⅱ. 배경지식(Background of the study)

1. 혈액의 구성

사람의 혈액은 무게가 체중의 8%를 차지하며, 물보다 점성이 5~6배 크고 pH는 약 7.4이다.

1-1. 혈구(blood cell)

1. 적혈구(erythrocyte, red blood cell; RBC): 산소운반

직경이 6~8㎛ 정도인 가운데가 오목한 원반형이며, **핵이 없다.** 적혈구는 혈구 중 가장 그 수가 많아서 혈액 1㎕당 약 400만~600만 개가 들어 있다. 적혈구에는 산소를 운반하는 혈색소인 헤모글로빈(hemoglobin;Hb)이 들어 있기 때문에 붉게 보이며, 그 결과 혈액 전체도 붉은 색을 띤다.

2. 백혈구(leucocyte, white blood cell; WBC): 식균작용

백혈구는 직경이 12~25㎛ 정도로 모양이 일정하지 않으며 **핵을 가지고 있다.** 백혈구의 1차적 기능은 아메바 운동(위족 운동)을 통해 체내에 들어 온 병원균이나 세균을 잡아먹는 식균작용이며, 항체를 생산하여 면역에도 관여한다. 백혈구의 수는 혈액 1㎕에 6,000~8,000 개가 들어 있으며 , 특히 몸에 염증이 있을 때에는 그 수가 급격히 늘어난다. 림프절에서 만들어지는 림프구도 백혈구의 일종이다

3. 혈소판(blood platelet): 혈액응고

혈소판은 골수의 거대 세포의 위족이 잘라져서 만들어진 것으로 모양이 일정하지 않으며 **핵이 없다.** 직경은 2㎛ 정도로 적혈구 보다 작고 혈액 1㎕에 20만~30만 개가 들어 있다. 혈소판은 혈액응고에 관계하는 효소인 트롬보키나아제가 있어 피브린이라는 응고단백질을 생성하도록 도와준다.

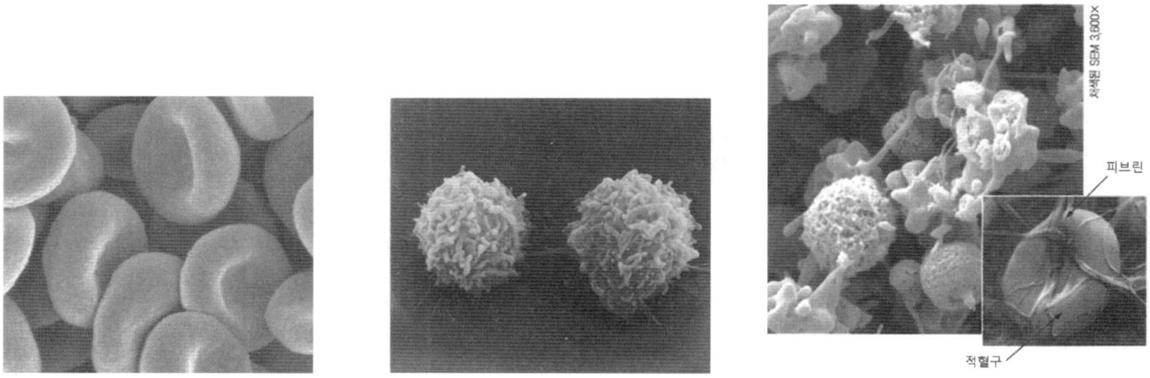

A. 적혈구　　B. 백혈구　　C. 혈소판

그림 1. 혈액의 구성성분

1-2. 혈장

혈장이라고 하는 혈액의 액체 성분은 혈액 전체 양에서 50~60%를 차지한다.

2. 혈액의 기능

2-1. 운반작용

혈액의 가장 주된 작용은 물질의 운반이며, 영양분, 호르몬, 노폐물은 혈장에 의해, O2와 CO2는 적혈구에 의해 운반된다.

2-2. 조절작용

혈액의 삼투압, pH, 혈당량, 체온 등을 조절하여 항상성 유지한다.

2-3. 방어작용(보호작용)

1. 혈액의 응고

혈액의 출혈을 막아주는 혈소판과 피브리노겐을 가지고 있기 때문에 과도한 출혈로 사망하는 경우는 거의 없다.

2. 식균작용

백혈구는 식균 작용으로 체내에 들어온 세균이나 해로운 이물질을 제거한다.

3. 항체형성

외부에서 이물질이나 병원체가 체내에 침입하면 혈장에서 항체가 만들어져서 우리 몸을 보호하는 작용을 한다.

3. 혈액형

3-1. ABO식 혈액형

1. 응집원과 응집소

사람의 적혈구 표면에는 항원에 해당하는 응집원이 있고 , 혈청 속에는 항체에 해당하는 응집소가 있다. 이러한 응집원에는 A와 B, 응집소에는 α와 β의 두 종류가 있다. 그런데, 응집원 A와 응집소 α가 만나거나 응집원 B와 응집소 β가 만나면 응집 반응이 일어나게 된다.

2. 혈액형의 판정

혈액형의 판정에는 A형(응집소 β가 있음)과 B형(응집소 α가 있음)의 표준혈청이 사용된다. A형과 B형의 표준혈청에 모두 응집이 일어나지 않으면 O형, A형과 B형의 표준혈청에 모두 응집이 일어나면 AB형, A형의 혈청에만 응집이 일어나면 B형, B형의 혈청에만 응집이 일어나면 A형으로 판정한다.

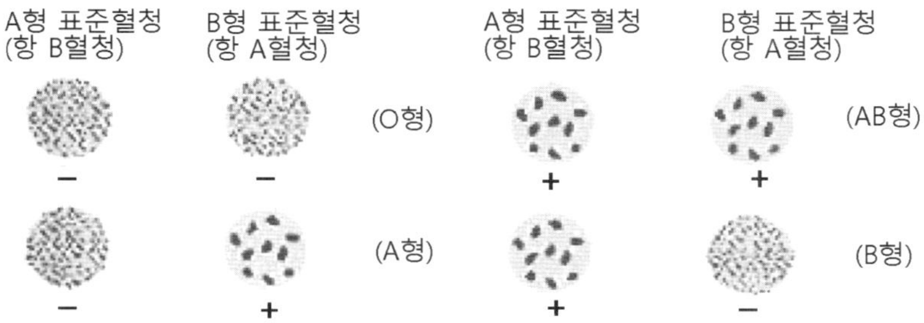

그림 2. ABO식 혈액형의 판정

3-2. Rh식 혈액형

토끼에게 붉은털원숭이의 혈액을 주사하면, 토끼의 혈액속에 붉은털원숭이의 혈액에 대한 항체(응집소)가 생기는데, 이와 같이 항체가 형성된 토끼의 혈청은 붉은털원숭이 뿐만 아니라 사람의 적혈구도 응집시킨다는 사실을 발견했다. 이것은 붉은털원숭이와 사람의 적혈구에 공통으로 항원이 존재하기 때문인데, 이를 Rh인자라고 한다. Rh항원도 유전성이며, Rh+가 Rh−에 대해 우성이다.

1. **Rh+형**: Rh인자가 있는 사람, 응집반응이 일어남
2. **Rh−형**: Rh인자가 없는 사람, 응집반응이 일어나지 않음

4. 혈액형의 유전자 빈도

ABO혈액형의 유전자는 IA, IB 및 I로 표시하며, IA와 IB는 I에 대하여 우성이고, IA와 IB사이에는 우열관계가 없다.

1. IA, IB 및 I 인자의 빈도를 각각 p, q 및 r이라 한다.
   $\therefore p + q + r = 1$
2. 혈액형을 멘델집단(임의교배집단)에서 얻은 것으로 가정하면, 6종류의 인자형 빈도는 Hardy−

Weinberg 법칙에 따라$(p + q + r)^2$를 전개한 각 항과 같아진다.

$(p + q + r)^2 = p^2 + 2pq + 2pr + q^2 + 2qr + r^2$의 우변의 각 항에 해당한다.

표 1. ABO혈액형의 표현형에 따른 표현형 빈도 및 인자형 빈도

표 현 형	표 현 형 빈 도	인 자 형 빈 도
O형	$N\ (r^2)$	$r = \sqrt{r^2}$
A형	$N\ (p^2 + 2pr)$	$p = 1 - \sqrt{(q^2 + 2qr + r^2)}$
B형	$N\ (q^2 + 2qr)$	$q = 1 - \sqrt{(p^2 + 2pr + r^2)}$
AB형	$N\ (2pq)$	

※ N = population size

※ 인자형빈도 r은 genotype OO의 빈도를 말하는 것이고, p = AA, q = BB의 빈도를 말하는 것이다. 표현형에서 나타난 A형의 빈도 보다 genotype의 AA의 빈도가 적게 나와야 한다.

i) $r = \sqrt{O}$형 빈도 ---------------------- r값을 구한다.

ii) A형 빈도 + O형 빈도 = $(p^2 + 2pr) + r^2 = (p + r)^2$

$p + r = \sqrt{A}$형 빈도 + O형 빈도 ----------------------- p값을 구한다.

iii) $p + q + r = 1$ ------------------- q값을 구한다.

Ⅲ. 실험 디자인(Experimental design)

Ⅳ. 실험(Experiment)

1. 실험 재료(Materials)

- ▶ 받침유리
- ▶ lancet
- ▶ 이쑤시개
- ▶ Anti−A 혈청
- ▶ Anti−B 혈청
- ▶ Anti−D (Rh_o) 혈청
- ▶ 소독솜
- ▶ 사혈기

2. 실험 방법(Methods)

2−1. ABO 및 Rh혈액형 판정

1. 1인당 2개의 받침유리를 준비한다.
2. 1개의 받침유리를 흰색 종이 위에 올려놓고 Anti−A, B 혈청을 각각 한 방울씩 떨어뜨린다. 나머지 한 개의 받침유리도 흰색 종이 위에 올려놓고 Anti−D 혈청을 한 방울 떨어뜨린다.
3. 소독솜으로 손가락 끝을 소독한 후, lancet으로 찔러 피가 나오도록 한다.
4. Anti−A, B, D혈청에 각각 혈액 한 방울씩을 떨어뜨린다.

5. 이쑤시개로 혈액과 항혈청을 각각 골고루 섞은 다음, 응집 여부를 판정한다. **이 때 각각의 혈청을 섞을 때마다 새로운 이쑤시개를 사용하여야 한다.**

| 주의사항 |

1. 혈액이 묻은 재료들은 반드시 의료폐기물 박스에 버릴 것
2. 사용한 lancet은 뚜껑을 닫아서 버릴 것
3. 본인의 혈액이 타인에게 묻지 않도록 주의 바람

2-2. 유전자 빈도계산

1. 각 조에서 조사한 ABO식 혈액형의 자료를 수집하여 전체 유전자 빈도를 구한다.

2-3. 영구프레파라트 관찰

1. 미리 준비된 영구프레파라트를 광학현미경에 고정시키고 조별로 이동하면서 관찰한다.

No.	표본명
1	Stomach Sec(blood vessel)
2	Liver Sec(blood vessel)
3	Limph Node Sec(blood vessel)
4	Lungs Sec(blcod vessel)
5	Kidney Rat L.S(blood vessel)
6	Human blood
7	흰쥐의 혈액
8	개구리의 혈액
9	Fish blood

V. 결과(Results)

VI. 14주차 실험 주요어(Key words)

1. 개체군
2. 군집
3. 생태계
4. 방형구법
5. 표지재포법
6. 군집의 분석

[심화 학습]

1. Hardy－Weinberg 법칙과 유전자 빈도 계산의 예시

한 집단 내에 모든 유전자들을 합쳐서 유전자 풀(gene pool)이라 한다. p를 어떤 유전자 풀에서 한 유전자 빈도라고 하고 대립유전자(allele)를 q라 할 때, 임의교배에서 나타나는 3가지 유전자형 pp, pq, qq의 상대빈도는 p2, 2pq, q2이다.

p2는 p인자에 대해 동형접합인 집단의 비율이 되고, q2는 그의 대립인자인 q인자에 대해 동형접합인 집단의 비와 같으며 2pq는 집단내의 이형접합체들의 비율을 나타낸다. 그래서 열성유전자들은 집단 내에 아무리 적어도 쉽게 없어지지 않는다. 일정 조건이 충족되는 한 무작위로 교배되는 집단에서의 유전자 빈도(gene frequency)와 유전자형 비율(genotype ratio)은 세대가 계속되어도 변하지 않고 평형상태에 있게 되는데, 이러한 원리를 Hardy－Weinberg법칙이라 한다. Hardy－Weinberg law의 진화상의 의미는 이 법칙을 적용 할 수 있는 조건에서는 유전자 풀의 변화가 일어나지 않는 것을 뜻하며 따라서 집단은 변이의 저장(reservoir of variability)을 유지 할 수 있어 닥치는 어떤 새로운 조건의 요구에 따라 집단의 유전적 조성을 바꿀 수 있다는 사실이다. 만약 열성 대립인자들이 계속 사라지는 경향을 나타낸다면 집단내의 개체들은 모두 얼마 안 가서 동형 접합이 될 것이다. 이와 같은 인자 형성으로 균일해지면 변이가 없는 상태여서 유전적 변화의 기회를 잃게 된다. Hardy－Weinberg law의 조건에서는 당장 선택적인 가치가 없는 인자도 보존 유지될 수 있다. 즉 어떤 시기에 환경이 변화될 때 바로 이 인자들은 그 생물이 생존할 수 있는 열쇠를 쥐게 되며, 그들이 존재함으로써 진단 자체가 멸종되는 것을 막을 수 있다.

2. 하디–바인베르크 법칙의 조건

1. 교배는 완전히 무작위여야 한다.
2. 돌연변이는 있을 수 없다.
3. 이입과 이출이 없다.
4. 대립유전자는 멘델의 제 1법칙에 따라 분리되어야 한다.
5. 기대값은 개체군과 표본집단의 크기가 대단히 클 때에 한해서 정확하다.
6. 개체군에는 선택이 작용하지 않는다.

   ⇒ 하디–바인베르크 평행을 붕괴시킬 수 있는 두 가지 요인들은 돌연변이와 자연선택이다.

3. 유전자 빈도 계산 예시

표 현 형	표 현 형 빈 도	인 자 형 빈 도
O형	N $(r^2) = 28$	$r^2 = 0.28$ $r = 0.529$
A형	N $(p^2 + 2pr) = 34$	$q^2 + 2qr = 0.27$ $p = 1 - \sqrt{(q^2 + 2qr + r^2)}$ $p = 1 - \sqrt{(0.27 + 0.28)} = 0.258$
B형	N $(q^2 + 2qr) = 27$	$p^2 + 2pr = 0.34$ $q = 1 - \sqrt{(p^2 + 2pr + r^2)}$ $q = 1 - \sqrt{(0.34 + 0.28)} = 0.213$
AB형	$N(2pq) = 11$	

과제 13-1. 영구프레파라트 관찰 결과를 스케치 하시오.

학 과 : 학 번 : 이 름 :

재료: (배)	재료: (배)
재료: (배)	재료: (배)
재료: (배)	재료: (배)

(절취선)

학 과 : 학 번 : 이 름 :

재료: (배)	재료: (배)
재료: (배)	재료: (배)

과제 13-2. 유전자 빈도를 계산하시오.

표현형	표 현 형 빈 도	인 자 형 빈 도
O형		
A형		
B형		
AB형		

일반생물 제14주

생태계 군집 조사법

Ⅰ. 실험 목적(Purpose of the study)

생태계의 구성요소인 개체군과 군집의 정의를 이해하고, 개체군 크기측정법을 이용하여 군집의 구조 및 특징을 파악한다.

Ⅱ. 배경지식(Background of the study)

1. 생태계

대기, 물, 토양 등의 무기환경과 동물, 식물 등의 생명체로 구성되며 이들은 서로 끊임없이 물질순환을 하고 있다. 따라서 이들을 분리하면 전체로서의 기능 및 구성요소로서의 기능을 파악할 수 없기 때문에 무기환경과 생물을 묶어서 하나의 총체적인 체계로 파악하는데 이를 생태계(ecosystem)라고 한다.

2. 개체군과 군집의 정의

2-1. 개체군

일정한 지역에 모여 사는, 서로 자유로운 교배가 일어나는 동일 생물종의 집단을 개체군이라고 한다.

2-2. 군집

동일한 지리적 영역에서 생활하고 있는 모든 종들의 집합체를 군집이라고 하며, 생물군집을 이루는 개체군은 먹이관계 등 서로 긴밀한 유기적 연관관계를 유지한다.

그림 1. 생태계 내에서 개체군과 군집의 구조

3. 개체군 크기 측정법

집단(population) 또는 군집(colony)의 구조를 파악하기 위하여 전체 개체수를 측정할 필요가 있으나 실질적으로는 불가능하므로, 조사지역 내의 일정 표본을 추출하여 측정함으로써 전체 군집의 구조를 추정하게 된다. 군집의 특성을 알아내는 방법으로는 표지재포법과 방형구법 등이 있다.

3-1. 표지재포법(marking and recapture method)

어떤 개체군의 일부분을 포획하여 표시한 후 다시 풀어주고, 일정기간이 지난 후 다시 포획하여 표시된 수와 표시되지 않은 수의 비율로써 개체군의 크기를 추정하는 방법으로 이동성이 있는 동물인 경우 실행하는 방법이다. 직접 세기 곤란한 개체수를 추정하여 군집의 특성을 평가하는데 이용한다.

N= MC/R (N: 개체군의 크기, M: 표시한 수, C: 재포획한 수, R: 재포획시 표시된 수)

3-2. 방형구법(quadrat method)

일정 면적의 조사구를 설정하여 그 지역 내의 모든 동물 혹은 식물의 전수를 정량적으로 확인하는 방법이다. 또한 밀도, 빈도, 피도를 이용해서 우점종을 결정하는데도 이용된다(그림 2).

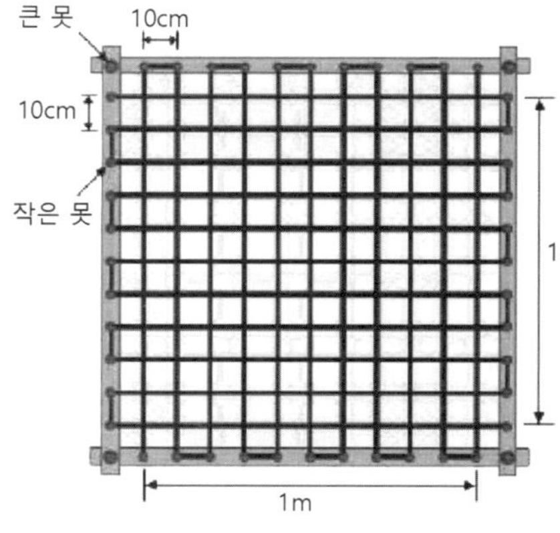

그림 2. 방형구(1m x 1m)의 형태

4. 개체군 구조 분석

4-1. 밀도

단위면적당 어떤 종의 개체수를 말한다.

4-2. 빈도

군집 내에서 종의 분포가 고른 정도 및 이것에 따른 종 사이의 양적 관계를 알기 위하여 측정한다.

4-3. 피도

관찰자가 식물 생장 높이 위에서 방형구를 내려 볼 때, 어떤 종이 조사지역의 지표면을 덮고 있는 정도를 백분율로 나타낸 것이다. 따라서 피도가 크다는 것은 조사 지역 내에서 어떤 종이 차지하는 면적이 다른 종에 비하여 상대적으로 많다는 것을 의미한다.

4-4. 우점도

식생조사에서 피도를 이용하여 어떤 종의 우점 상태를 평가하는 척도를 우점도라고 한다. 우점종이란 조사지역(방형구)에서 피도나 개체수가 다른 종에 비하여 상대적으로 높은 비율을 차지하고 있는 종을 말한다. 어떤 종이 우점하고 있다는 것은 서식 환경이 우점종에 유리하다는 것을 의미하기 때문에 우점종과 서식환경의 관계를 이해하는데 도움이 된다.

1. **밀도(density)** $= \dfrac{\text{어떤 종의 총 개체수}}{\text{조사한 총면적}}$
2. **상대밀도(relative density)** $= \dfrac{\text{density for a species}}{\text{total density for all species}} \times 100$
3. **우점도(dominance)** $= \dfrac{\text{어떤 종의 총피도(coverage)}}{\text{조사한 총면적}}$
4. **상대우점도(relative dominance)** $= \dfrac{\text{dominance for a species}}{\text{total dominance for all species}} \times 100$
5. **빈도(frequency)** $= \dfrac{\text{어떤 종이 출현한 방형구 수}}{\text{조사한 총 방형구 수}} \times 100$
6. **상대빈도(relative frequency)** $= \dfrac{\text{frequency value for a species}}{\text{total frequency values for all species}} \times 100$
7. **피도(coverage)** $= \dfrac{\text{식물이 덮는 면적}}{\text{전체 지면 면적}} \times 100$
8. **중요도(importance value)** = 상대밀도 + 상대우점도 + 상대빈도

Ⅲ. 실험 디자인(Experimental design)

IV. 실험(Experiment)

1. 실험 재료(materials)

▸ 방형구(20cm × 20cm) ▸ 색종이

2. 실험 방법(methods)

2-1. 표지재포법(marking and recapture method)

1. 색종이의 전체 수를 센다.
2. 색종이를 바닥에 뿌린다.
3. 임의로 한 부분을 골라 표시한 후 표시한 색종이를 센다.
4. 표시한 색종이와 표시하지 않는 색종이를 잘 섞는다.
5. 색종이를 다시 바닥에 뿌린 후 임의로 한 부분을 골라 표시된 수를 센다.
6. 전체 색종이 조각의 숫자를 공식에 의해 계산한다.
   (N= MC/R (N: **개체군의 크기**, M: **표시한 수**, C: **재포획한 수**, R: **재포획시 표시된 수**)

2-2 방형구법(quadrat method)

1. 색종이를 바닥에 적당한 면적으로 뿌리고 방형구(20cm×20cm)를 설치한다.
2. 각각의 색깔을 해당 식물 종의 개체군으로 가정한다(e.g. 빨강: 소나무, 주황: 참나무, 노랑: 국화, 녹색: 여뀌, 파랑: 골무꽃 검정: 질경이 보라: 물봉선).
3. 방형구 안의 각 식물종(색깔)에 대한 개체수와 그 식물종이 차지하고 있는 면적을 기록한다.
4. 위와 같은 식으로 4회 반복하여 실시한다.
5. 식물 종에 따른 1)밀도, 2) 빈도, 3) 피도, 4) 우점도 등을 산출하여 군집의 특성을 밝힌다.

V. 결과(Results)

과제 14. 다음의 표를 완성하고, 군집의 특성을 밝히시오.

학 과 : 학 번 : 이 름 :

표 1. 식물 군집의 조사 결과표

색종이 색깔 (출현식물명)	1회		2회		3회		4회		5회	
	개체수	면적	개체수	면적	개체수	면적	개체수	면적	개체수	면적
1.										
2.										
3.										
4.										
5.										
6.										
7.										

(절취선)

표 2. 식물 군집의 조사 분석표 1

색종이 색깔 (출현식물명)	밀도(개체수/m^2)						빈도(%)					
	1회	2회	3회	4회	5회	평균	1회	2회	3회	4회	5회	평균
1.												
2.												
3.												
4.												
5.												
6.												
7.												

표 3. 식물 군집의 조사 분석표 2

색종이 색깔 (출현식물명)	피도(%)						우점도					
	1회	2회	3회	4회	5회	평균	1회	2회	3회	4회	5회	평균
1.												
2.												
3.												
4.												
5.												
6.												
7.												

일반생물 제15주

실험 기말고사

부 록

부록 1

일반생물학 실험보고서 작성 지침

1. 목적

이 **〈실험보고서 작성 지침〉**은 일반생물학 실험보고서는 물론, 교육과정 이수 중에 부과되는 여러 전공과목의 보고서 제출에 대비하여, 학생들로 하여금 일관되고 통일된 체제로 다양한 보고서를 작성하게 함은 물론, 더 나아가 효율적으로 졸업논문 작성 능력을 배양하도록 함에 그 목적이 있다. 이를 위하여 〈일반생물학 실험보고서의 종류, 체제 및 내용〉, 〈보고서 작성 요령〉, 〈보고서 제출〉 등과 관련된 주요 내용들을 정리하여 아래와 같이 제시하였다.

2. 일반생물학 실험보고서의 종류 및 내용 구성

2-1. 보고서 종류

1. 임시 실험보고서

1. 실험 진행에 따라 도출된 결과를 매주 실험 내용의 마지막 부분에 제시된 **〈과제〉**에 반영한다.
2. 정해진 시간 내에 스케치 또는 표의 작성을 최대한 수행하여, 신속·정확하게 결과를 작성한다.
3. 실험종료 전에 〈과제〉의 내용, 실험 진행과정 및 결과를 촬영하여 보관하며, 작성된 **〈과제〉**는 절취선을 따라 절취한 후, **실험 종료시 제출**한다.

2. 완결 실험보고서

1. 실험서 내용, 제출된 〈임시 실험보고서〉, 촬영된 화상자료 및 관련 인용문헌 등을 바탕으로 작성된, 파일 형태의 완성된 보고서이다.
2. 아래의 내용을 바탕으로, 면밀한 체계를 갖춰 정성스럽게 작성한 후, **다음 실험 전까지 제출**한다.

2-2. 보고서 내용의 구성

1. 실험 목적(purpose of experiment)

1. 가설에 대한 검증을 위하여, 진행되는 실험이 무엇을 위한 것인지를 기술한다.
2. 실험을 통하여 알려진 생명현상 중 무엇을 확인하기를 원하는지 구체적으로 기술한다.
3. 미지의 생명현상 탐구가 목적일 경우, 현상 분석을 위한 실험의 조건 변화 및 그 범위를 명확히 기술한다.

2. 배경지식(background knowledge)

1. 실험 결과의 원활한 도출을 위하여 기본적으로 알아야할 지식을 정리한다.
2. 실험서의 〈배경지식〉은 핵심 내용만을 압축·정리하며, 이를 포함하여 그밖의 관련 내용을 5쪽 이내로 간략하게 정리한다.
3. 이 항목을 통하여 다양한 생명현상에 대한 **지식**(knowledge), **이해력**(comprehension), **적용력**(application), **분석력**(analysis), **종합력**(synthesis) 및 **평가력**(evaluation)을 배양할 수 있게 되기를 기대하며, **보고서 평가의 주요 대상**이다.
4. 실험 1주일 전에 다음 실험에 대한 주요어(keywords)를 5개 이내로 제시하여 미리 학습토록 한다.
5. 주요어에 대한 예습은 인터넷 정보를 통하여 수행하며, 2쪽 이내로 정리하여 보고서에 반영한다.

3. 가설 설정(setting up hypothesis)

1. 지금까지 알려진 사실을 바탕으로, **〈두 변수 간의 관계를 잠정적인 결론을 제시하여 검증이 가능하도록 기술〉**하는 부분으로서, 가설이 논리적구체적으로 설정되도록 한다.
2. 자연현상의 원인과 결과를 조건부와 종결부로 간단명료하게 설정하며, 검증의 가능성 및 필요성, 변수 간 관계의 명확성을 충분히 고려한다.
3. 학부 과정에서의 실험은 이미 알려진 생물학적 사실들에 대한 **〈확인 과정〉**이다. 따라서 당시와는 상이한 다양한 실험 재료 및 방법의 조건하에서 도출되는 결과임을 고려하여, 알려진 사실들과의 적합성(일치성) 여부를 판단하는 입장에서 가설을 설정하는 것이 바람직하다.

4. 실험(experiment)

가설을 검증하기 위하여 인위적으로 설정된 조작 과정으로서, 자연 상태와 가장 유사한 실험환경을 유지하도록 하며, 가설을 입증하거나 반증하도록 설계되어야 한다.

(1) 실험 재료

1. 실험에 사용되는 기자재의 종류, 용도, 수량, 사용법 등을 자세히 기술한다.
2. 실험에 사용되는 시약의 종류, 용도, 제법, 사용법 등을 자세히 기록한다.

(2) 실험 방법

1. 기자재의 설치에서부터 실험 진행, 관찰, 실험 결과의 도출 및 결과의 정리에 이르기까지, 전 과정을 시간대별로 상세하게 기록한다.
2. 실험의 주안점, 주의하여야할 점, 실험 후 기자재의 원상복구 및 잔여시약의 처리방법 등을 세밀하게 기록한다.

5. 결과(results)

1. 실험 결과를 〈스케치(밑그림)〉나 〈표〉로 작성하여 결과에 반영한다.
2. 〈스케치〉에는 부위별 명칭에 대한 〈국문(영문)〉 용어가 병기되어야 하며, 〈수평지시선〉 또는 〈사선+수평지시선〉과 함께 우측에 수직으로 열을 맞춰 정렬되어야 한다.
3. 스케치는 스캔하거나 촬영하여 파일화한 후 보고서의 결과 부분에 포함시킨다.
4. 중요한 관찰 사실이나 기록할만한 실험의 진행 상황을 카메라로 **〈촬영〉**하여 보관하며, 그 사진들을 간단한 설명과 함께 하나 또는 여러 개의 **〈그림〉**으로 편집한 후, **〈결과〉**의 내용에 포함시키거나 보고서 뒤에 **[별첨]**으로 제시한다.
5. 기록된 결과들을 실험 목적 및 주제에 부합되도록 체계 있게 정리한다.

6. 고찰(discussion)

1. 실험 결과의 객관적인 분석 및 그 안에 내재된 의미를 해석한다.
2. 실험을 통하여 밝혀진(확인된) 사실들을 바탕으로 가설의 기각 여부를 판정한다.
3. 실험교육의 목적과 관련하여, 자체적인 실험준비 상태, 실험진행 과정에서의 기자재 조작상의 문제점, 실수, 결과 도출의 성패 등에 대하여 원인 분석과 함께 논의한다.
4. 다음의 실험을 위하여 좋았던 점, 새롭게 깨달았던 점, 보완점, 전반적으로 개선해야할 점 등을 가감 없이 기록한다.
5. 실험 수업을 통하여, **인지적 수업목표**(cognitive objectives; Bloom, 1956)의 달성이 기대되는 중요한 항목이며, **보고서 평가의 주 대상**이다.

7. 인용문헌(literature cited)

본문의 작성에 참고하였던 문헌이나 자료를 아래의 〈**3. 실험보고서 작성 요령**〉에 준하여 기술한다.

3. 실험보고서 작성 요령

3-1. 보고서 체제

1. 보고서 유형〈표 1〉

실험보고서는 〈I. 실험 목적, II. 배경지식, III. 가설 설정, IV. 실험, V. 고찰, VII. 인용문헌〉으로 구성되며, 이 〈작성 요령〉은 실험·실습보고서는 물론 여타 과목의 과제보고서 및 졸업논문(학사학위논문) 등에도 적용할 수 있다.

〈표 1〉 보고서 및 졸업논문의 유형 및 유형별 내용 구성

보고서 및 졸업논문의 유형		내용 구성에 따른 큰제목 사용의 예
보고서	실험보고서	I. 실험 목적, II. 배경지식, III. 가설 설정, IV. 실험, V. 고찰, VII. 인용문헌
	실습보고서	I. 실습 목적, II. 서론, III. 조사 방법, IV. 결과, V. 고찰, VI. 인용문헌
	과제보고서	I. 과제 목적, II. 서론, III. 조사 방법, IV. 결과, V. 고찰, VI. 인용문헌
졸업논문	실험 논문	요약, I. 서론, II. 재료 및 방법, III. 결과, IV. 고찰, V. 인용문헌
	총설(review)	요약, I. 서론, II. 본론, III. 결론, IV. 고찰, V. 인용문헌

2. 보고서 작성 도구

보고서는 모두 한글 Word Processor로 작성하여야 한다.

3. 보고서 용지 규격 및 편집범위

1. 보고서는 A4 규격(210mm×297mm)을 사용하여 작성한다.
2. 편집범위는 〈왼쪽 30; 오른쪽 30; 위쪽 20, 머리말 10; 아래쪽 20, 꼬리말 10〉의 여백을 설정하여 〈150x237mm〉 범위로 표준화한다.

4. 본문의 편집 규격

1. 〈글자모양-기본〉에서 〈휴면명조, 10pt, 보통, 장평 100〉으로 설정한다.
2. 〈문단모양-기본〉에서 〈첫줄: 보통 / 줄간격: 160 / 줄나눔: 한글-글자, 영어-단어〉로 통일한다.

3-2. 본문의 작성

1. 내용 편집, 문단 및 문장 구성

1. 편집범위 내에 제목, 본문, 표, 그림 등을 보기 좋게 배열한다.
2. 본문 내의 모든 문단은 문단 시작 줄의 넷째 칸부터 문장을 시작하고, 각 문단은 2줄 이상의 문장으로 구성되도록 한다.
3. 본문의 문장은 내용의 전달이 용이하도록 최대한 간결·명확하게 작성되도록 유의하며, 서술부에서 동일한 어구가 반복되지 않도록 한다.

2. 측정 단위의 표기

1. 〈-, +, ℃, μ〉 및 일부 특수문자를 제외하고는 모두 자판의 글자를 사용한다(예: 문자표의 ㎛, ㎜, ㎝, ㎟ → μm, mm, cm, mm^2로 표기).
2. 숫자와 단위는 붙여 표기한다.

3. 제목의 표기 및 줄띄움〈표 2〉

1. 모든 제목은 〈맑은고딕, 굵게〉 표기하고, 양쪽정렬하며, 〈소제목〉을 제외하고는 각 줄의 첫째 칸부터 시작한다.
2. 보고서의 구성, 내용의 복잡성 등에 따라 제목의 종류를 적절히 선택하여 사용한다.
3. 큰제목(14~15pt), 중간제목(13pt, 12pt, 11pt), 표준제목(10pt), 소제목(10pt)으로 구분하여, 다음과 같이 시각적으로 차별화한다.
4. 본문의 모든 〈줄띄움〉은 10pt 크기로 통일한다.
5. 본문에 삽입된 〈표〉와 〈그림〉의 제목은 **〈맑은고딕, 9pt, 진하게〉** 표기하며, 아래의 예시를 따른다**〈표 3〉**.

〈표 2〉 제목의 종류 및 줄띄움의 유형

제목 종류	크기	사용 기호	줄띄움	편집
큰제목	14~15pt	Ⅰ., Ⅱ., Ⅲ. 등	위 2줄 띄움	양쪽정렬, 굵게; 첫째 칸부터 시작
중간제목	13pt	1., 2., 3. 등	위 2줄, 아래 1줄 띄움	양쪽정렬, 굵게; 첫째 칸부터 시작
	12pt	1-1., 1-2. 등	위·아래 1줄 띄움	양쪽정렬, 굵게; 첫째 칸부터 시작
	11pt	가., 나., 다. 등	위·아래 1줄 띄움	양쪽정렬, 굵게; 첫째 칸부터 시작
표준제목	10pt	1., 2., 3. 등	위·아래 1줄 띄움	양쪽정렬, 굵게; 첫째 칸부터 시작
소제목	10pt	1., 2., 3. 등	위 1줄, 아래 줄띄움 없음	양쪽정렬, 굵게; 넷째 칸부터 시작

〈표 3〉 표와 그림의 제목 표기 예

제목 구분	국문 표기 예	영문 표기 예
표	표 1. 출현종 목록	Table 1. Respiratory activity of SMP
그림(도판)	그림 1. 계절별 출현종수의 변동	Fig. 1. Morphological characters of P. *brachycarpa*

4. 표의 작성 및 편집

(1) 표의 작성

1. 〈표〉의 〈가로폭〉은 기본적으로 편집범위의 〈가로폭〉에 맞춘다.
2. 〈표〉의 내용은 〈표만들기〉 후 〈표〉의 바깥여백은 모두 0mm, 셀의 안여백은 모두 0.5mm, 줄간

130%, 맑은고딕, 9pt, 보통〉으로 설정 후 작성한다.

3. 〈표〉의 가로선에서, 첫째 행(가로)의 상하 테두리는 0.4mm 굵기의 선을 사용하고, 글자도 진하게 표시하며, 마지막 행의 아랫줄도 진하게게 표시하여 〈표〉가 눈에 잘 뜨이도록 한다.
4. 〈표〉의 제목은 〈맑은고딕, 9pt, 진하게, 줄간 130%〉로 표시한다.
5. 표에 대한 부가적인 설명이 필요한 경우, 제목 아래에 줄 바꿔서 〈맑은고딕, 9pt, 보통, 줄간 130%〉로 표기하며, 양쪽정렬한다.

(2) 표의 편집

1. 〈표〉 작성 시, 〈가로폭〉을 편집범위의 〈가로폭, 150mm〉에 맞춘다〈표 4〉.
2. 〈표〉의 위와 아래에는 각 1줄씩 띄워 본문 내용과 구분되게 한다〈표 4; 표 5; 표 6〉.

〈표 4〉 표가 편집범위의 좌우 폭에 맞도록 편집된 예

Date	Temp.(℃)			Intensity(μmol/s/m^2)		duration
	Max.	Min.	Avg.	Max.	Avg.	hrs.
12. 08. 01	36.7	23.3	28.3	2245.3	247.3	14
12. 08. 02	32.7	24.3	26.1	1122.6	137.0	14
12. 08. 03	36.0	23.5	27.2	1173.7	218.8	14
Avg.	35.1	23.7	27.2	1513.9	201.0	14

[참고] 상기 자료는 Hobo에 의해 자생지에서 별도의 해가림 없이 노출된 상태에서 측정된 것임

3. 〈표〉의 상하 폭이 작아 문장 사이에 삽입할 경우, 마우스의 오른쪽 버튼을 눌러 〈본문과의 배치-어울림〉을 선택한 후, 〈표〉의 오른쪽(또는 왼쪽)으로 3mm, 아래로 3mm를 띄워 본분과 일정 간격 떨어지도록 한다〈표 5〉.
4. 〈표〉의 행이 길어서 편집범위를 과도하게 넘기는 경우는 분할하여 **〈다열편집〉**한다〈표 6〉.

〈표 5〉 표의 길이가 짧을 경우의 편집 예

Character / Taxon	Adaxial Epidermal cell	
	length (μm)	width (μm)
G. *pentaphyllum*	58.1 (75.4) 92.4	38.4 (49.4) 66.5

Minimum (mean) maximum

〈표 6〉 표의 행이 길어서 상하로 다열편집된 예

Character / Taxon	Habit	Rhizome		Stem	
		absence	shape	shape	color
S. minor	perennial herb	present	terete	slender, sulcate	green

Character / Taxon	Leaf			
	phyllotaxis	type	texture	color
S. minor	alternate	palmately	membranous or papery	green, yellowish green

Character / Taxon	Inflorescence	Flower		
	type	flowering time	type	peduncle
S. minor	axillary, panicles	Aug. to Oct.	dioecious	glabrous

Character / Taxon	Fruit			
	type	fruiting time	shape	surface
S. minor	berry, indehiscent	Oct. to Nov.	globose	glabrous

5. 〈표〉가 해당 쪽 편집범위에서 약간 모자라거나 넘으면, 흉하지 않은 범위 내에서 줄간, 셀크기, 자간 등을 조절하여 편집범위 내에 들어오도록 한다.
6. 편집범위를 과도하게 넘는 경우는 〈표〉 전체를 다음 쪽으로 넘기거나, 〈개체속성-표/셀 속성〉에서 〈기본-글자처럼 취급〉을 해제하고 〈표-쪽 경계에서 나눔〉을 설정하여, 표의 일부를 다음 쪽으로 넘긴다. 넘겨진 〈표〉 아래에는 다음에 이어지는 본문을 연결시킨다.

5. 그림(도판)의 작성 및 편집

(1) 그림(도판)의 작성

1. 그림(Figure, Drawing, Sketch) 또는 도판(Plate, Figure, Illustration)의 〈가로폭〉은 기본적으로 편집범위의 〈가로폭〉에 맞추어 작성한다.
2. **〈그림〉**은 사전적 의미로 펜화, 수채화, 삽화 등 선이나 색채를 이용하여 사물의 형상이나 느낌을 나타낸 결과물을 의미하나, 한 개 또는 여러 개의 관련된 사진이나 그림이 한 면에 단독으로 또는 순서에 따라 편집된 것을 칭하기도 한다. 한편, **〈도판〉**은 통상 한 개 또는 여러 개의 관련된 사진이나 그림이 한 면에 편집된, **〈인쇄물에 들어가는 그림〉**을 총칭한다. 보통 혼용되고 있으나, 보고서에서는 **〈그림〉**이라는 용어를 사용한다.
3. 여러 장의 관련된 그림(사진)을 하나의 〈그림(도판)〉으로 편집할 때는 이들의 배열을 고려한, 투명선으로 표시된 〈표〉 안에 해당 그림(사진)을 삽입한 후, 각 그림(사진) 밑에 순서를 나타내는 **〈숫자나 기호〉** 및 **〈척도; 축척 막대(scale bar)〉**를 반드시 표시한다.
4. 그림의 제목은 〈맑은고딕, 9pt, 진하게, 줄간 130%〉 표기한다.
5. 그림의 제목과 관련하여 이에 대한 부가적인 설명이 필요한 경우, 제목 아래에 줄 바꿔서 〈맑은고딕, 9pt, 보통, 줄간 130%〉로 표기하며, 양쪽정렬한다.
6. 그림 또는 도판은 **포토샵(.psd)** 또는 **일러스트레이터(.ai)**를 이용하여 작성한다[**부록** 2].

(2) 그림(도판)의 편집

위 〈표의 편집〉 방법에 준한다.

6. 표 및 그림(도판)의 본문 내 인용〈표 7〉

본문에 삽입된 〈표〉와 〈그림〉의 인용은 아래의 예시를 따르며, 본문 내에서 굵게 표시한다.

〈표 7〉 본문 내 〈표〉와 〈그림〉의 인용 예

구분	표기 예
표 또는 그림의 전체 인용	〈표 1〉, 〈그림 2〉, 〈표 1; 그림 2〉, 〈표 1; 표 2; 그림 2〉
그림의 부분 인용, 표와 그림의 동시 인용	〈그림 1-3〉, 〈그림 1-3,4,5〉, 〈그림 1-3,4,5; 그림 2; 표 3〉

7. 학명의 표기

모든 미생물, 조류, 균류, 동물 및 식물의 학명은 〈명명규약〉에 의거하여 정확하게 사용하여야 하며, 속명과 종소명, 변종명, 품종명은 *이탤릭체*로 표기하여야 한다.

8. 본문 내 인용문헌 표기〈표 8〉

1. 본문의 해당 부위에 〈저자의 성, 출판년도〉만을 '( )' 기호 내에 넣어 표기한다.
2. 다수 저자의 문헌 및 다수 문헌의 동시 인용일 경우, 연도순으로 배열하여 (;)으로 구분하며, 아래의 예시를 따른다.

〈표 8〉 본문 내 인용문헌의 표기

구분	표기 예
1인 또는 2인 인용의 경우	(이와 김, 1991), (Kim, 1989), (Kim and Lee, 1990)
3인 이상 인용의 경우	(이 등, 1991), (Kim et al., 1989)
2편 이상을 인용할 경우	(김, 1987; 이와 김, 1990), (Kim, 1987a,b; Lee and Park, 1988, 1989)
성 및 출판년도가 동일한 경우	(이영노, 1996; 이창복, 1996), (Lee, T.B., 1996), (Lee, T.B., 1996; Lee, Y.N., 1996)

3-3. 인용된 문헌의 정리

1. 인용문헌의 기재 순서〈표 9〉

인용 유형에 따라 서지정보를 정확히 기재하며, 각 항목 끝에 마침표(.)를 넣어 구분한다.

(1) 일반 논문의 인용

〈저자명. 출판년도. 논문 제목. 잡지명. 권(호)수: 페이지.〉를 순서대로 기재한다.

(2) 단행본 또는 학위논문의 전체 인용

〈저자명. 출판년도. 단행본 제목. 권수. 출판사(또는 발행기관), 발행 도시. 총 페이지.〉를 순서대로 기재한다.

(3) 단행본 내용의 일부 인용

〈저자명. 출판년도. 인용부분의 제목. 인용부분의 페이지. *In* 단행본 저자. 단행본 제목. 권수. 출판사(또는 발행기관), 발행 도시. 총 페이지.〉를 순서대로 기재한다.

(4) 인터넷 인용

〈정보제작 기관, 정보 명칭, 검색년도, 주소〉를 순서대로 기재하며, 인터넷 주소를 활성화시킨다.

〈표 9〉 인용 유형에 따른 문헌 기재의 예

인용 유형	문헌 기재의 예
일반 논문의 인용	김종홍, 이석면. 1990. 백운산 삼림식생의 유형분석. 순천대학교 기초과학연구지 1: 153-170. 박준호, 임종택, 구관효, 조민기, 정혜란, 이정환, 문현식. 2007. 금원산 자연휴양림 산림 식생의 종조성. 한국환경농학회지 26(2): 149-158. Kim, A.B. and B.C. Lee. 1990. Ecological study of *Euglena* in Korea. Korean J. Bot. 28: 1-5 (in Korean). Kim, A.B., B.C. Lee and C.D. Park. 1990. Morphological study of seaweeds. Korean J. Phycol. 4: 1-5 (in Korean).
단행본, 학위논문의 전체 인용	박정희. 1988. 재약산 일대의 유관속 식물에 관하여. 경북대학교 석사학위논문, 대구. 52쪽. 이창복. 1980. 대한식물도감. 향문사, 서울. 990쪽 Bloom, B.S. 1956. Taxonomy of educational objectives: The classification of educational goals. Handbook I: Cognitive domain. Longman, New York. Bloom, B., Englehart, M. Furst, E., Hill, W. & Krathwohl, D. 1956. Taxonomy of educational objectives: The classification of educational goals. Handbook I: Cognitive domain. New York, Toronto, Longmans, Green. Choi, J.S. 2015. Distributional Characteristics of Vascular Plants in Province Chungcheongbuk-do, South Korea. Ph.D. thesis of Chungbuk National Univ.,

인용 유형	문헌 기재의 예
	Cheongju. 210 pp (in Korean). Lee, W.T. 1996. Coloured Standard Illustrations of Korean Plants. Academy Publishing Co., Seoul. 624 pp (in Korean).
단행본, 학위논문의 일부 인용	이우철. 1996. 원색한국기준식물도감. 아카데미서적, 서울. 83-98쪽. 함양군. 2014. 함양군 통계연보. 함양군. 125-135쪽. Baker, J.G. 1892. Handbook of the Iridaceae. George Bell and Sons. London. Pp. 1-47. Kim, A.B. and B.C. Lee. 1989. Morphological study of seaweeds. *In* Park C.D. and D.E. Chung (eds.). Flora of Korea. Vol. 2. Samhwa Publ. co., Seoul. Pp. 13-29.
인터넷 인용	산림청. 산림청 병해충검색 서비스. Retrieved 2015, from http://www.forest.go.kr/newkfsweb/mer/fip/dbhis/ selectBlightList.do?mn=KFS_02_02_02_02_02 특허정보검색서비스. Retrieved 2015, from http://www.kipris.or.kr Tropicos. Retrieved 2015, from http://www.tropicos.org.re USDA. Retrieved 2015, from http://na.fs.fed.us

2. 인용문헌의 편집

1. 인용문헌의 구역을 잡아, 〈가나다〉 또는 〈알파벳〉 순으로 정열한다.
2. 인용문헌의 배열은 국문, 영문, 기타 언어 순으로 한다.
3. 정열된 인용문헌의 구역을 잡아, 〈문단모양-기본-첫줄-내어쓰기 20〉으로 설정·편집한다.

4. 실험보고서 제출 및 평가

4-1. 보고서 제출

보고서는 사전에 고지한 제출기한 내에 〈E-mail〉로 제출함을 원칙으로 한다.

4-2. 보고서 평가

1. 보고서는 기한 내 제출된 것을 대상으로 〈(1) 가설-검증 과정의 적합성, (2) 내용의 질적 수준, (3) 작성 지침의 준수 여부〉 등 3개 항목에 대하여 평가한다.
2. 평가 등급은 〈매우 우수, 우수, 보통, 미흡, 매우 미흡〉의 5단계로서, 〈A, B, C, D, E〉 또는 〈수, 우, 미, 양, 가〉로 표기한다.
3. 기한 내 **〈미제출〉**은 평가 대상에서 제외하며, 평가 결과는 정해진 장소에 공지한다.

부록 2 포토샵 및 일러스트레이터에서 도판 및 그림의 작성 지침

포토샵 및 일러스트레이터에서 도판 및 그림의 작성 지침
(A4 용지 기준)

1. 그림(도판)의 작성

1-1. 그림(도판)의 원본 크기〈그림 1〉

1. 〈그림(도판)〉과 그 하단의 〈제목+설명문〉을 포함하는 편집범위는 150x237mm 이다.
2. 편집시 〈그림(도판)〉은 편집범위의 2배 크기로 원본을 작성한다. 즉, 포토샵(일러스트레이터)에서 작업한 원본을 50% 축소하여 〈그림(도판)〉의 편집범위(150×207~217mm) 내에 붙여 넣는다.
3. 따라서 〈그림(도판)〉은 그 하단의 〈제목+설명문〉이 차지하는 상하 폭(높이)을 고려하여 원본의 크기(300×414~434mm)를 미리 산정한다.

1-2. JPG, PSD 파일의 형성

그림의 상·하·좌·우 여백이 생기지 않도록 한다.

2. 포토샵에서의 그림(도판) 작성 순서〈그림 2; 그림 4; 그림 5〉

1. 그림(도판)에 들어갈 글자체는 문자, 숫자 모두 〈HYGothic-Extra〉로 통일한다.
2. 생물기관을 지칭하는 숫자는 포토샵 원본에서, 식물기관의 왼쪽 하단에 크기 3mm(200ppi 기준 시 21pt)로 표시한다. 이는 50% 축소 시, 가로x세로 3mm의 글자로 표현된다.
3. 그림(도판)의 척도단위, 생물기관의 명칭 등은 2mm(200ppi 기준 시 14pt)로 표시한다.
4. 각 생물기관의 다양한 형질상태(character state)를 나타내는 그림에서는 각 형질상태를 a, b, c 등(2.5mm; 200ppi 기준 시 17pt)으로 표시하며, 일정한 위치에 일관되게 표시한다.
5. 글자는 검은색 또는 흰색으로만 표시하며, 글자에 테두리선을 사용하지 않는다.
6. 아래의 순서대로 작업을 수행한다〈표 1〉.

표 1. 포토샵과 A4 편집체제에서의 그림(도판) 작성 순서 비교

포토샵	A4 편집체제
1. 포토샵 원본의 크기 300×414~434mm	1. 편집범위 150×207~217mm
2. Resolution 200ppi	2. Resolution 200ppi
3. 그림(도판)에 사용할 사진을 배치	3. 원본 도판을 50% 축소하여 편집범위에 배치
4. 그림 번호, Scale bar 작업 (1) 그림 번호: 21pt (왼쪽 하단에 위치) (2) Scale bar 단위: 14pt (오른쪽 하단) (3) Scale bar 두께: 1.4mm (4) Scale bar 길이: 20mm 또는 사진의 크기에따라서 20mm 이하로 조정	 (1) 크기: 3mm (2) 크기: 2mm (3) 두께: 0.7mm (4) 길이: 10mm 또는 그 이하
5. 글자체 〈HYGothic-Extra〉; 견고딕	5. 글자체 좌동
6. 그림(도판) 내 사진 사이에 경계선 삽입하기 가로폭 150mm 기준으로 브러쉬포인트 5	

3. 포토샵, 일러스트레이터에서의 그림 그리기 순서〈그림 3〉

그림 그리기는 아래의 순서대로 작업을 수행한다〈표 2〉.

표 2. 포토샵과 일러스트레이터에서의 그림 그리기 작업 순서 비교

포토샵 이용 시	일러스트레이터 이용 시
1. Document Size (1) 가로: 300mm(고정) (2) 세로: 414~434mm(조절)	1. Document Size (1) 가로: 150mm(고정) (2) 세로: 207~217mm(조절)
2. Resolution 200 pixels/inch	2. Resolution 좌동
3. 〈펜툴〉 이용하여 선 그리기 (1) 외부선 굵기: 3 (2) 내부선 굵기: 1	3. 〈펜툴〉 이용하여 선 그리기 (1) 외부선 굵기: 1.1pt (2) 내부선 굵기: 0.25pt
4. 화살표 표시하기 (1) 화살표: Weight를 2px로 선택 (2) 방법: Line Tool 선택 ▶ 두께 0.5pt ▶ 선을 긋는다 ▶ 필터 ▶ 스타일화 ▶ 화살표추가선택 ▶ 4번째 화살표 선택	4. 화살표 표시하기 (1) 화살표 표시에서 4번째 화살표 선택 (2) Line Tool 선택 ▶ Weight 2px 선택 ▶ Geometry option 선택 ▶ Arrowheads에서 화살표 표시할 부분을 선택(선의 시작 또는 끝부분) 주의: Arrowheads에서 Width (500%), Length (1000%), Concavity (0%)를 유지한다.
4. 선명한 선 만들기 그림 작업이 끝난 후 같은 layer를 복사하여 3번 겹침 →선 굵기 유지되면서 선이 선명해짐	4. 선명한 선 만들기 일러스트레이터에서는 생략
5. 글자체 〈HYGothic-Extra〉; 견고딕	5. 글자체 좌동
6. 글자 크기 (1) 생물기관 지시 숫자: 21pt (2) 형질상태 표현: a, b, c 등; 17pt (3) 형질 번호, 각 부위의 명칭: 14pt	6. 글자 크기 (1) 생물기관 지시 숫자: 3mm (2) 형질상태 표현: a, b, c 등; 2.5mm (3) 형질 번호, 각 부위의 명칭: 2mm

〈그림 1〉 편집용지, 편집범위 및 〈그림(도판)〉의 배치범위(150x207~217mm)

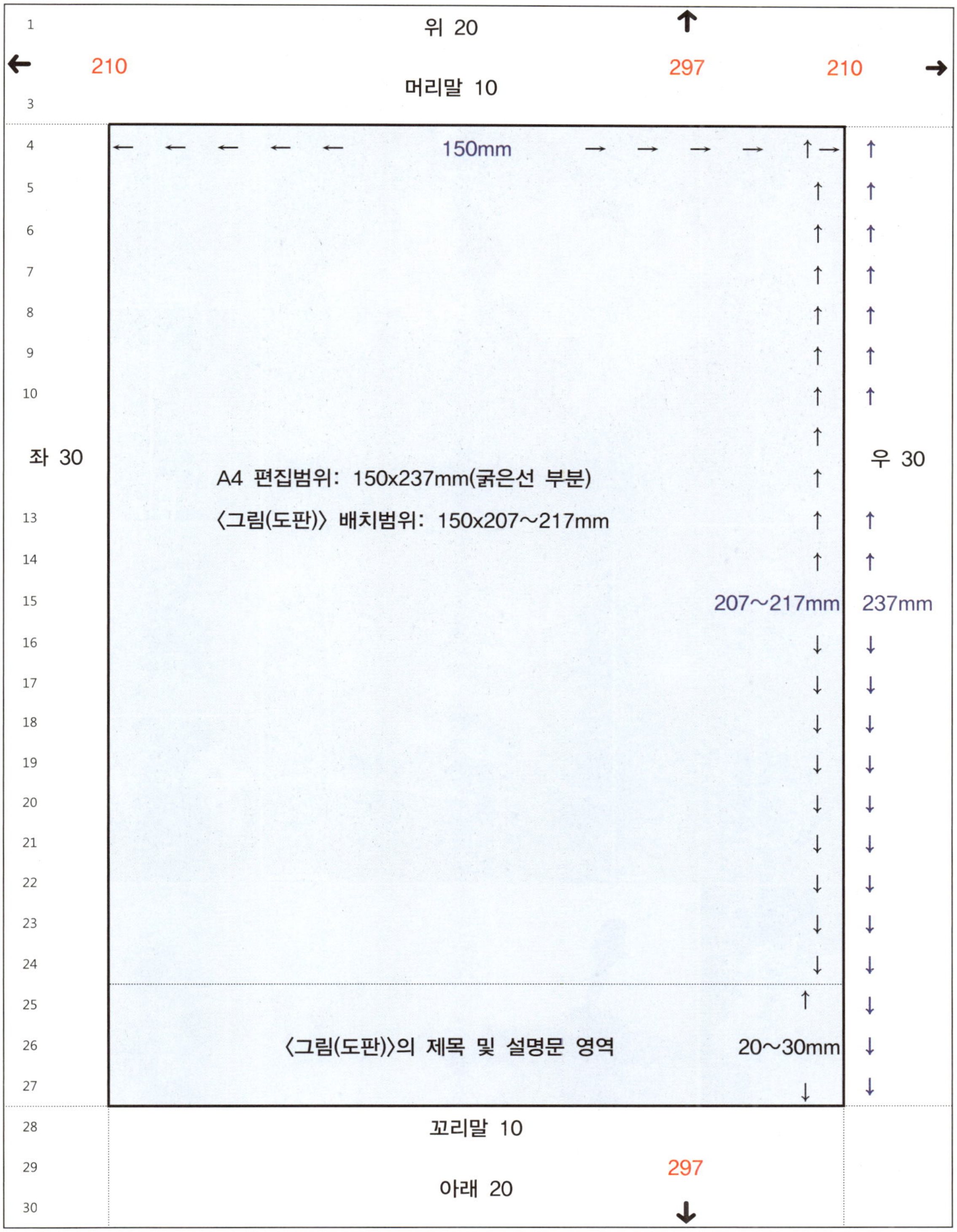

〈그림 2〉 포토샵에서의 그림(도판) 작성 결과

그림 2. 용가시나무(*Rosa maximowicziana*)의 형태학적 주요 형질

1. 생육환경 2, 3. 전초 4. 줄기 4, 5. 줄기 6. 탁엽(향축면) 7. 탁엽 (배축면) 8, 9. 화서 10. 꽃 11. 암술 12. 열매 13. 종자 / **st** : style 암술대

〈그림 3〉 포토샵, 일러스트레이터에서의 그림 그리기 결과

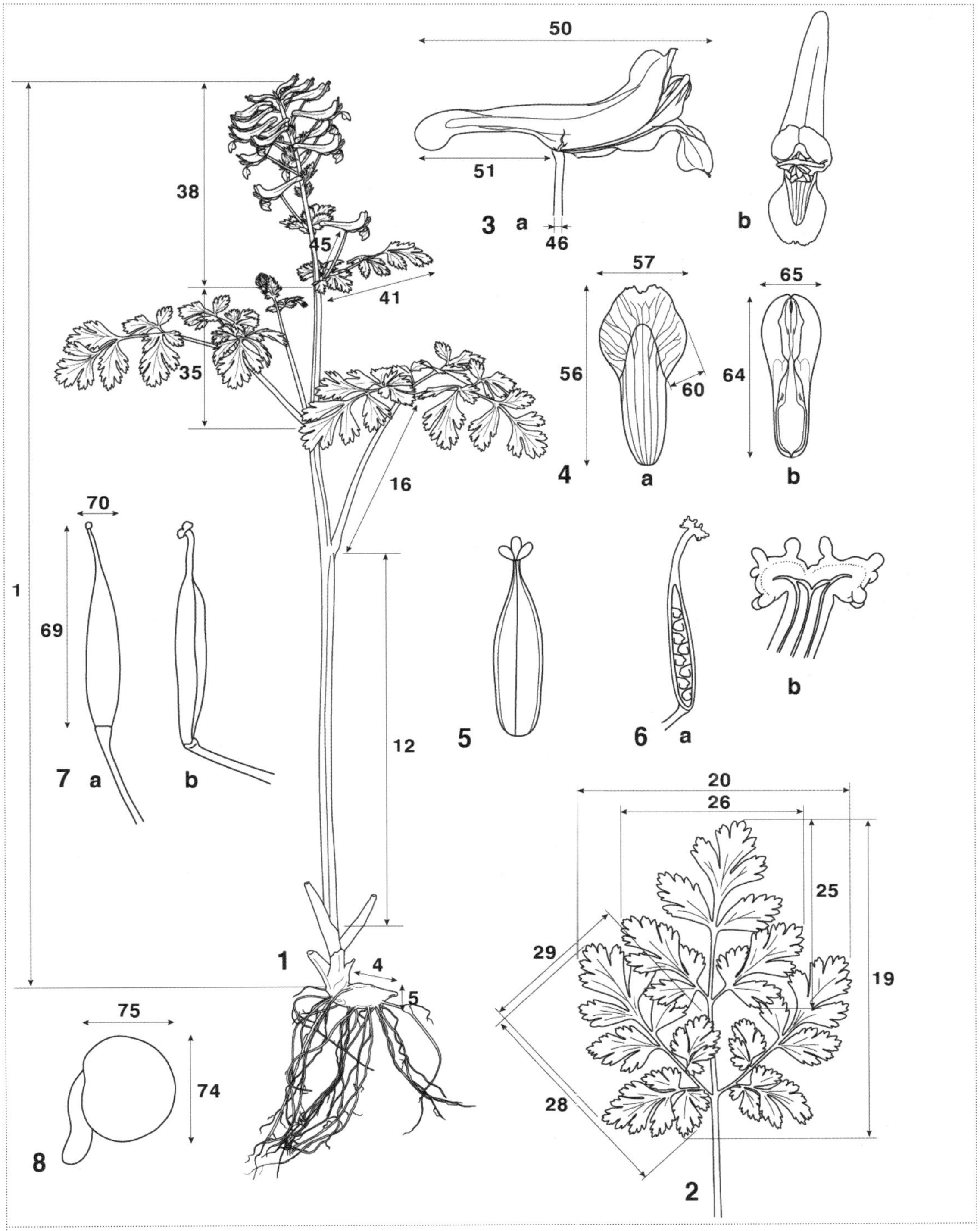

그림 1. 자주괴불주머니(*Corydalis incisa*)의 양적형질 측정부위

1: 전초 2: 잎 3: 꽃(a: 측면, b: 정면) 4: 화피편(a: 하측 외화피편, b: 내화피편) 5: 수술 6: 암술(a: 자방, b: 주두) 7: 열매(a: 정면, b: 측면) 8: 종자 / **작은 번호**: 각 기관의 측정 범위

〈그림 4〉 하단에 빈 공간이 있는 그림(도판)의 편집 예(수정 전)

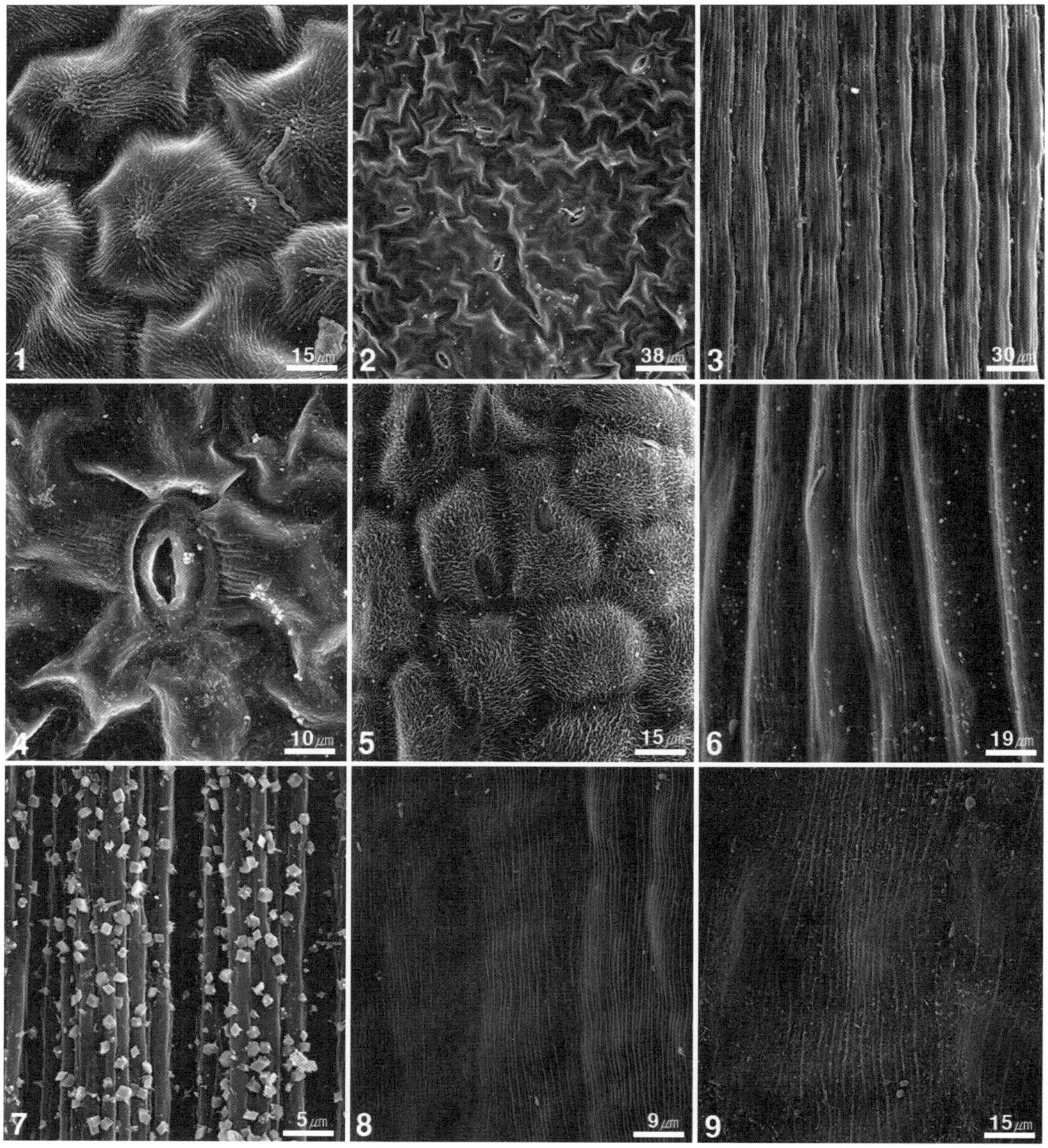

(1) 줄띄움(9pt)

그림 3. 참나물(*Pimpinella brachycarpa*)의 형태학적 미세형질 (2) 그림의 제목

1–9. 주사전자현미경 사진 (3) 각 사진의 통합 제목

1. 잎의 상표피 2. 잎의 하표피 3. 줄기의 표피 4. 잎 하표피의 기공 5. 약의 표피 6–7. 엽병의 표면 8–9. 열매의 표면 (4) 각 사진의 설명문

(5) 빈 공간

빈 공간이 생기지 않도록 공간의 높이만큼 각 사진의 크기를 동일 비율로 상, 하, 좌, 우로 확대하여 원본 사진이 왜곡되지 않도록 편집(scale bar의 길이를 함께 조절)

〈그림 5〉 빈 공간을 없앤 그림(도판)의 편집 예(수정 후)

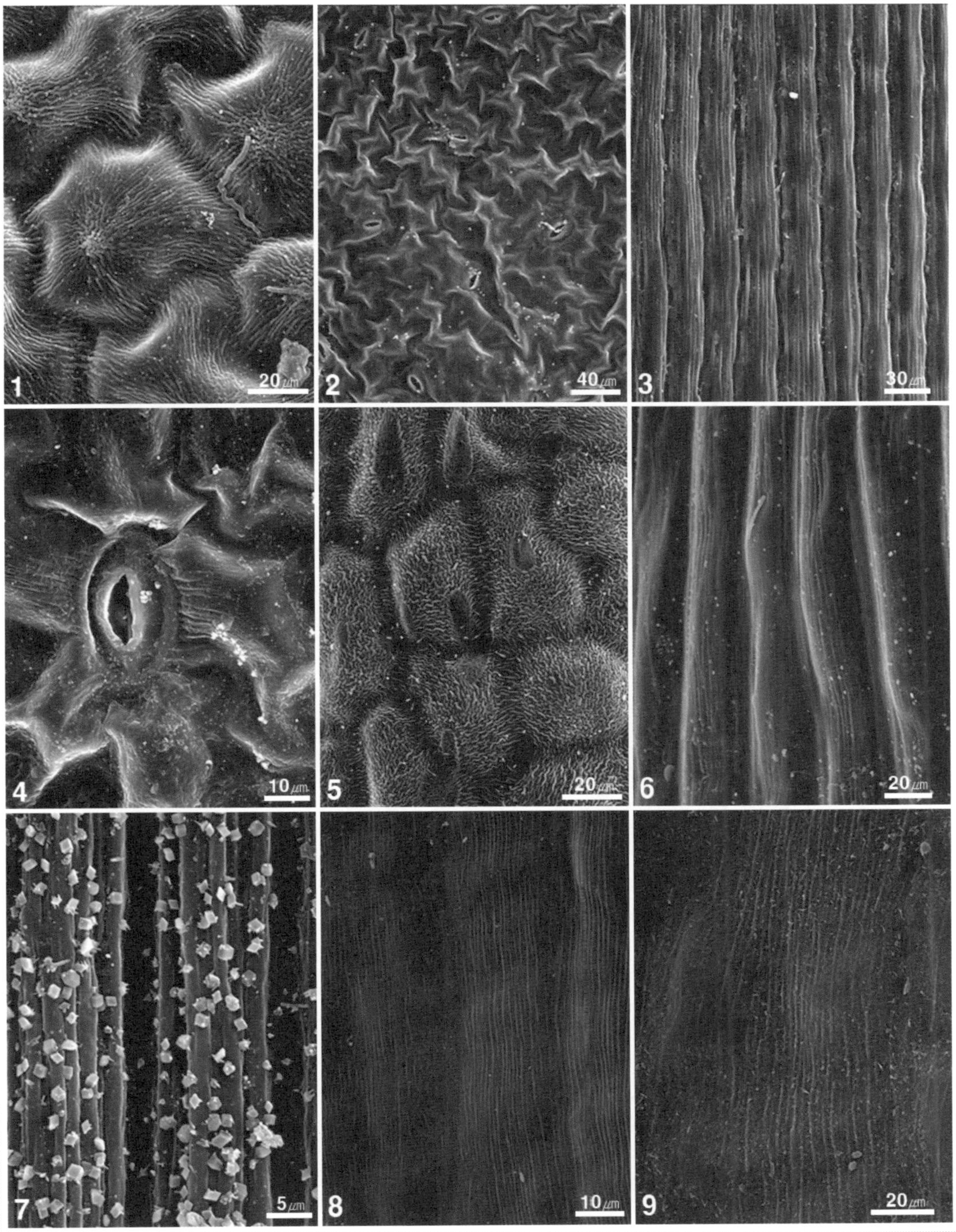

그림 3. 참나물(*Pimpinella brachycarpa*)의 형태학적 미세형질

1–9. 주사전자현미경 사진

1. 잎의 상표피 2. 잎의 하표피 3. 줄기의 표피 4. 잎 하표피의 기공 5. 약의 표피 6–7. 엽병의 표면 8–9. 열매의 표면

부록 3 | 완결 실험보고서 예시

제4주차: 탄수화물의 검출 및 소화효소

Ⅰ. 실험 목적(Purpose of experiment)

1. 화학적 반응실험을 통해서 탄수화물을 검정한다.
2. 전분 가수분해 효소인 아밀레이스(amylase)를 이용하여, pH 및 온도에 따른 효소 활성의 변화를 조사한다.

Ⅱ. 배경지식(Background knowledge)

1. 탄수화물(carbohydrate)

1-1. 탄수화물이란?

탄소, 수소, 산소 3원소로부터 일반식으로 대략 $Cm(H_2O)n$과 같이 탄소와 물로 구성된 화합물을 총칭한다. 탄수화물은 크게 구조다당류와 영양다당류로 나눌 수 있다. 구조다당류는 생물체 구조를 유지하는 셀룰로오스, 키틴질, 황산콘드로이틴류 등이 있다. 영양다당류는 에너지

(하략)

1-2. 탄수화물의 생체 내 기능

1. 구조다당류

생물체의 구성성분으로 구조를 유지하는 다당류를 구조다당류라고 한다. 식물의 세포벽을 만드는 섬유소(cellulose), 곤충의 외피를 만드는 키틴(chitin), 동물의 연골이나 힘줄의 성분인 황산콘드로이틴(chondroitin sulfate) 등이 포함된다.

2. 영양다당류

활동의 에너지원으로 생물체 내에 저장된 다당류를 영양다당류라고 한다. 식물은 탄소동화작용을 통하여 이산화탄소와 물로 포도당(glucose)을 합성한 후 녹말 형태로 저장하고, 동물은 다른 생물에서 섭취하여 글리코겐(glycogen) 형태로 간에 저장한다.

1-3. 탄수화물의 종류

탄수화물을 구성하는 단위당의 수에 따라 단당류, 이당류, 다당류로 구분한다.

1. 단당류(monosaccharide)

당분자 하나의 탄소수에 따라 5탄당, 6탄당 등으로 구분된다〈표 1〉.

표 1. 단당류의 종류

탄소의 수	종 류
5탄당	리보오스(ribose), 디옥시리보오스(deoxyrobose)
6탄당	포도당(glucose), 과당(fructose), 갈락토오스(galactose)

2. 이당류(disaccharide)

두 개의 단당류를 탈수 반응에 의해 합성한 화합물로 두 단당류가 글리코시드 결합을 통해 이루어진 것이다. 이당류 중에서도 알데히드기가 결합에 사용되지 않고 유리 상태로 있는 것은 환원성을 가진다. 단당류나 이당류는 모두 물에 잘 녹고 에테르에는 녹지 않으며, 어느 것이나 단맛이 있다〈표 2〉.

표 2. 이당류의 종류

이당류의 종류	구 성
엿당(Maltose)	포도당(glucose) + 포도당(glucose)
설탕(Sucrose)	포도당(glucose) + 과당(fructose)
젖당(Lactose)	포도당(glucose) + 갈락토오스(galactose)

3. 다당류(Polysaccharide)

수없이 많은(일반적으로 n=12이상) 단당류가 글리코시드 결합(glycoside bond)을 이룬 것이며, 가수분해에 의해서 이당류 또는 단당류를 생성한다. 한 종류의 단당류로 구성되는 것을 단순다당류라 하고, 여러 종류의 단당류로 구성되는 것을 복합다당류라고 한다〈표 3〉.

표 3. 다당류의 종류

다당류의 종류	기 능
녹말(starch)	식물성 저장성분
글리코젠(glycogen)	동물성 저장성분
셀룰로스(cellulose)	식물의 세포벽 구성 성분
덱스트린(dextrine)	녹말보다 분자량이 작은 다당류를 총칭

1-4. 글리코시드 결합(Glycoside bond)

글리코시드결합은 탄수화물 반응 중에서 가장 중요한 반응으로써 두 개의 단당류가 한쪽 단당류의 히드록시기와 다른 한쪽 단당류의 히드록시기에서 물 분자가 빠져나가는 탈수축

(하략)

2. 소화 효소(dygestive enzyme)

2-1. 효소란?

2-2. 효소의 구조

2-3. 효소와 활성화 에너지〈그림 1〉

- 오른쪽 그림은 발열 반응의 예이다.
- 반응이 왼쪽에서 오른쪽으로 진행되므로 A는 반응물, B는 생성물이다.
- ㉠은 효소가 없을 때의 활성화 에너지, ㉡은 효소가 있을 때의 활성화 에너지이다.
- ㉢은 반응물과 생성물의 에너지 차이인 반응열로 효소의 유무에 관계없이 일정하다.

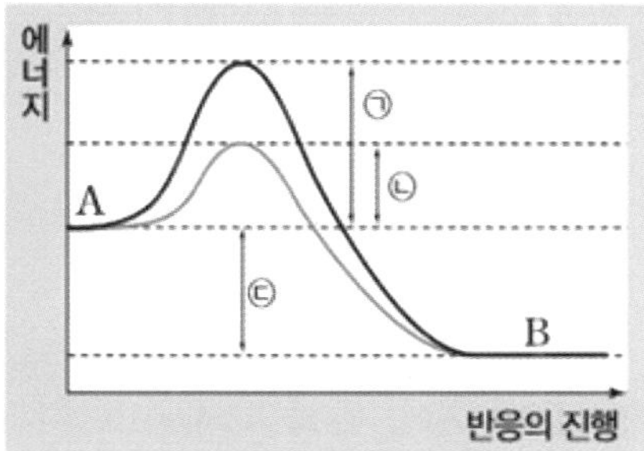

그림 1. 효소와 활성화 에너지

2-4. 효소의 특성

1. 효소는 기질과 결합하는 활성 부위를 가지고 있다.
2. 효소와 기질이 결합되어 효소 · 기질 복합체를 형성하면 화학 반응의 활성화 에너지가 낮아진다.

(하략)

2-5. 효소의 구성과 종류

2-6. 효소의 활성에 영향을 미치는 요인

2-7. 효소의 작용 기작

2-8. 기질의 농도

(중략)

2-9. 베네딕트(Benedict) 반응

2-10. 바포오드(Barfoed) 반응

바포오드가 약한 산성을 가지고 있기 때문에 단당류에서만 반응을 한다. 따라서 이 검사는 단당류와 이당류를 구별할 때 사용하는 것으로 바포오드 용액에 의해 이당류가 구리이온(Cu^{2+})을 산화구리(Cu_2O)로 환원시키지 못하는 원리를 이용한다.

Ⅲ. 가설 설정(Setting up hypothesis)

1. 베네딕트 검사에서 포도당을 가진 용액을 첨가할 경우, 색 변화가 있을 것이다.
2. 바포오드 검사에서 포도당을 가진 용액을 첨가할 경우, 색 변화가 있을 것이다.
3. 아밀레이스가 가장 활성화 되는 적정 온도나 적정 pH가 있을 것이다.
4. 아밀레이스는 적정 온도나 적정 pH를 넘어서게 되면 제 기능을 못 할 것이다.

Ⅳ. 실험(Experiment)

1. 실험 재료(Materials)

1-1. 탄수화물의 검출[베네딕트 검사(Benedict's test), 바포오드 검사(Barfoed's test)]

- ▶ 1% glucose
- ▶ 1% sucrose
- ▶ 1% maltose
- ▶ 1% starch
- ▶ 1% fructose
- ▶ 베네딕트 용액
- ▶ 바포오드 용액
- ▶ 시험관대
- ▶ 시험관
- ▶ 중탕기
- ▶ 눈금 스포이드

1-2. 소화 효소 [아밀레이스의 활성과 온도의 효과, 아밀레이스의 활성과 pH의 효과]

- ▶ 1% starch
- ▶ 완충용액 (pH4, 7, 10)
- ▶ 요오드 용액
- ▶ 눈금 스포이드
- ▶ 시험관
- ▶ 시험관대
- ▶ 중탕기
- ▶ 얼음
- ▶ 온도계
- ▶ 종이컵
- ▶ 피펫
- ▶ 1% 아밀레이스

2. 실험 방법(Method)

실험 전 주의 사항

1. 2개 조가 한 팀이 되어 실험한다. (실험 후 결과 공유)

(하략)

2-1. 탄수화물의 검출

1. 베네딕트 검사(Benedict's test)

1. 베네딕트액 2ml를 5개의 시험관에 넣고, 각각 시료 0.5ml (10방울정도)를 가한다.

(하략)

2. 바포오드 검사(Barfoed's test)

1. 바포오드액 5ml를 5개의 시험관에 넣고, 각각 시료 0.5ml을 가한다.

(하략)

2-2. 소화 효소

1. 아밀레이스의 활성과 pH의 효과

1. 3개의 시험관에 각각 pH4, pH7, pH10의 완충용액을 2ml씩 넣고, 1% starch 4ml를 첨

(하략)

2. 아밀레이스의 활성과 온도의 효과

1. 1% starch를 6ml씩을 각각 3개의 시험관에 넣고, 1% 아밀라아제를 1ml씩 넣을 때 항상 흔들어서 넣는다).

(하략)

V. 결 과(Result)

5-1. 탄수화물의 검출 결과

표 1. 탄수화물의 검출실험 결과

TEST	단 당 류		이 당 류		다 당 류
	1% glucose	1% fructose	1% maltose	1% sucrose	1% starch
Benedict	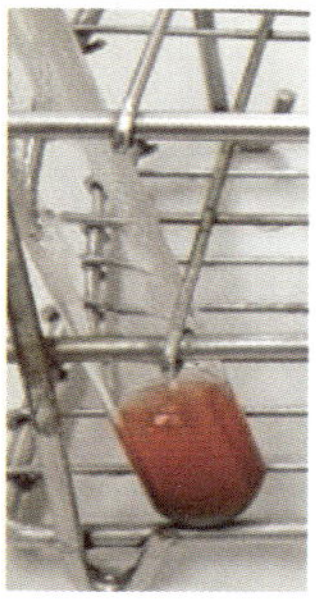 〈1% 포도당〉 다홍 (+++)	 〈1% 과당〉 녹황 (++)	 〈1% 엿당〉 녹적 (++)	 〈1% 설탕〉 반응 없음 (−)	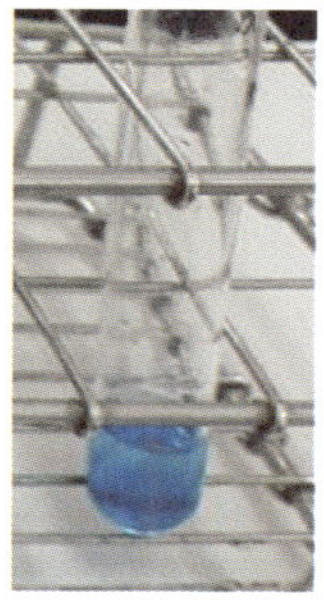 〈1% 녹말〉 반응 없음 (−)
Barfoed	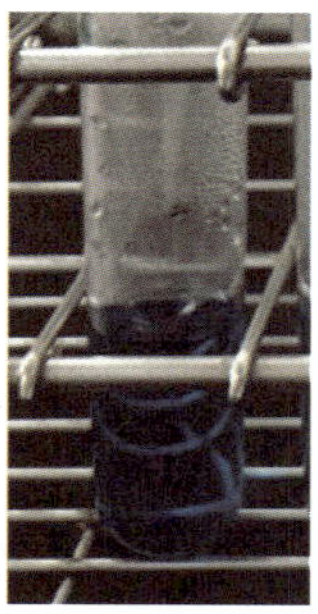 〈1% 포도당〉 적색 (+)	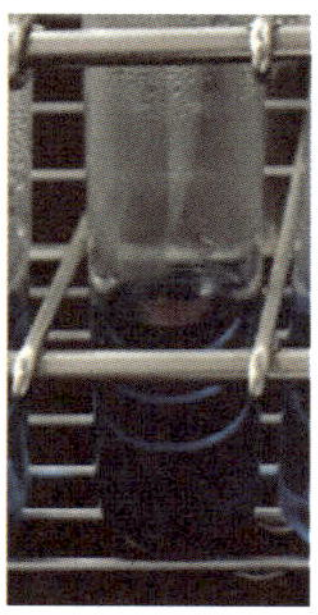 〈1% 과당〉 적색 (+)	 〈1% 엿당〉 반응 없음 (−)	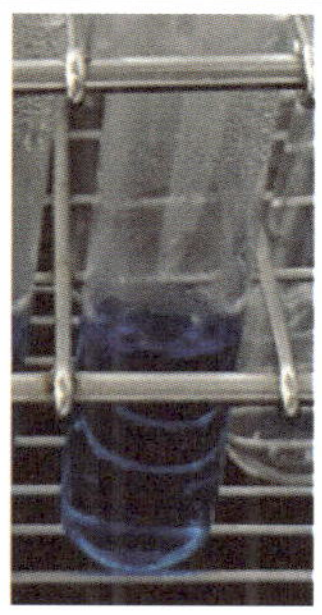 〈1% 설탕〉 반응 없음 (−)	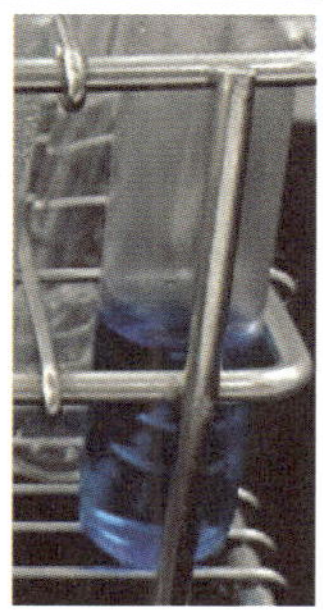 〈1% 녹말〉 반응 없음 (−)

5-2. 아밀레이스(amylase)의 활성과 온도

표 2. 아밀레이스의 활성과 온도와의 상관관계를 나타내는 실험 결과

온도	5분	10분	15분
0도			
	짙은 노란색 (++)	황갈색 (+)	연한 고동색 (+)
37도			
	검은 노란색 (++)	검은 노란색 (++)	검은 노란색 (++)
95도			
	검정색 (+++)	검정색 (+++)	검정색 (+++)

5-3. 아밀레이스(amylase)의 활성과 pH

표 3. 아밀레이스의 활성과 pH와의 상관관계를 나타내는 실험 결과

pH 변화	5분	10분	15분
pH 4			
	검은색 (+)	검은 황색 (+)	검은 황색 (++)

pH 변화	5분	10분	15분
pH 7			
	검은 노란색 (++)	노란색 (++)	검은 노란색 (+)
pH 10			
	옅은 보라색 (+)	옅은 보라색 (+)	옅은 보라색 (+)

VI. 고찰(Discussion)

이번 실험의 목적은 두 가지의 화학적 반응실험을 통해서 탄수화물을 검정하는 것과 소화 효소인 아밀레이스의 온도와 pH에 따른 활성화의 정도를 알아보는 것이었다. 탄수화물 검정 실험의 경우 베네딕트 용액과 바포오드 용액으로 실험을 하였다.

1. 탄수화물 검출

1-1. 베네딕트 검사

먼저 베네딕트 검사를 하였는데, 베네딕트 검사는 환원당이 알칼리성으로 황산구리를 환원시켜 산화구리의 적색, 자주색, 녹색 등 당량에 따른 빛깔의 침전이 생기는 원리를 이용하여 탄수화물을 검정하는 검사이다. 베네딕트 용액의 경우 구리이온(Cu^{2+})을 함유하고 있어 색이 파랬다. 이 실험의 원리는 베네딕트 시약에 함유된 황산구리($CuSO_4$)가 알칼리와 반응하여 수산화구리($Cu(OH)_2$)로 되고, 이것이 환원당에 의해 적갈색의 산화구리(Cu_2O)로 변한다는 것이다(구리는 이온화되었을 때에는 푸른색을 띠고, 금속으로 환원되면서 붉은 색으로 변한다). 이 베네딕트용액에 탄수화물의 종류인 단당류_ 포도당과 과당, 이당류_ 엿당과 설탕 그리고 마지막으로 다당류로는 녹말 용액을 첨가하여 실험하였다. 실험결과, glucose(포도당), fructose(과당), maltose(엿당)을 첨가한 실험관의 경우 색이 각각 다홍색, 녹황색, 녹적색으로 바뀌었지만, sucrose(설탕), starch(녹말)을 첨가한 실험관의 경우 색에 대해서 아무런 변화가 없었다. 이를 통해 색 변화가 있던 용액의 경우 탄수화물의 기본단위인 glucose(포도당)가 함유되어 있다는 점을 알아냈다.

1-2. 바포오드 검사

그 다음으로는 바포오드 실험이었지만, 우리 조는 홀수 조였기 때문에 12조의 실험 결과를 토대로 정리해보았다. 바포오드의 경우 베네딕트 용액의 반응보다 현저히 눈에 띠지 않는 결과를 보여주었다. 반응성으로 보았을 때 매우 약했다. 결과로는 단당류인 glucose(포도당)과 fructose(과당)만이 색 변화가 있었고 그 외에 이당류와 다당류와는 아무런 반응도 일어나지 않았다. 이를 통해 바포오드 용액은 탄수화물 중 단당류와 이당류 & 다당류를 구분해 낼 때 용이한 실험인 것을 알았다. 여기서 궁금한 것은, 'sucrose(설탕)에도 포도당이 함유되어 있는데 왜 베네딕트 용액에 반응 하지 않았는가?' 이다. 그 이유는 설탕은 구조적인 면에서 환원작용을 나타내는 알데히드기(-CHO)가 존재하지 않기 때문에 베네딕트 용액에서 반응을 보이지 않는 것이다. 다시 말해서, 엿당과 젖당의 경우 고리가 풀리면서 환원작용을 나타내는 알데히드기(-CHO)가 생기므로 다른 물질을 환원시킬 수 있어 환원당이라고 하지만 설탕은 구조적인 면에서 환원작용을 나타내는 알데히드기가 존재할 수 없기 때문에 비환원당이라고 한다. 설탕처럼 비환원당은 베네딕트용액속의 구리이온(Cu^{2+})을 환원시킬 수 없기 때문에 아무런 반응이 일어나지 않았던 것이다. 두 실험을 토대로 베네딕트 검사는 포도당을 검출하는 실험으로 탄수화물의 일종인 starch(녹말)이나 sucrose(설탕)과 같은 분자가 엄청 큰 것은 검출하지 못한다. 바포오드 검사에서도 분자가 큰 물질은 검출하지 못할뿐더러 바포오드 용액은 약한 산성을 나타내므로 2분 가열로는 이당류는 Cu을 CuO 로 환원시키지 못한다.

1-3. 결론

따라서 탄수화물 검출 실험에 앞서 세웠던 가설, '(1) 베네딕트 검사에서 포도당을 가진 용액을 첨가할 경우, 색 변화가 있을 것이다. (2) 바포오드 검사에서 포도당을 가진 용액을 첨가할 경우, 색 변화가 있을 것이다.'의 두 가설은, '(1) 베네딕트 검사에서 **포도당을 가진 환원당 용액**을 첨가할 경우, 색 변화가 있을 것이다. (2) 바포오드 검사에서 **단당류 용액**을 첨가할 경우, 색 변화가 있을 것이다.'로 구체적으로 바꿀 수가 있다.

2. 소화 효소

2-1. 아밀레이스의 활성과 pH의 효과

두 번째로 실험한 아밀레이스(amylase)의 온도와 pH에 대한 활성 반응 실험에서는 먼저 pH의 경우 pH 7에서 오요드 용액 첨가 시, 색의 변화가 없었고 pH 4와 pH 10의 경우 녹말용액이 pH의 영향을 받아 아밀레이스에 의해 분해되지 않고 요오드 용액에 반응하여 어두운 색을 띠었다. 이를 통해 아밀레이스는 pH 7에서 가장 활성을 띠며 적정 pH를 만족하지 못할 경우 소화효소로서 제 기능을 하지 못함을 알 수 있다. 또한 시간이 경과함에 따라 pH 4의 경우 색이 점차 옅어지는 것으로 보아, pH 4에서도 녹말이 아밀레이스에 의해 조금씩 분해될 수도 있다는 것을 알 수 있었다.

2-2. 아밀레이스의 활성과 온도의 효과

이어서 온도에 관한 실험에서는 0℃와 37℃에서 각각 녹말용액이 아밀레이스에 의해 분해되어 색상의 변화가 없었고, 95℃에서는 녹말이 아밀레이스에 의해 분해되지 못하여 요오드용액과 반응을 보였다. 그러나 표준 실험 결과를 참고했을 시, 0℃에서는 아밀레이스의 작용이 활발하지 못하고 37℃에서 적정 온도에 맞춰 활성이 가장 높다고 예상했었지만, 실제 실험 결과는 다른 결과를 보여 문제점이 무엇인지 생각해 보았다. 생각해보니 아밀레이스는 효소인데 효소는 단백질로 이루어져 있어 온도나 pH와 같은 외부 환경에 많은 영향을 받는다. 따라서 실험실에서 0℃를 얼음으로 맞추는 것이 한계가 있었고 상온의 영향을 받아 아밀레이스가 조금 활성화된 것이 아닌가 싶다.

2-3. 결론

따라서 비록 온도에 대한 시험 결과는 아쉽지만 앞서 세웠던 가설, '(3) 아밀레이스가 가장 활성화되는 적정 온도나 적정 pH가 있을 것이다. (4) 아밀레이스는 적정 온도나 적정 pH를 넘어서게 되면 제 기능을 못 할 것이다.'는 실험 결과와 들어맞아 적절한 가설이 되었다.

이번 실험을 통해 시약을 이용하여 탄수화물을 검출하여 용액을 구분할 수 있다는 것을 알게 되었다. 또한 소화효소인 아밀레이스가 어떤 온도와 pH에서 가장 활성을 띠는지를 알 수 있었다.

Ⅶ. 인용문헌(Literature cited)

김영환, 오병운, 최수영, 조성진, 류호진, 김경환. 2015년. 일반생물학 실험서. 바이오 사이언스, 서울. 31~37쪽.

네이버 지식백과. 아밀라아제. 출처: 두산백과. Retrieved 2017, from http://terms.naver.com/entry.nhn?docId=1120985&cid=40942&categoryId=32315

네이버 지식백과. 탄수화물. 출처: 두산백과. Retrieved 2017, from http://terms.naver.com/entry.nhn?docId=1152195&cid=40942&categoryId=32098

네이버 지식백과. 탄수화물. 출처: 식품과학기술대사전, 2008.4.10. Retrieved 2017, from http://terms. naver.com/entry.nhn?docId=297484&cid=42412&categoryId=42412

동암. 소화효소의 종류와 작용양식. Retrieved 2017, from https://pnu2010.blog.me/140210178483

네이버 지식백과. 소화효소의 분류. 출처: 두산백과. Retrieved 2017, from http://terms.naver.com/entry.nhn?docId=1186725&cid=40942&categoryId=32315

EBS 교육방송. 2016. 2017학년도 수능특강, 생명과학 I.

EBS 교육방송. 2016. 2017학년도 수능특강, 생명과학 II.

Medical Tribune. 기존보다 1천배 높은 탄수화물 검출법 개발. Retrieved 2017, from https://blog.naver.com/luckgalaxy/100170035528

Ⅷ. 제5주차 실험 주요어(Key word)

1. 단백질의 구조: **예습내용 생략**
2. 단백질의 기능: **예습내용 생략**
3. 닌히드린 반응: **예습내용 생략**
4. 뷰렛 반응: **예습내용 생략**
5. 단백질의 소화: **예습내용 생략**

[별첨] 4주차 실험과정

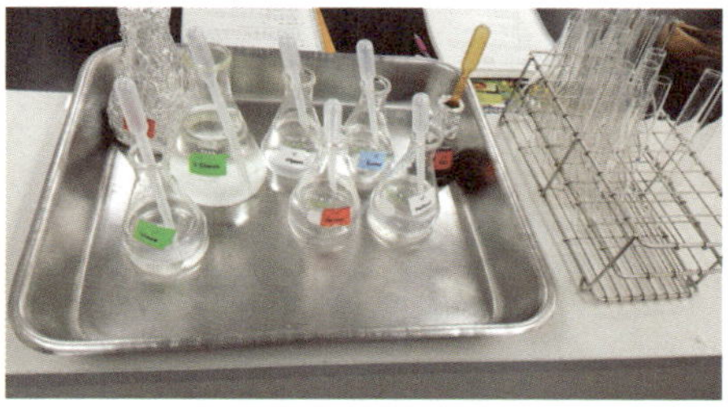

1. 실험 준비물

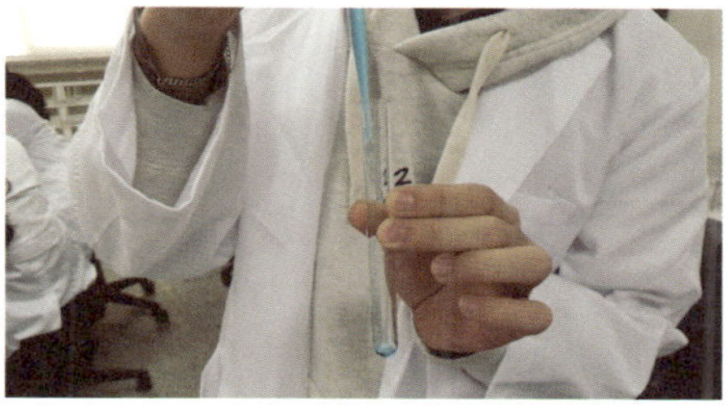

2. 베네딕트 검사_ 과정①

3. 베네딕트 검사_ 과정②

4. 베네딕트 검사_ 과정③

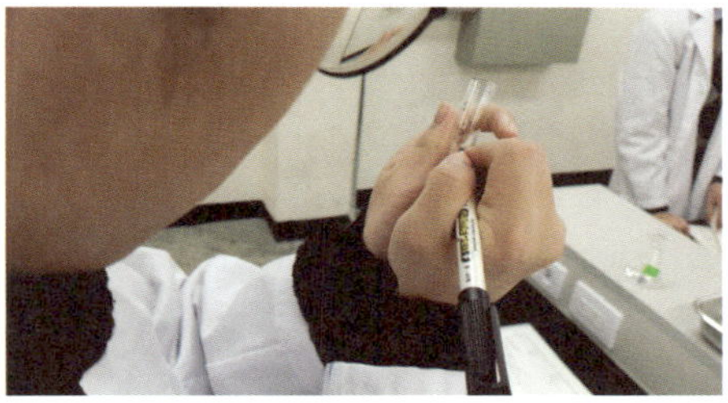

5. 시험관에 라벨링하기

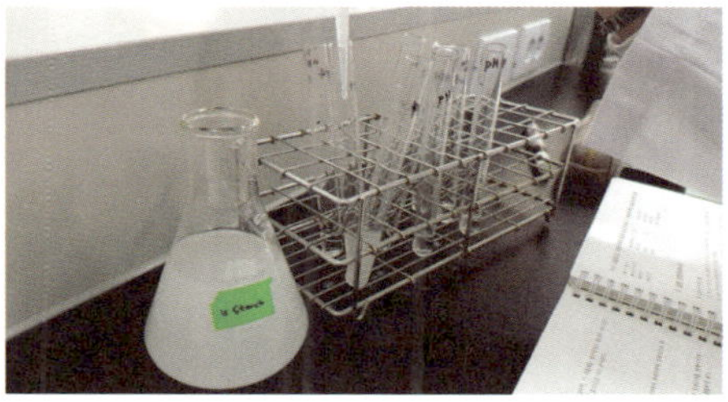

6. 아밀레이스 pH 검사_ 과정①

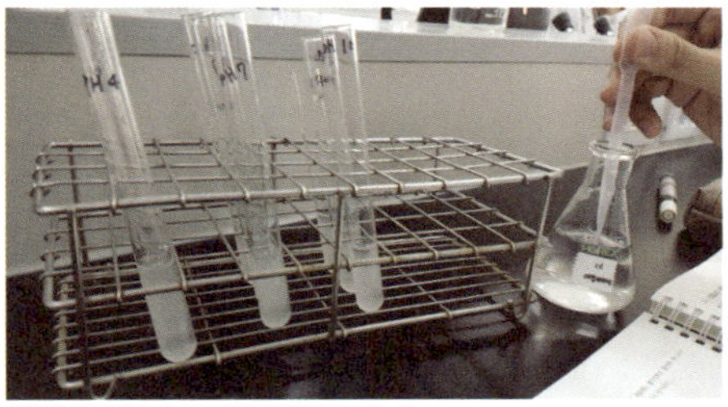

7. 아밀레이스 pH 검사_ 과정②

8. 아밀레이스 pH 검사_ 과정③-⑤

9. 폐기용액 비커에 옮기기

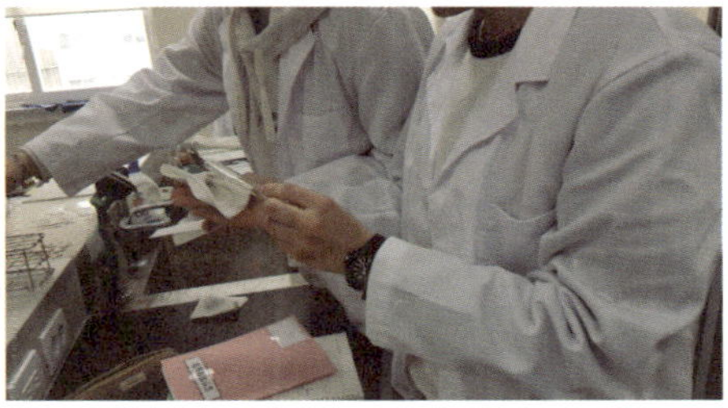

10. 시험관 세척 및 라벨링 지우기

부록 4 실험보고서 작성 지침을 적용한 〈학사학위논문〉의 예

목　　차

요 약

양치식물(Pteridophyta)의 내부 구조를 관찰하기 위해 속새과(Equisetaceae)의 속새(*Equisetum hyemale* L.)와 석송과(Lycopodiaceae)의 석송(*Lycopodium clavatum* L.)을 사용하여 내부 구조를 관찰하였고, 피자식물(Angiosperm)에 속하는 쌍자엽식물(Dicotyledoneae)은 이판화(Polypetalous)와 합판화(Gamopetalous)로 나누어 관찰하였다. 이판화(Polypetalous)는

(하략)

주요어: 식물해부학, 양치식물, 쌍자엽식물, 합판화, 이판화

(또는 쪽넘김)

I. 서 론

식물학 분야에서 가장 오랜 역사를 가진 식물형태학(plant morphology)은 외부형태학으로 시작하여 식물분류학과 나란히 발전해 오다가 현미경의 발달을 계기로 차츰 내부형태학에 더욱 역점을 두게 되었다(이, 2000). 식물체의 표면 아래에 숨겨져 있어서 눈으로 직접

(중략)

본 연구에서는 관속식물의 뿌리, 줄기, 엽병, 엽신, 화경, 자방의 내부 구조를 자세히 관찰하고, 각 분류군에서 나타나는 해부형질의 공통점과 차이점을 밝혀내며, 관속식물의 내부 구조에 대한 조직 체계를 정립하고자 하였다. 또한, 사용된 용어는 아래에 정리하였다.

(또는 쪽넘김, 이하 같음)

II. 재료 및 방법

1. 재료

조직의 해부를 위하여 충북대학교 표본관(CBU)에 소장되어 있는 액침표본과 충북대학교 온실에 이식·재배되고 있는 생체재료를 사용하였다. 그 종류와 실험에 사용한 조직 부위는 〈Table 1〉과 같다.

2. 방법

동일 집단 내의 완전히 성숙하여 개화한 개체를 대상으로 뿌리, 줄기, 엽병, 엽신, 화경, 자방의 일정 부위를 절취하여 실험 재료로 사용하였다. 준비된 재료는 알코올 탈수과정을 거쳐 paraffin에 포매하고, 10~15㎛로 절단하여, safranin-fast green으로 이중염색 한 후 영구슬라이드를 만들어 광학현미경으로 관찰·촬영하였다. 또한 지질 침적 부위의 관찰을 위하여 조직을 sudan III로 염색하였다.

Table 1. Materials and plant organs used in this study

Taxa	Plant organs extracted
Equisetaceae 속새과	
1. *Equisetum hyemale* L. 속새	R, St, Sp
Lycopodiaceae 석송과	
2. *Lycopodium clavatum* L. 석송	R, St, L
Araliaceae 두릅나무과	
3. *Hedera rhombea* (Miq.) Bean 송악	St, L, Pt
Convolvulaceae 메꽃과	
4. Calystegia sepium var. japonicum (Choisy) Makino 메꽃	Rt, St, L, Pt, Pd, Ov
Labiatae 꿀풀과	
5. Prunella vulgaris var. lilacina Nakai 꿀풀	Rt, St, L, Pt, Ov
Convolvulaceae 메꽃과	
6. Pharbitis nil (L.) Choisy 나팔꽃	Rt, St, L, Pt, Ov

All tissue for experiment were deposited at the Chungbuk National University Herbarium (CBU).
R: root, St: stem, Sp: sporophyll, L: leaf blade, Pt: petiole, Pd: peduncle, Ov: ovary

Ⅲ. 결 과

1. 양치식물

1-1. 속새, *Equisetum hyemale* L. (Equisetaceae)

1. 뿌리의 횡단면

원형으로 1열의 표피는 탈락되어 있으며, 5~6층의 피층유세포〈Fig. 1-1; cor〉는 동심원상으로 배열된다. 표피층 내측의 중심주는 피층유세포보다 크기가 뚜렷이 작은 내피, 내초를 비롯하여 후생물관부가 발달된 유관속조직〈Fig. 1-1; vb〉으로 구성된다.

2. 중축의 횡단면

원형으로 표피는 1층이고, 그 아래에 후각조직〈Fig. 1-5; col〉이 존재하며, 피층 내부에는 아원형 또는 타원형의 공기 터널〈Fig. 1-2; vc〉이 발달한다. 터널이 존재하는 피층의 외곽에는 후각조직이 약하게 발달하고, 터널 사이의 표피 쪽으로는 후각조직이 잘 발달하여 능각이 규칙적으로 형성된다. 피층 아래에는 1층의 내피〈Fig. 1-3; end〉가 존재하며, 공기 터널 사이의 내측에는 유관속〈Fig. 1-2; vb〉이 발달한다. 유관속은 병립유관속으로 체관부〈Fig. 1-6; ph〉가 외측에, 물관부〈Fig. 1-6; xy〉가 내측에 위치하며, 유관속의 기부에는 작은 터널〈Fig. 1-6; cc〉이 존재한다. 초기 중축의 중앙은 수〈Fig. 1-2; pith〉로 차있지만, 성장하면서 완전히 파괴된다.

3. 포자낭군의 횡단면

능각이 발달한 원형으로 1열의 표피〈Fig. 1-7; ep〉 아래에 4~5층의 피층유세포가 배열되며, 피층과 내피 사이에 포자낭〈Fig. 1-7; spor〉이 발달한다. 포자낭벽은 1열로 이루어져 있고, 그 내부에 포자

〈Fig. 1-7; sp〉가 존재한다. 2~3층의 내피층 아래에 불규칙한 크기의

(하략)

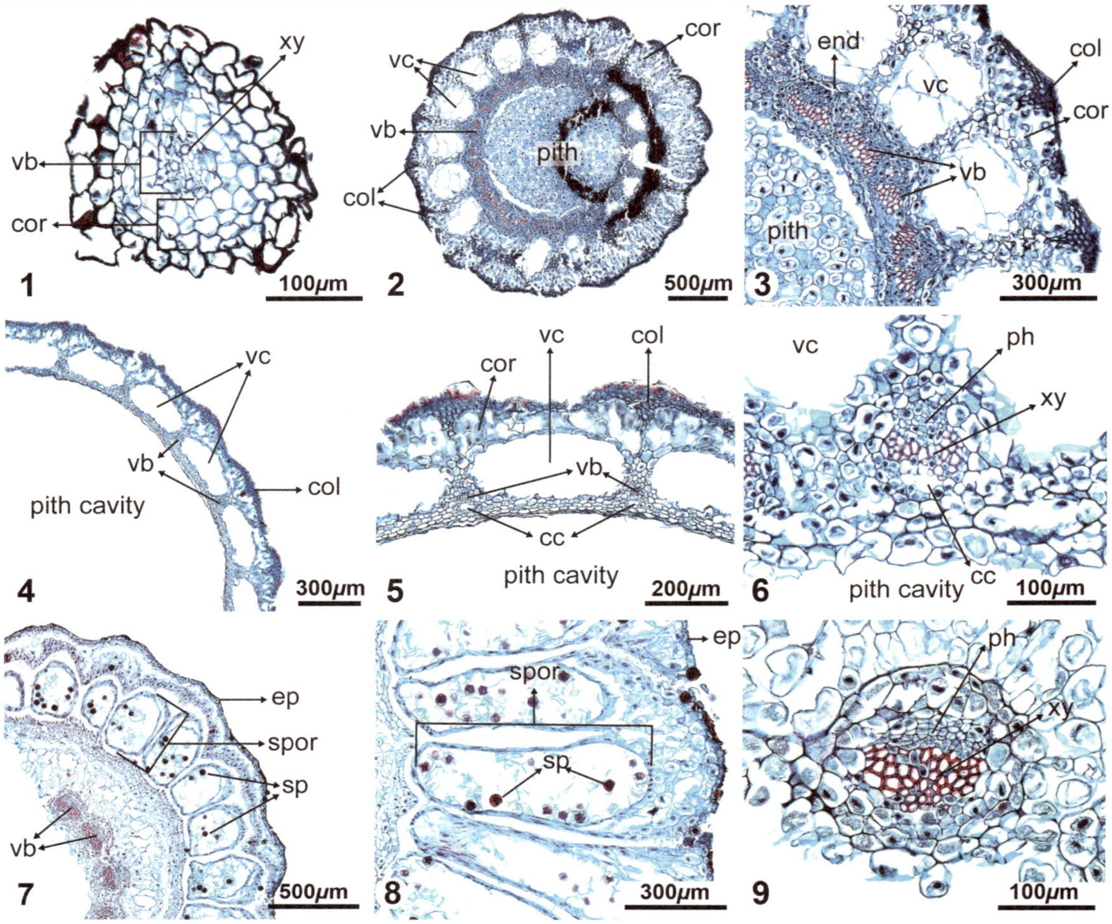

Fig. 1. Cross section of *Equisetum hyemale* (속새)

1. root, 2-6. stem (2-3. upper part, 4-6. middle part), 7-9. sporophyll / cor; cortex, cc; carinal canal, col; collenchyma, end; endodermis, ep; epidermis, ph; phloem, spor; sporangium, sp; spore, vb; vascular bundle, vc; vallecular canal, xy; xylem

1-2. 석송, *Lycopodium clavatum* L. (Lycopodiaceae)

1. 지하경의 횡단면

원형으로 표피, 피층 및 유관속으로 구성된다. 피층〈Fig. 2-1; cor〉은 15층 내외의 세포층으로 구성되며, 바깥쪽의 세포는 크고 세포벽이 얇다. 특히 내측에는 후벽조직〈Fig. 2-1; scl〉이 발달한다. 피층 안쪽으로는 직경 500㎛정도의 유관속이 위치하고 있으며, 내피는 존

(하략)

2. 줄기의 횡단면

3. 잎의 횡단면

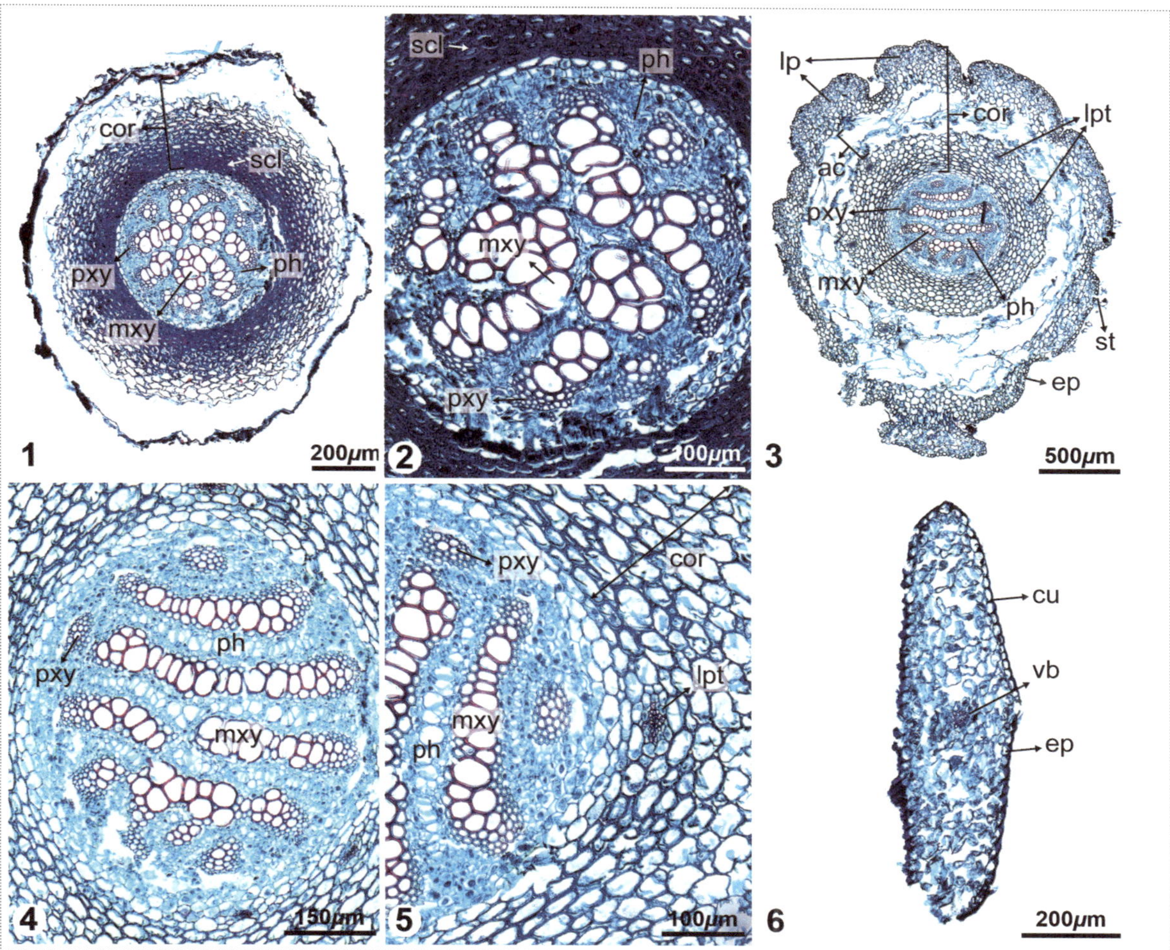

Fig. 2. Cross section of *Lycopodium clavatum* (석송)

1–2. rhizome, 3–5. stem, 6. leaf / ac; air canal, cor; cortex, cu; cuticle ep; epidermis, lp; lycophyll, lpt; lycophyll trace, mxy; metaxylem, ph; phloem, pxy; protoxylem, scl; sclerenchyma, st; stoma, vb; vascular bundle

2. 피자식물

2-1. 쌍자엽식물-이판화

가. 송악, *Hedera rhombea* (Miq.) Bean (Araliaceae)

1. 잎의 횡단면

주맥을 포함한 좌우 엽육조직은 약한 V자형이고, 단층의 상 · 하표피 외부에는 큐티클층이 두텁게 발달한다〈Fig. 3-6,7; cut〉. 표피 내부의 엽육조직은 2~3층의 책상조직〈Fig. 3-1; pp〉과 다층의 해면조직〈Fig. 3-1; sp〉으로 이루어져 있다. 주맥부의 유관속〈Fig. 3-2; vb〉은

(하략)

2. 엽병의 횡단면

3. 줄기 1년지의 횡단면

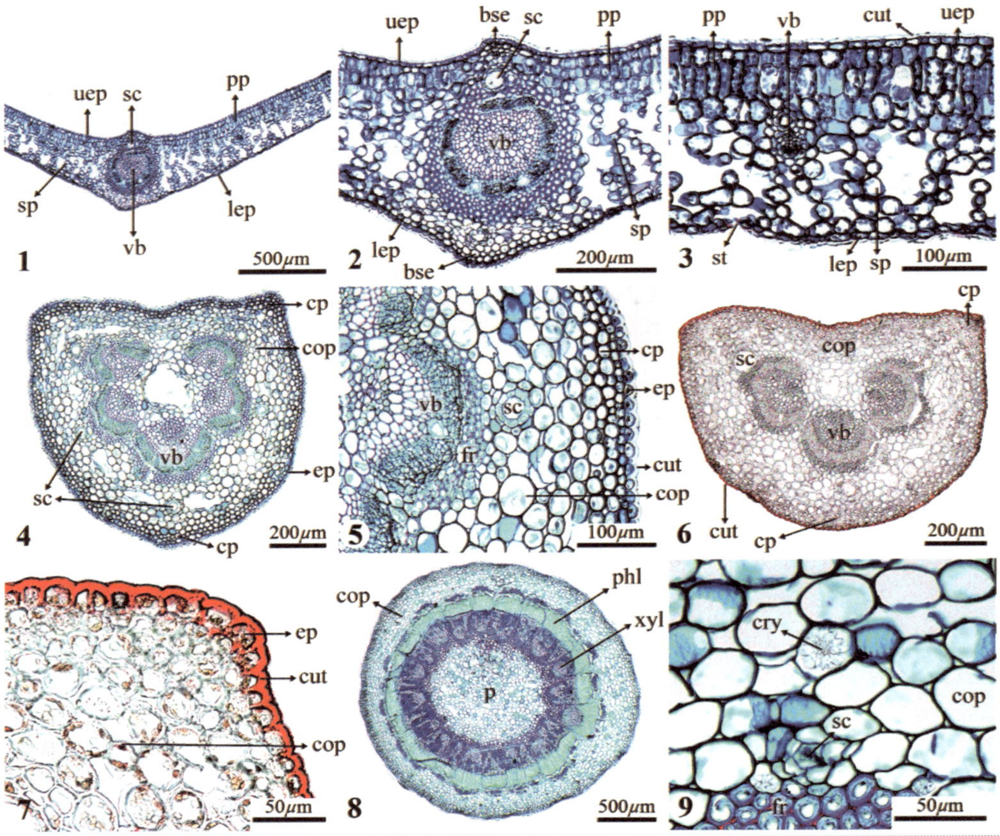

Fig. 3. Cross section of *Hedera rhombea* (송악)

1–3. leaf, 4–7. petiole, 8–9. stem / bse; bundle sheath extension, cop; cortex parenchyma, cp; collenchymatous parenchyma, cry; crystal (druse), cut; cuticle, lep; lower epidermis, p; pith, phl; phloem, pp; palisade parenchyma, sc; secretory canal, sp; spongy parenchyma, st; stoma, uep; upper epidermis, vb; vascular bundle, xyl; xylem

2–2. 쌍자엽식물–합판화

가. 메꽃, *Calystegia sepium* var. *japonicum* (Choisy) Makino (Convolvulaceae)

1. 뿌리의 횡단면

원형으로 표피와 피층의 외곽은 흔히 탈락된다. 여러 층의 피층유세포〈Fig. 4–1; cop〉 안쪽으로 1층의 내피〈Fig. 4–1; end〉가 배열하며, 내피 안쪽으로는 중심주〈Fig. 4–1; st〉가 위치한다. 내피는 방사방향에 비하여 절선 방향으로 길게 신장된 납작한 형태의 세포층으로서, 세포간극이 없이 치밀하게 배열되어 있다. 중심주는 4원형(tetrarch)으로서, 목부의 발달 유형은 내원형이다. 체관부〈Fig. 4–1; ph〉는 후생물관부 사이에 환상으로 배열된다.

2. 줄기의 횡단면

3. 엽병의 횡단면

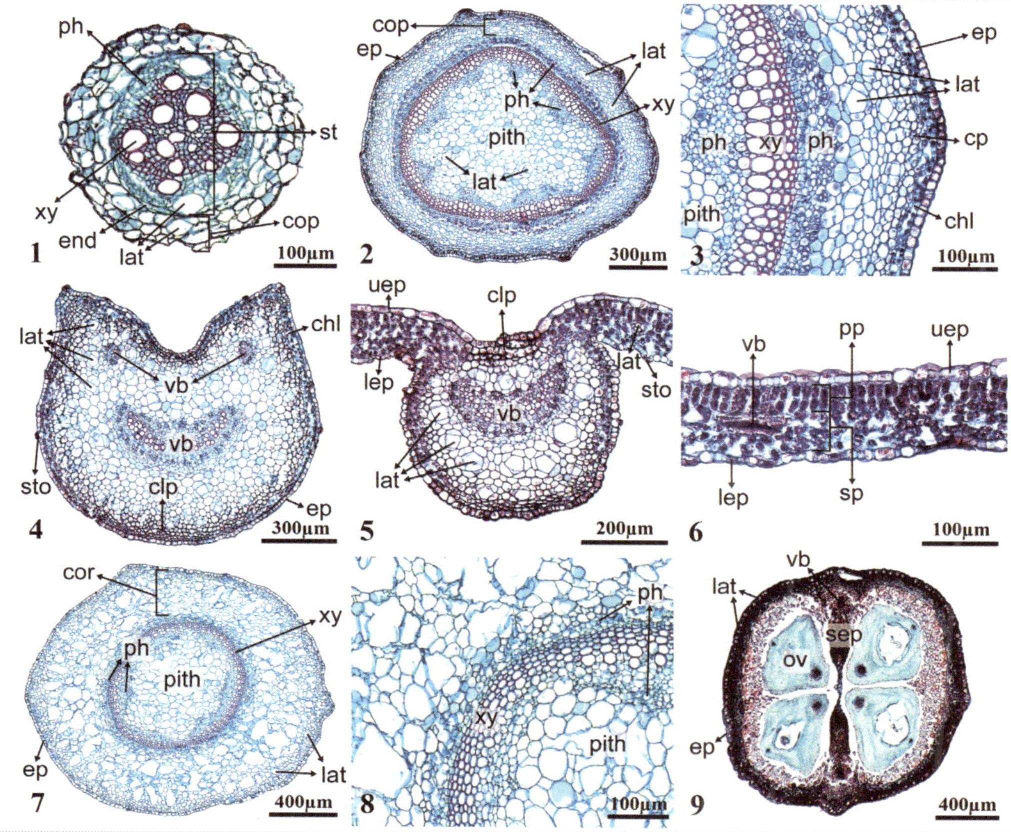

Fig. 4. Cross section of *Calystegia sepium* (메꽃)

1. root, 2–3. stem, 4. petiole, 5–6. leaf, 7–8. peduncle, 9. ovary / chl; chlorenchyma, clp; collenchymatous parenchyma, cop; cortex parenchyma, cor; cortex, end; endodermis, ep; epidermis, lat; laticifer, lep; lower epidermis, ov; ovule, ph; phloem, pp; palisade parenchyma, sep; septum, sp; sponge parenchyma, st; stele, sto; stomatal complex, uep; upper epidermis, vb; vascular bundle, xy; xylem

나. 꿀풀, Prunella vulgaris var. lilacina Nakai (Labiatae)

1. 뿌리의 횡단면

원형으로 1열의 표피는 탈락되어 있으며, 10~13층의 피층유세포〈Fig. 5–1; cor〉는 동심원상으로 배열된다. 피층 내측의 중심주는 피층유세포보다 크기가 뚜렷이 작은 내피 및 내초〈Fig. 5–1; per〉를 비롯하여 후생물관부가 잘 발달된 유관속〈Fig. 5–1; vb〉으로 구성된다. 체관부는 후생물관부 사이의 외측에 배열한다.

2. 줄기의 횡단면

3. 엽신의 횡단면

4. 자방의 횡단면

열매는 4개의 소견과(nutlet)를 갖는 분열과이고, 꽃받침 통부〈Fig. 5-9; ct〉는 1층의 외표피와 내표피로 이루어져 있으며, 표피 사이에 유관속〈Fig. 5-9; vb〉이 환상으로 배열한다.

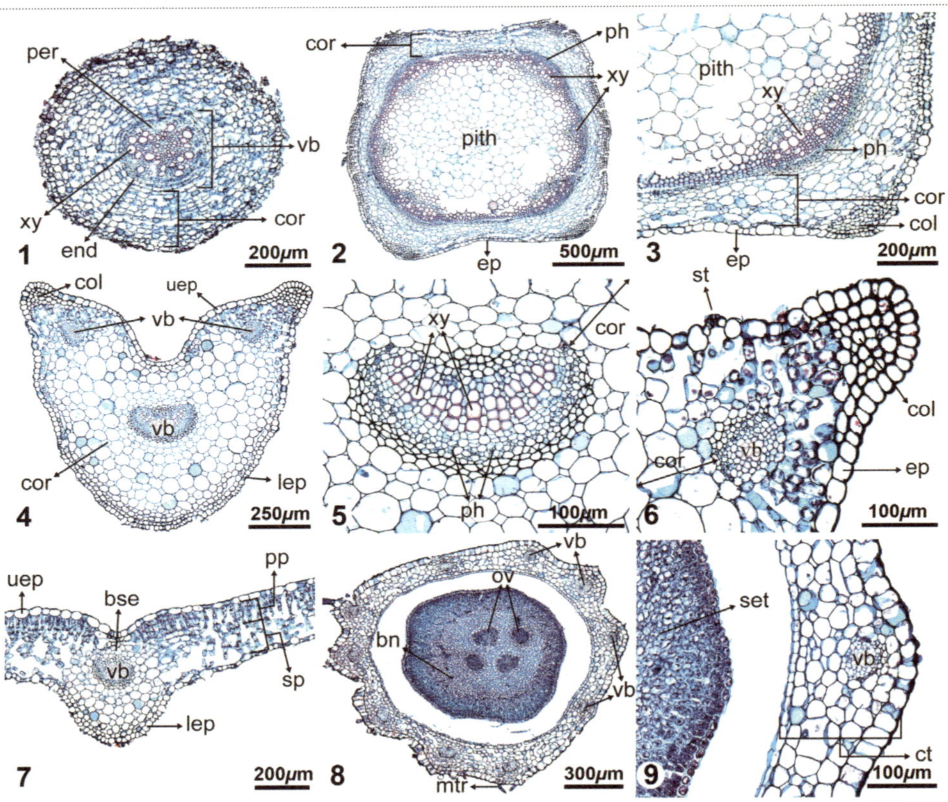

Fig. 5. Cross section of *Prunella vulgaris* (꿀풀)

1. root, 2–3. stem, 4–6. petiole, 7. leaf, 8–9. ovary / bn; basal nectary, bse; bundle sheath extension, col; collenchyma, cor; cortex, ct; calyx tube, end; endodermis, ep; epidermis, lep; lower epidermis, mtr; multicellular trichome, ov; ovule, per; pericycle, ph; phloem, pp; palisade parenchyma, set; secretory tissue, sp; spongy parenchyma, st; stomatal complex, uep; upper epidermis, vb; vascular bundle, xy; xylem

다. 나팔꽃, *Pharbitis nil* (L.) Choisy (Convolvulaceae)

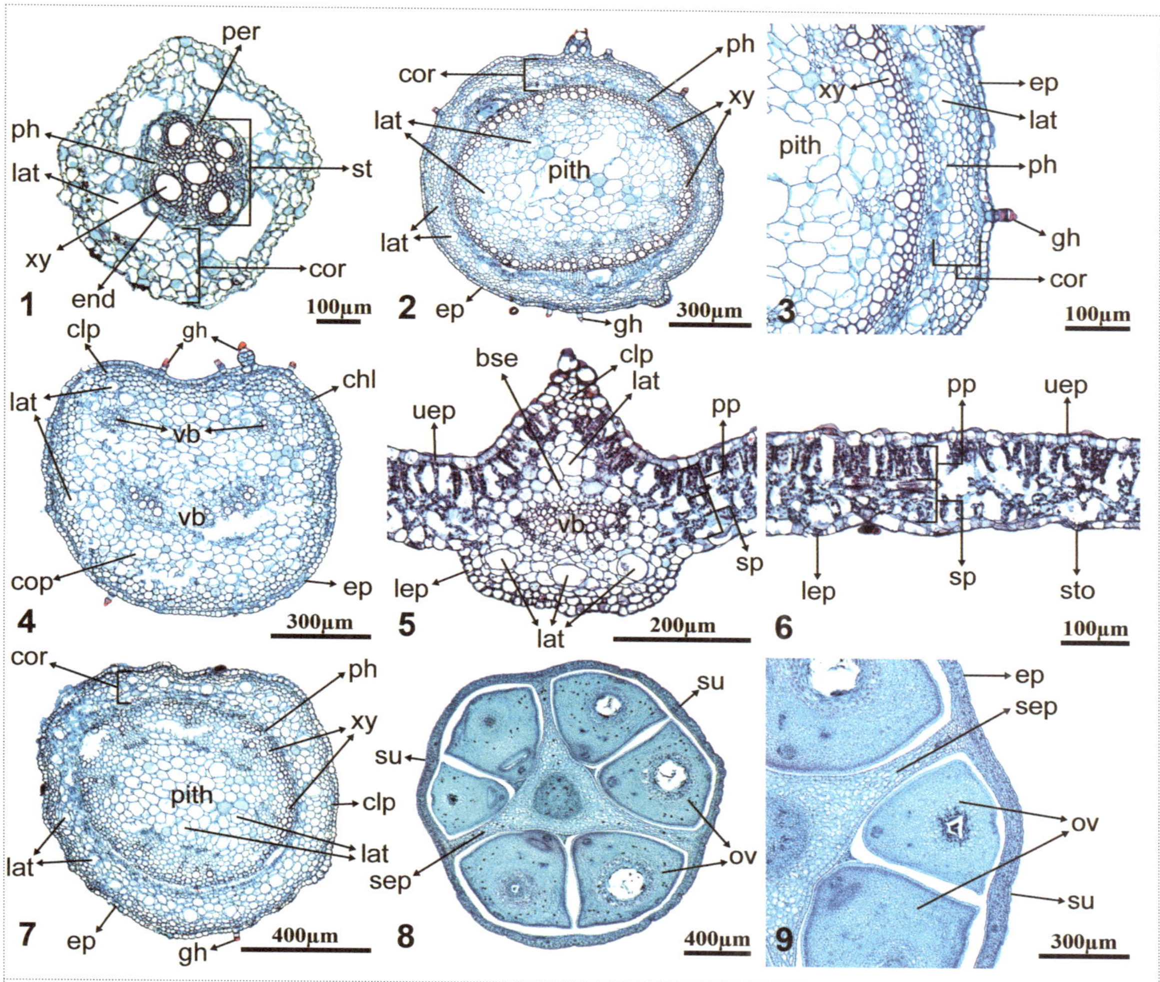

Fig. 6. Cross section of *Pharbitis nil* (나팔꽃)

1. root, 2–3. stem, 4. petiole, 5–6. leaf, 7. peduncle, 8–9. ovary / bse; bundle sheath extension, clp; collenchymatous parenchyma, cop; cortex parenchyma, cor; cortex, end; endodermis, ep; epidermis, gh; glandular hair, lat; laticifer, lep; lower epidermis, ov; ovule, per; pericycle, ph; phloem, pp; palisade parenchyma, sep; septum, sp; spongy parenchyma, st; stele, sto; stoma, su; suture, uep; upper epidermis, vb; vascular bundle, xy; xylem

1. 뿌리의 횡단면

원형으로 1열의 표피는 흔히 탈락된다. 피층〈Fig. 6-1; cor〉은 5~6층의 피층유세포와 1층의 내피로 이루어지며, 피층 내에는 4개의 유관〈Fig. 6-1; lat〉이 환상으로 발달한다. 환상 배열된 유관의 외층은 2~3층의 피층유조직으로 구성된다. 내피〈Fig. 6-1; end〉는 작고 납작한 1열의 세포층으로 중심주하층〈F4개의배열되어 있다. 중심주〈Fig. 6-1; st〉는 4원형(tetrarch)으로 피층유세포보다ar기가 뚜렷이 작은 내초〈Fig. 6-1; per〉와 후생물관부가 잘 발

(하략)

2. 줄기의 횡단면

3. 잎의 횡단면

Ⅳ. 고 찰

양치식물인 속새, 석송과 쌍자엽식물의 이판화인 송악, 합판화인 메꽃, 꿀풀, 나팔꽃의 해부학적 연구를 수행하였으며, 양치식물과 쌍자엽식물의 조직학적 차이점을 파악하였다. 그 결과, 식물 각 기관의 표피, 피층, 유관속 구조와 배열, 수(pith)의 위치, 내피의 유뮤, 형성층의 유무 등이 중요한 해부학적 분류형질임이 확인되었다.

잎(Leaf)의 내부 구조에서 양치식물인 석송 잎의 경우 엽육조직이 책상조직과 해면조직의 구분이 없는 단면엽(unifacial leaf)의 구조를 가지는 반면, 쌍자엽식물인 송악, 메꽃, 꿀풀, 나팔꽃에서는 이들이 뚜렷이 구분이 되는 양면엽(bifacial leaf)의 구조를 가지고 있었다. 또한 석송과 송악 잎의 경우, 상·하표피의 큐티클층이 두껍게 침적되어 있었다. 쌍자엽식물인 송악, 메꽃, 꿀풀, 나팔꽃의 유관속은 병립유관속을 가지는 것을 확인할 수 있었다. 석송 잎응 소엽(microphyll)을 가짐으로써 더 이상 분지하지 않는 유관속을 관찰할 수 있었으며, 메꽃과(Convolvulaceae)의 메꽃, 나팔꽃에서는 식물의 분비관인 유관(laticifer)을 관찰할 수 있었다.

(중략)

이상의 연구 결과를 비추어 볼 때, 관속식물 내부구조의 공통점과 차이점은 피자식물의 종 분류 및 이들의 유연관계를 파악하는 데에 유용하게 활용될 수 있음을 알 수 있었다. 아울러 이러한 연구 결과를 토대로 보다 다양하고 객관전인 연구가 지속적으로 이루어져야 한다고 사료되었다.

Ⅴ. 인 용 문 헌

이창복. 2003. 대한식물도감, 상, 하. 향문사, 서울. 914쪽, 910쪽.

이유성. 2000. 현대 식물형태학. 우성, 서울. 502쪽.

이규배. 2004. 식물형태학. 라이프사이언스, 서울. 387쪽.

오용자, 이창숙, 고경미. 1999. 한국산 방동산이속(*Cyperus* L.) 식물의 해부학적 분류 연구. 한국식물분류학회지 29: 325-354.

이주현. 2009. 단자엽식물의 중심주와 유관속 유형. 전남대학교 석사학위논문. 광주. 48쪽.

허권, 이기철. 1998. 메밀속 식물의 과피 해부 형태. 한국자원식물학회지 11: 335-344.

Akiyama, S. 2006. Papaveraceae. *In* Flora of Japan, Vol. IIa. Iwatsuki, K., T. Yamazaki, D.E. Boufford and H. Ohba (eds.), Kodansha, Tokyo. Pp. 444-452.

Metcalfe, C.R. and L. Chalk. 1983. Anatomy of the Dicotyledons, Vol. Ⅱ. Wood structure and conclusion of the general introduction. Oxford university Press, London. 297 pp.

Cronquist, A. 1968. The Evolution and Classification of Flowering Plants. Houghton Mifflin, Boston. 396 pp.

부록 5 동물기관 및 조직의 영구프레파라트 사진

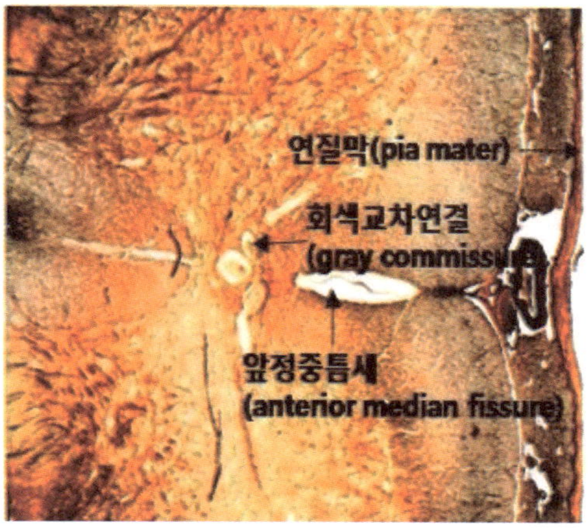

그림 1. 척수(83)

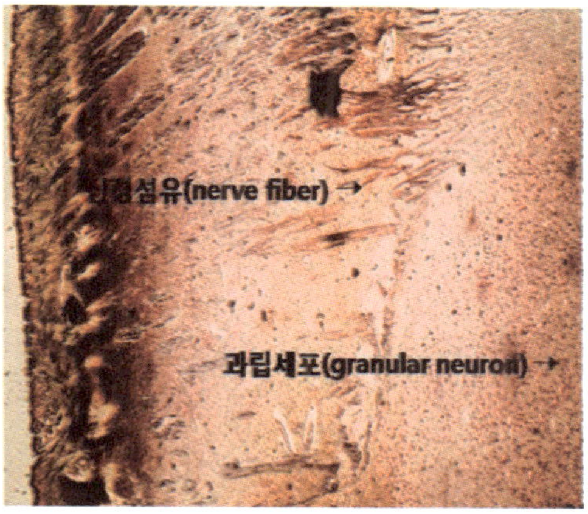

그림 2. 대뇌(60)

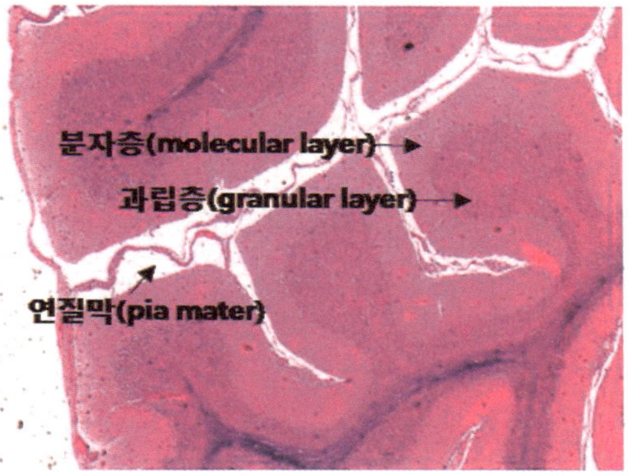

그림 3. 소뇌(66)

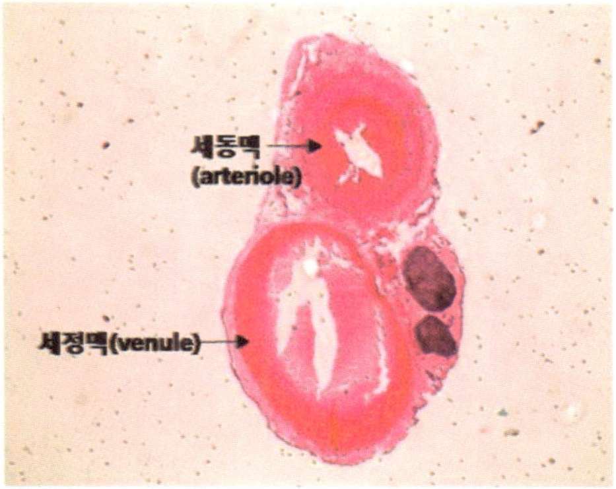

그림 4. 혈관(75)

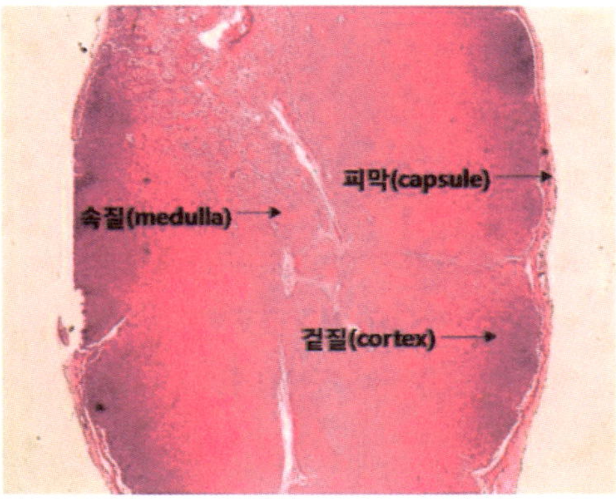

그림 5. 림프절(89)

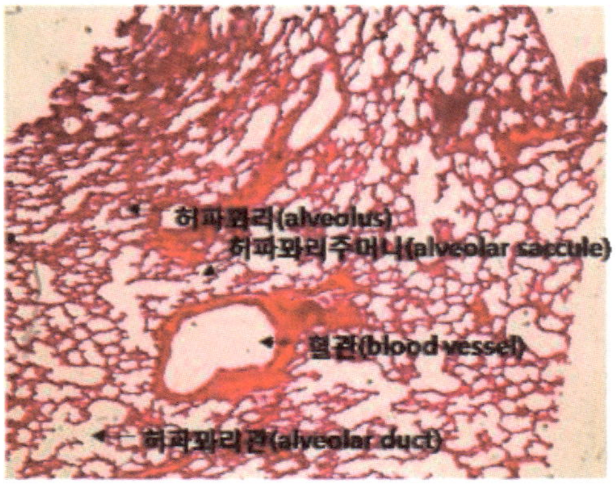

그림 6. 허파(86)

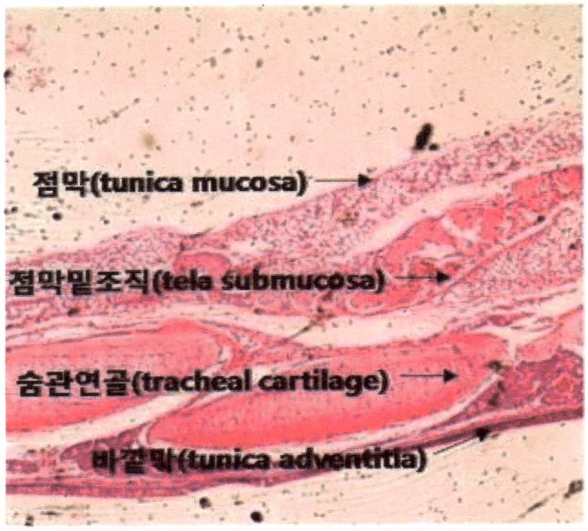

그림 7. 숨관(74)

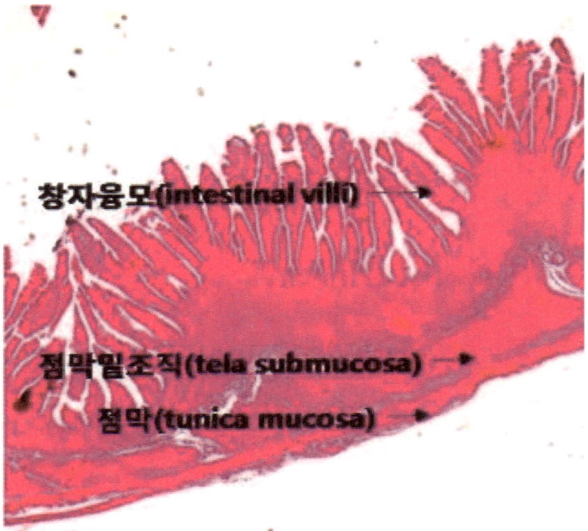

그림 8. 작은창자(77)

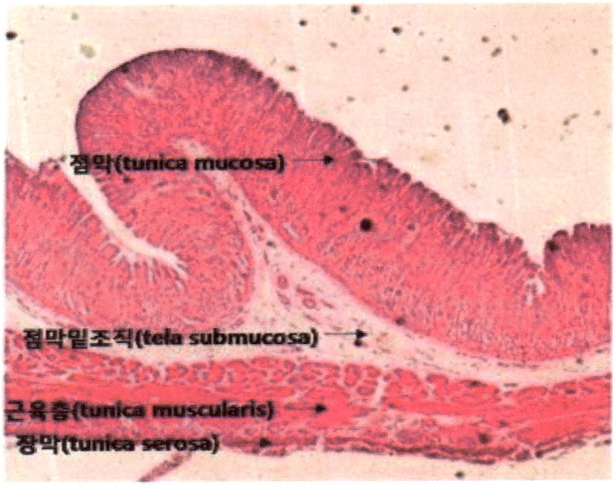

그림 9. 위(87)

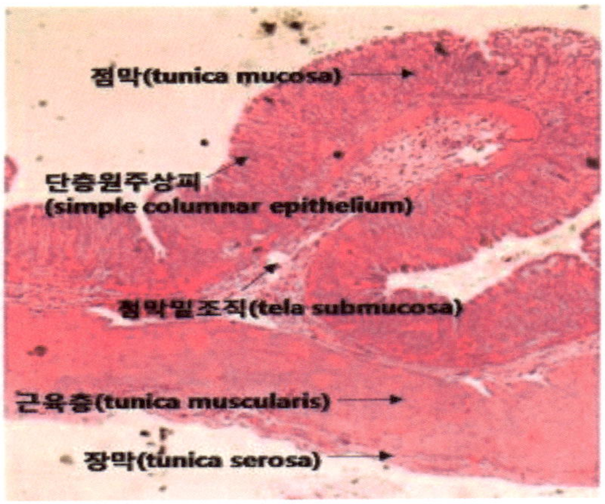

그림 10. 위벽(70)

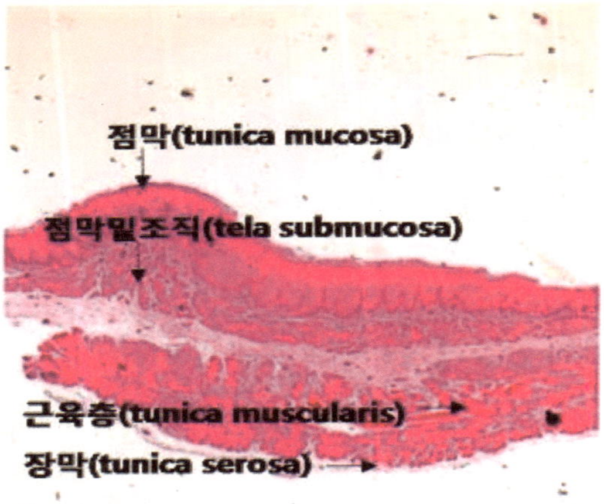

그림 11. 식도(62)

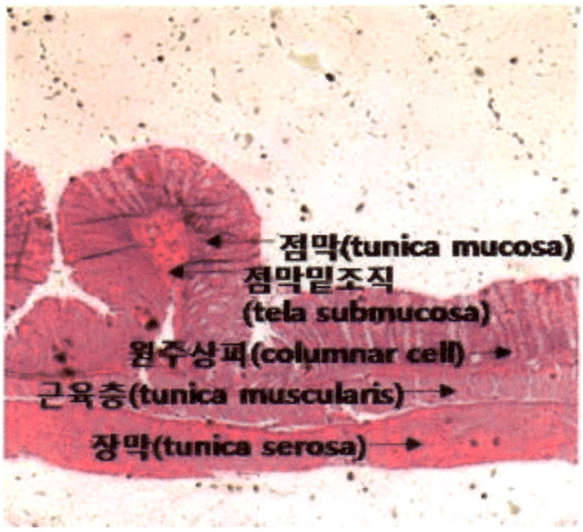

그림 12. 대장(63)

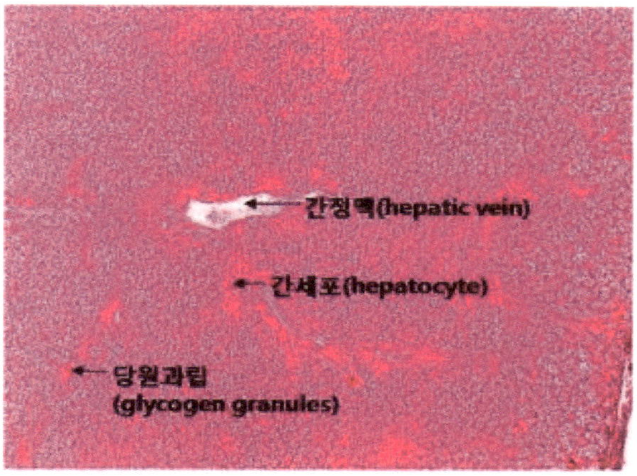

그림 13. 간(88)

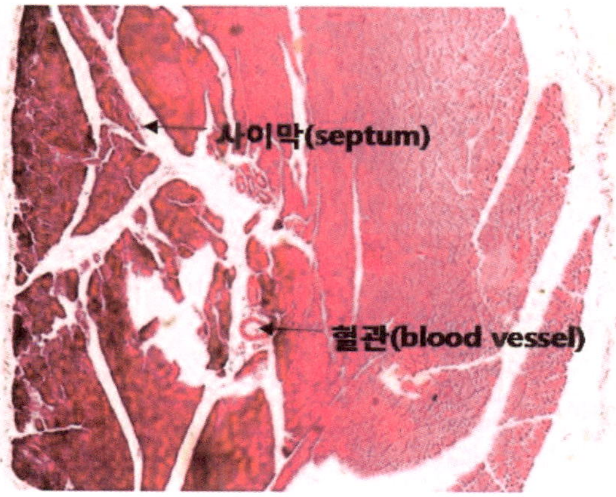

그림 14. 이자(97)

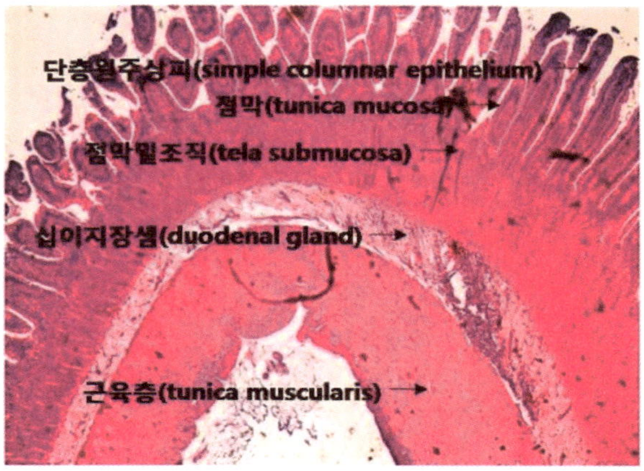

그림 15. 십이지장(73)

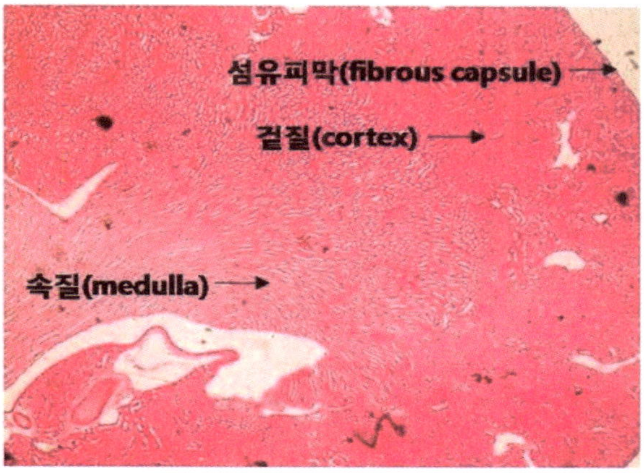

그림 16. 콩팥(92)

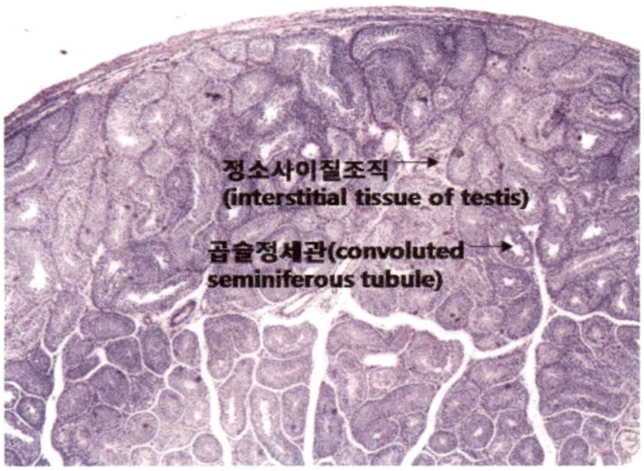

그림 17. 정소(93)

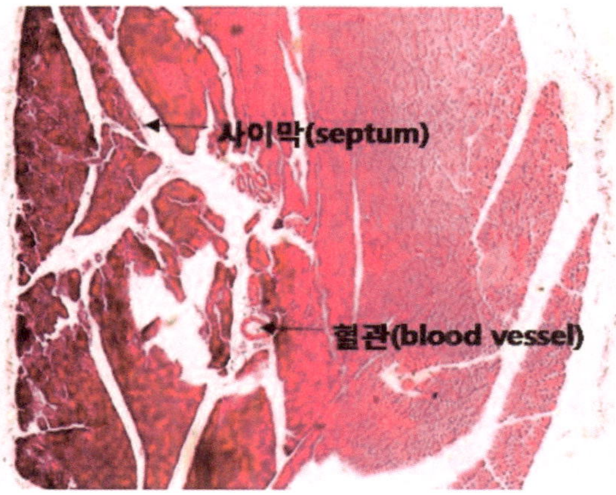

그림 18. 난소(94)

부록 6 뿌리와 줄기 조직의 영구프레파라트 사진

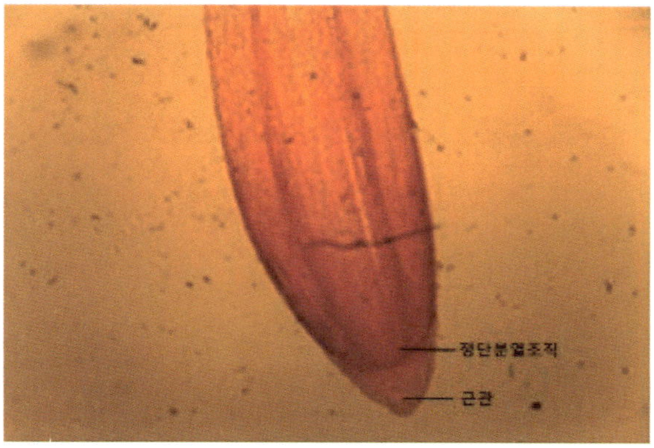

그림 1. 옥수수 뿌리

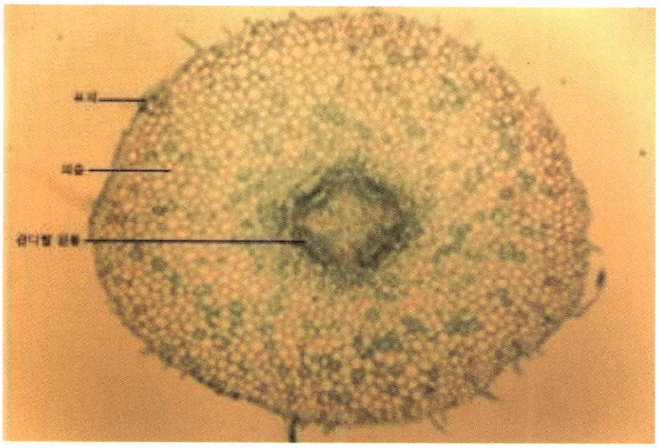

그림 2. 갈퀴나물 뿌리

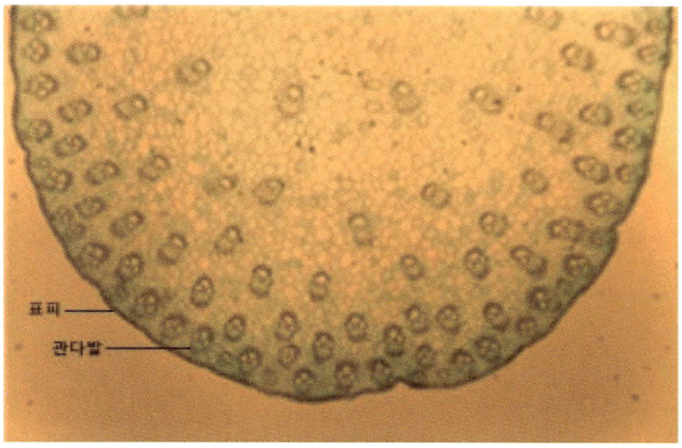

그림 3. 단자엽식물 줄기

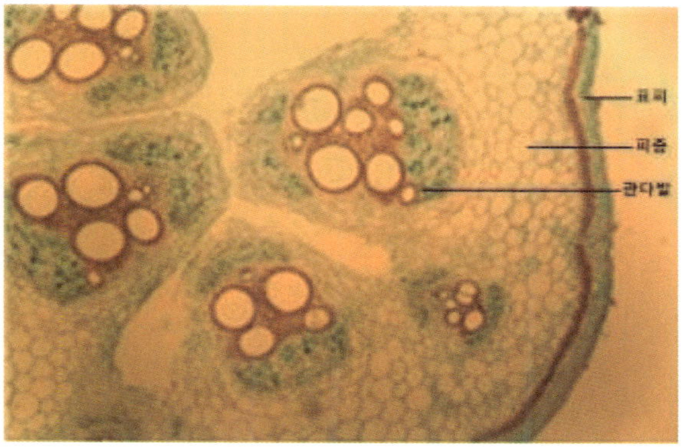

그림 4. 쌍자엽식물 줄기

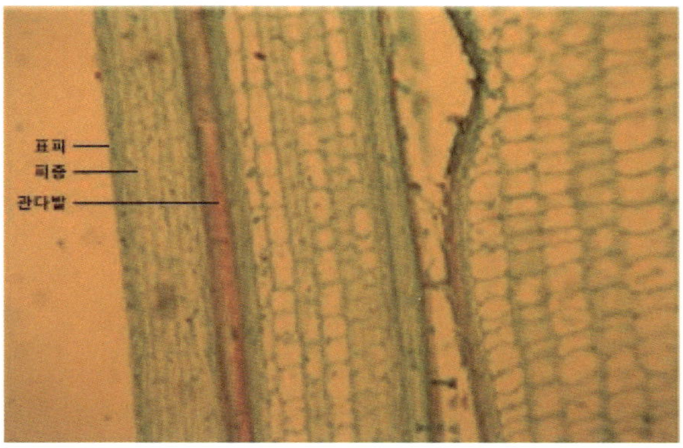

그림 5. 체관

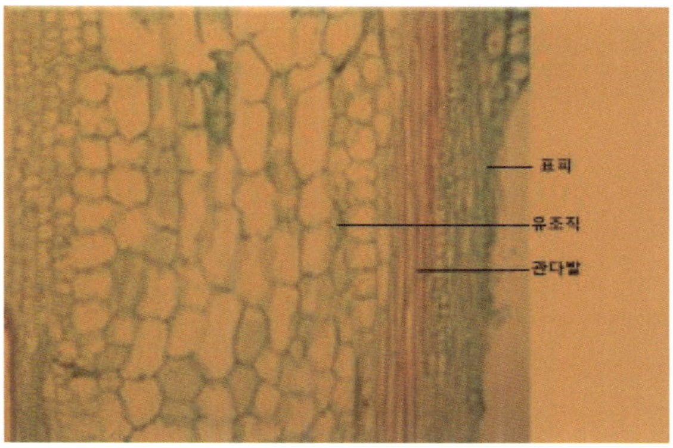

그림 6. 물관

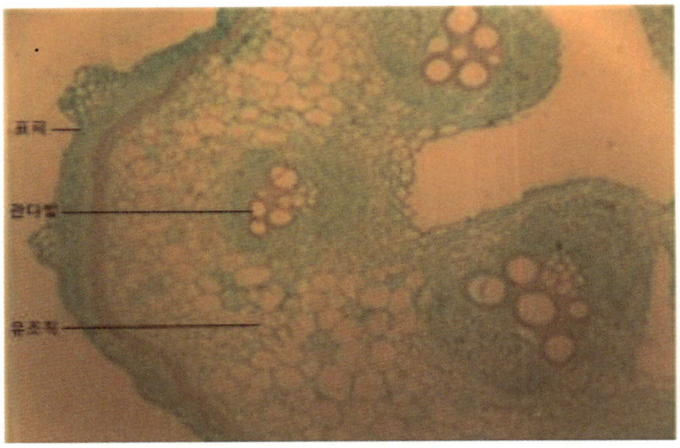

그림 7. 호박 줄기

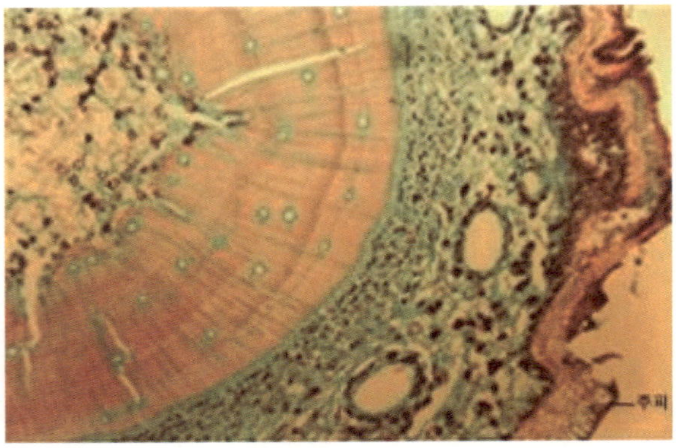

그림 8. 소나무 줄기

부록 7 담수조류의 식물문별 종류 및 영구프레파라트 사진

1. 담수조류의 식물문별 종류

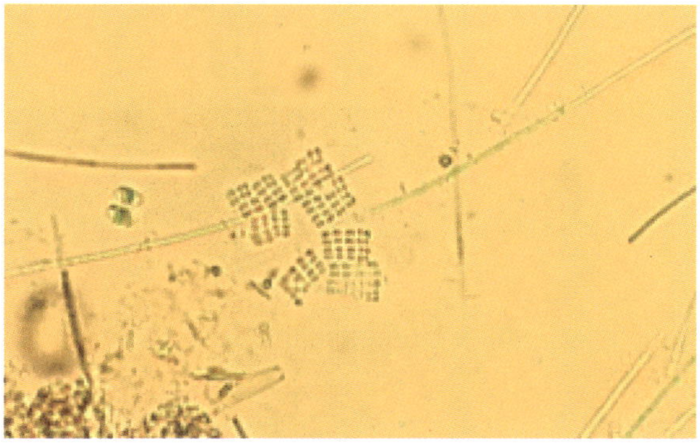

그림 1. 남조식물문(소구체과)

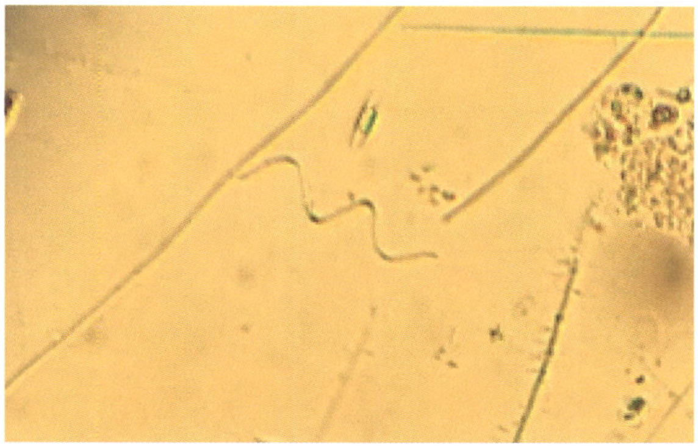

그림 2. 남조식물문(흔들말과)

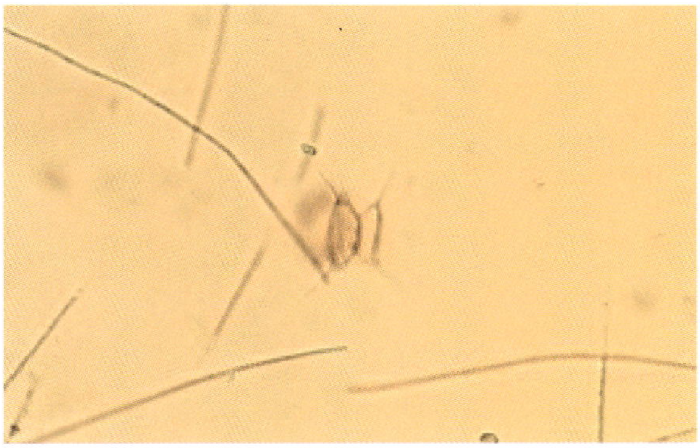

그림 3. 녹조식물문(떼목말과)

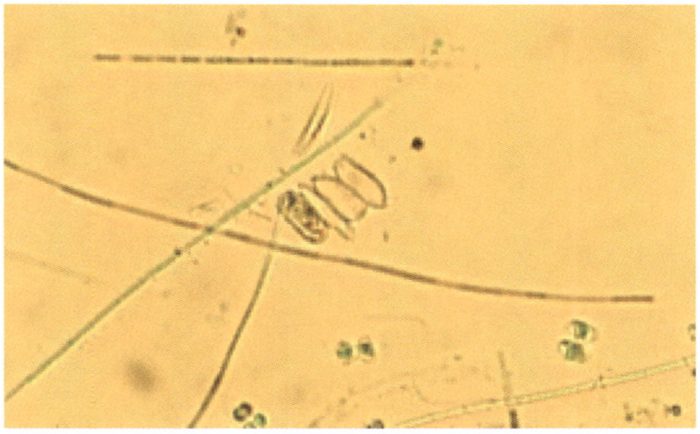

그림 4. 녹조식물문(떼목말과)

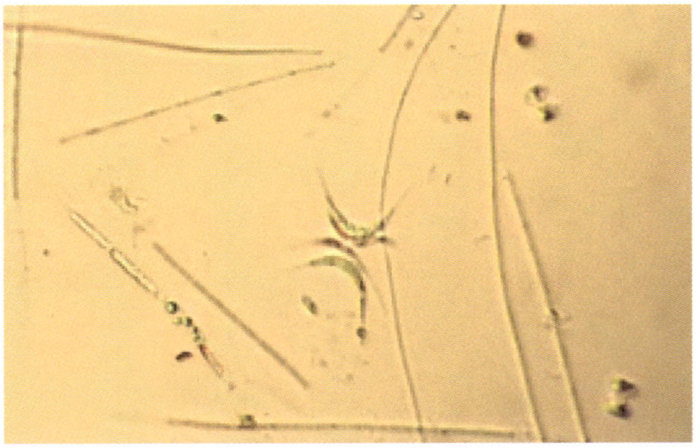

그림 5. 녹조식물문(떼목말과)

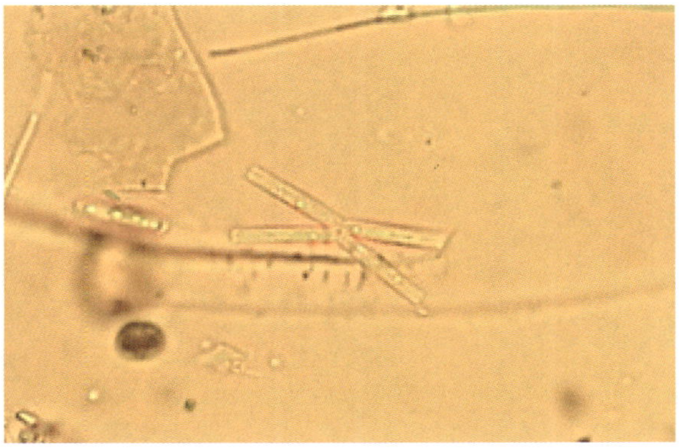

그림 6. 녹조식물문(떼목말과)

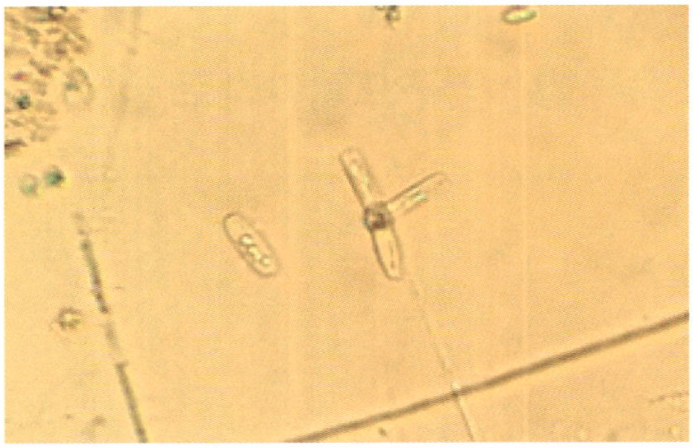

그림 7. 녹조식물문(뗏목말과)

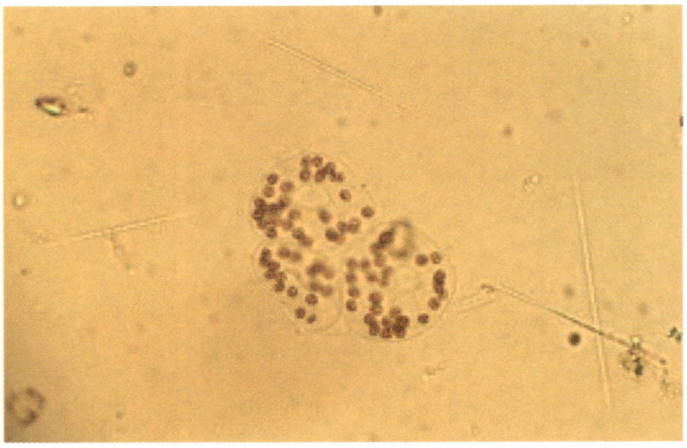

그림 8. 녹조식물문(유도리나속)

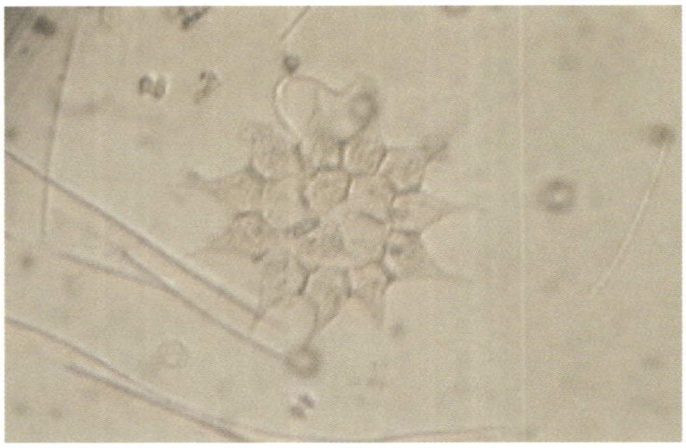

그림 9. 녹조식물문(그물말과)

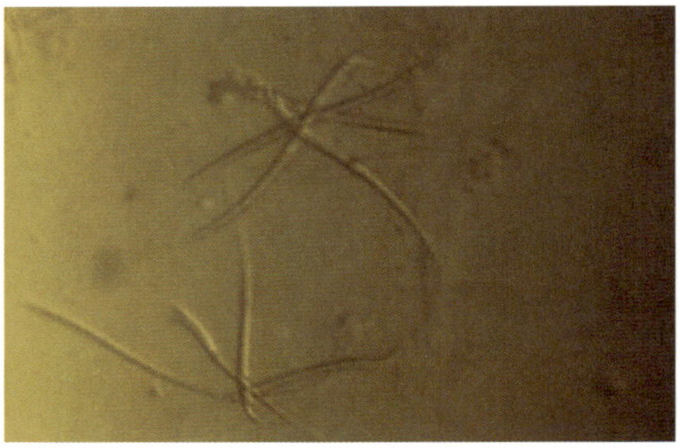

그림 10. 녹조식물문(셀레나스트룸과)

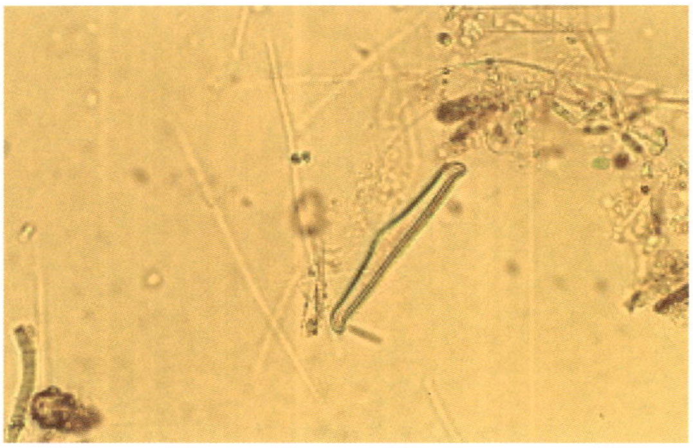

그림 11. 황색조식물문(돌말류)

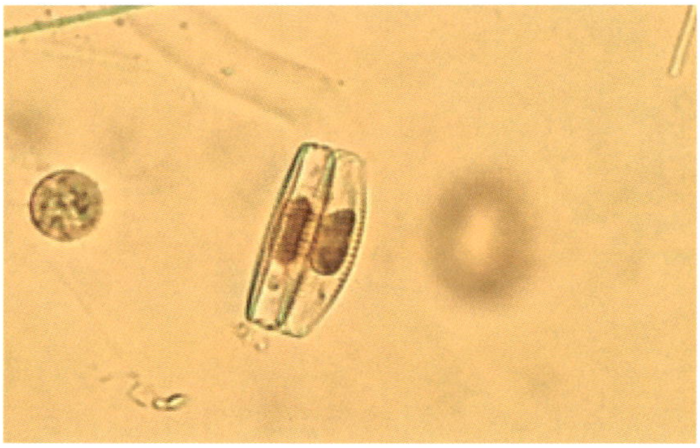

그림 12. 황색조식물문(돌말류)

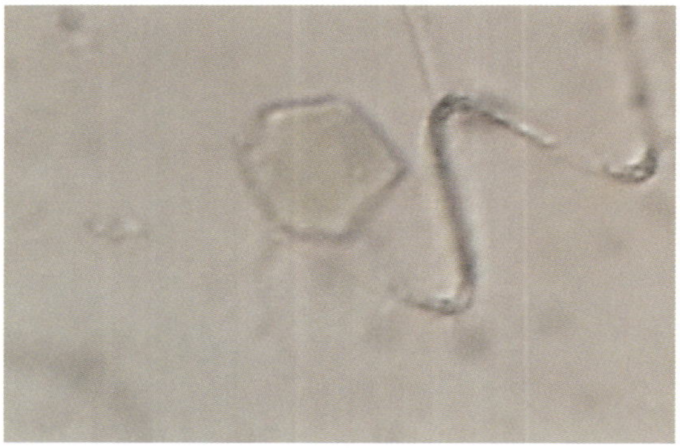

그림 13. 와편모식물문(페리미디움과)

2. 담수조류의 영구프레파라트 사진

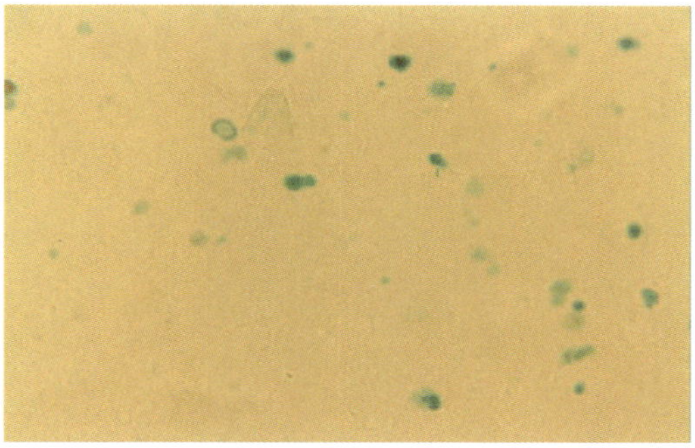

그림 14. 녹조(*Chlamydomonas*)

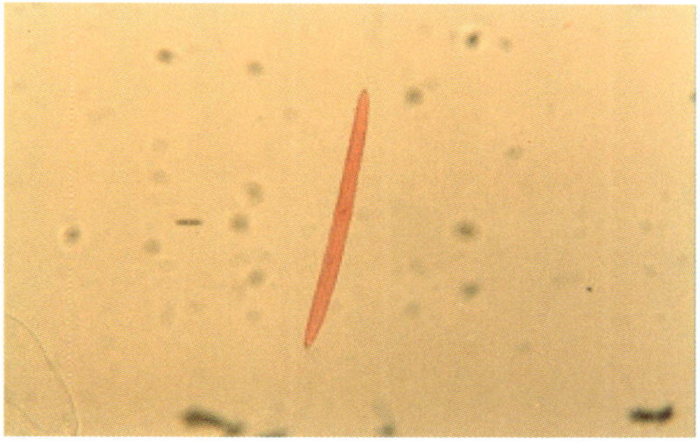

그림 15. 녹조(반달말)

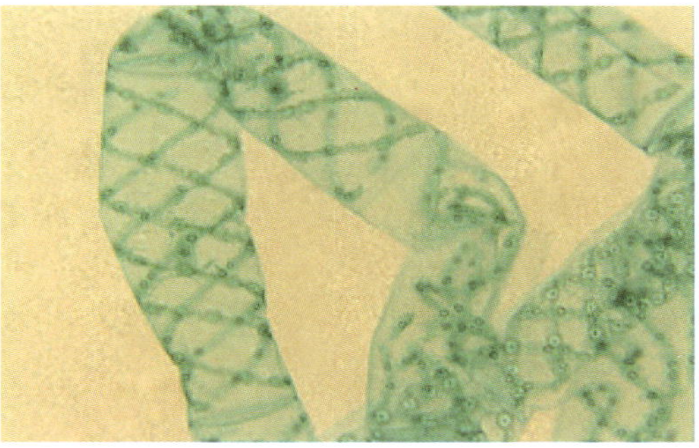

그림 16. 녹조(해캄)

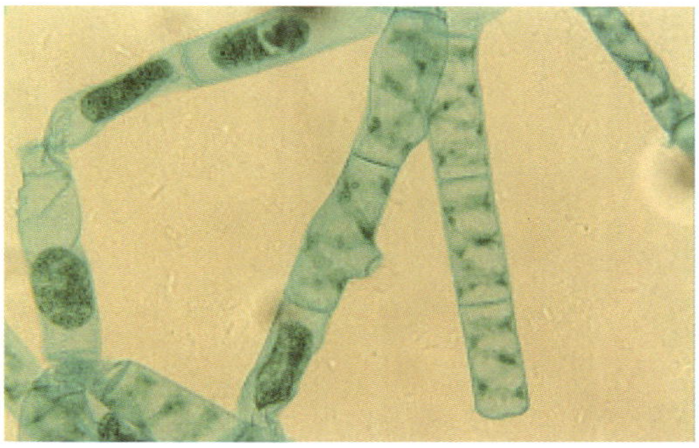

그림 17. 녹조(해캄의 접합)

그림 18. 녹조(해캄)

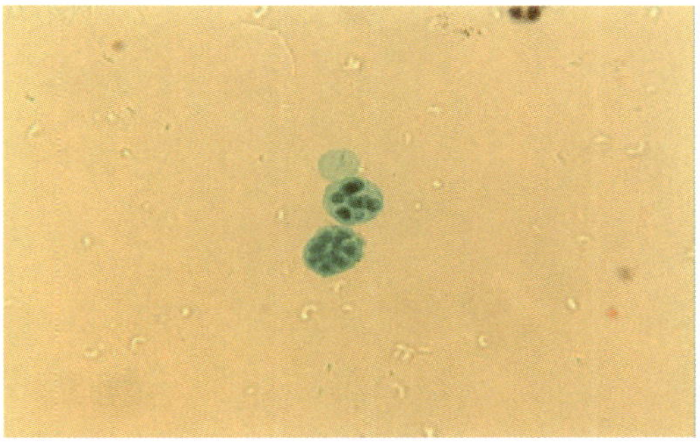

그림 19. 녹조(클로렐라)

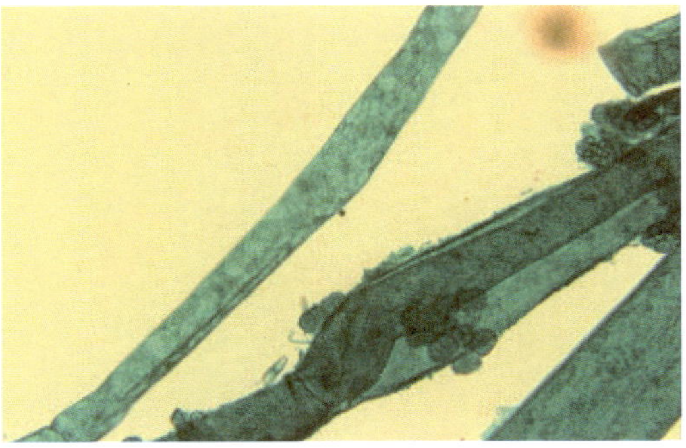

그림 20. 녹조(파래)

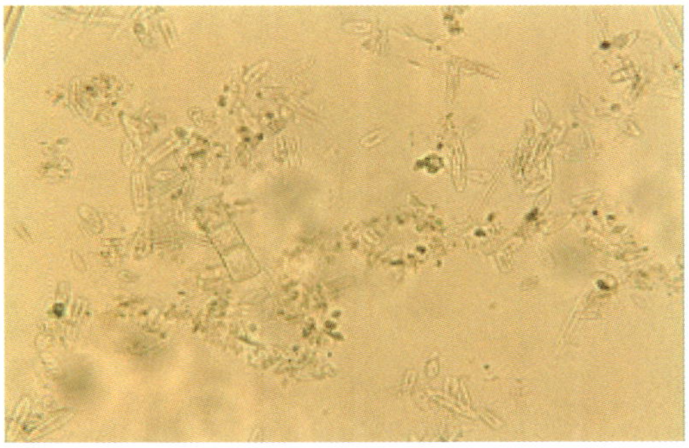

그림 21. 돌말

부록 8 혈관 및 혈구의 영구프레파라트 관찰

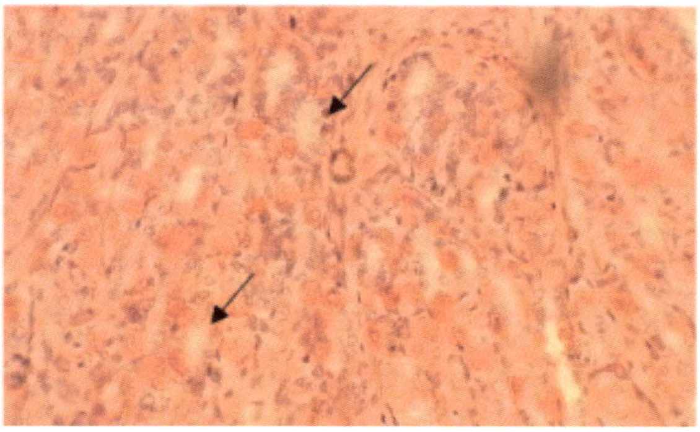

그림 1. Stomach sec(blood vessel)

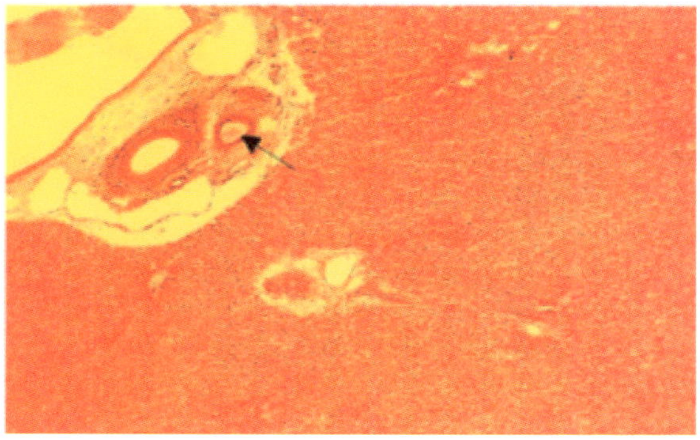

그림 2. Liver sec(blood vessel)

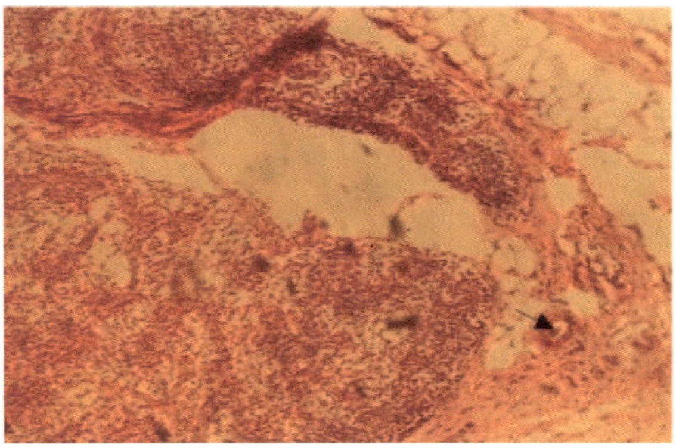

그림 3. Limph node sec(blood vessel)

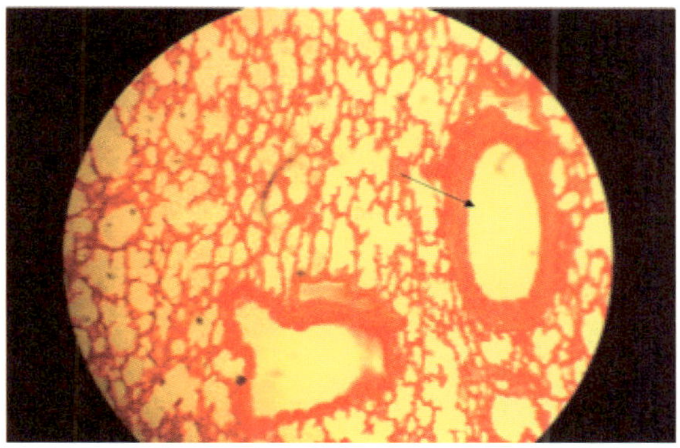

그림 4. Lungs sec(blood vessel)

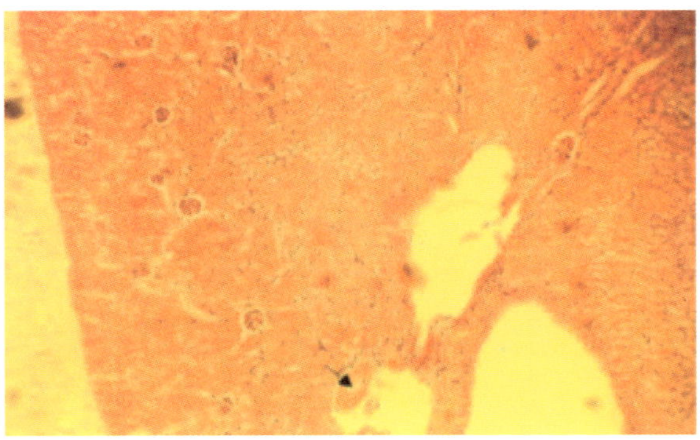

그림 5. Kidney rat L.S (blood vessel)

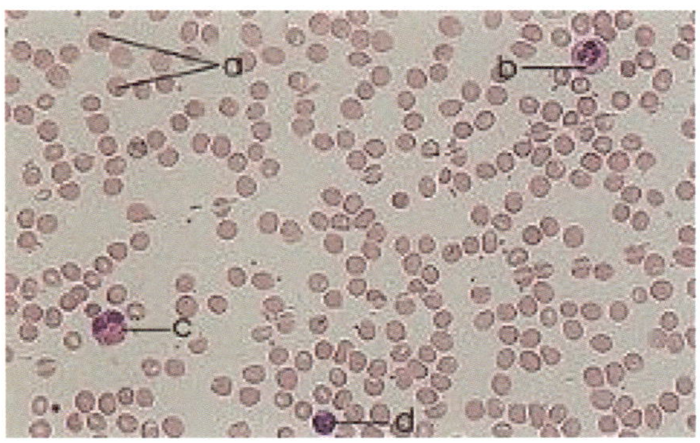

그림 6. 사람의 혈액(a: 적혈구, b–d: 백혈구)

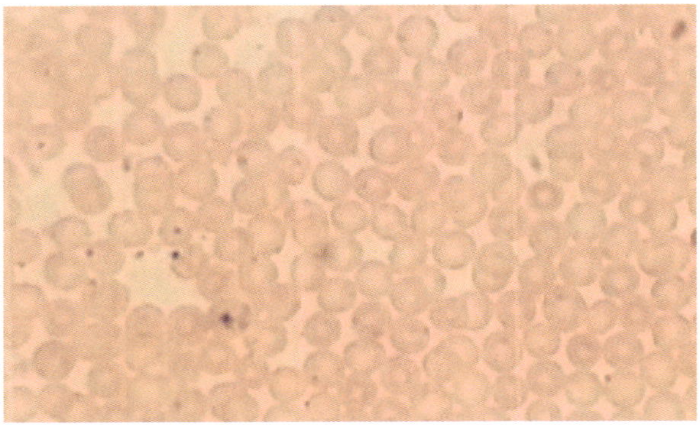

그림 7. 흰쥐의 적혈구

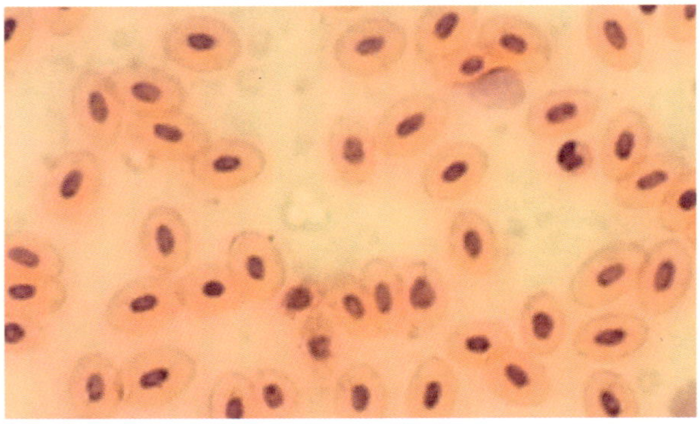

그림 8. 개구리의 적혈구

핵심 일반생물학 실험서 – 생물학 및 실험 I & II

초판 발행 2018년 3월 10일
2쇄 발행 2021년 3월 1일

저　　자: 오병운 · 최수영 · 조성진 · 류호진 · 김경환 · 박종석 · 강규호 · 주용성
발 행 인: 문 정 구
발 행 처: (주)바이오사이언스출판
본　　사: 10860 경기도 파주시 탄현면 국화향길 10-56, 1동
서울 사무소: 06569 서울특별시 서초구 도구로 115, 1층(방배동)
전　　화: (02)581-4057~8　　팩스: (02)581-4059
이 메 일: inquiry@biosciencepub.com
홈페이지: http://www.biobooks.co.kr
I S B N: 978-89-6824-036-2 93470
등록번호: 제22-3079호
값: 16,000원